超低空探测与制导系列

雷达目标微波成像方法

（第 2 版）

童创明　彭　鹏　孙华龙　梁建刚　李洪兵
蔡继亮　王　童　宋　涛　姬伟杰　　　编著

西北工业大学出版社
西安

【内容简介】 本书系统介绍了雷达目标微波成像方法,主要内容包括概论,优化算法的原理、改进及性能评估,基于远场模式的散射体形状反演,改进粒子群算法在导体柱电磁成像中的应用,改进粒子群算法在介质柱电磁成像中的应用,线性分布的细金属柱体成像,雷达近场成像算法,分层介质中目标成像技术,丛林环境中目标成像技术,单基单通道 SAR(合成孔径雷达)微多普勒,基于杂波抑制的微多普勒,双站 SAR 微多普勒,极化 SAR 微多普勒,海环境中 SAR 成像技术,城市建筑环境 SAR 成像技术,等等。

本书可供高等学校电子信息工程、电子科学与技术等专业高年级学生和研究生,以及相关科研院所的工程技术人员阅读、参考。

图书在版编目(CIP)数据

雷达目标微波成像方法 / 童创明等编著.—2 版
.西安:西北工业大学出版社,2023.9
　　ISBN 978 - 7 - 5612 - 8983 - 9

　　Ⅰ.①雷… Ⅱ.①童… Ⅲ.①雷达目标-雷达成像-
微波成像-研究 Ⅳ.①TN957.52

中国国家版本馆 CIP 数据核字(2023)第 169936 号

LEIDA MUBIAO WEIBO CHENGXIANG FANGFA
雷 达 目 标 微 波 成 像 方 法

童创明　彭　鹏　孙华龙　梁建刚　李洪兵
蔡继亮　王　童　宋　涛　姬伟杰 　编著

责任编辑:付高明	**策划编辑**:杨　睿	
责任校对:朱晓娟	**装帧设计**:董晓伟	

出版发行 西北工业大学出版社

通信地址 西安市友谊西路 127 号　　邮编:710072

电　　话 (029)88493844,88491757

网　　址 www.nwpup.com

印 刷 者 陕西向阳印务有限公司

开　　本 787 mm×1 092 mm　　1/16

印　　张 14.125

字　　数 353 千字

版　　次 2023 年 9 月第 1 版　　2023 年 9 月第 1 次印刷

书　　号 ISBN 978 - 7 - 5612 - 8983 - 9

定　　价 59.00 元

第 2 版前言

为使我方防空武器系统在对抗中处于优势，提高生存和反突防能力，需要深入发展目标的雷达成像技术，以增强对目标的探测与识别能力。本书研究目标特征参数提取及反演问题，探讨隐蔽（墙后、地下及丛林中）目标的成像问题以及机载 SAR(Synthetic Aperture Radar)微动目标检测及微多普勒提取。

本书共 15 章，主要内容包括以下方面。

第 1 章　概论。它主要分析本书研究内容的意义，介绍雷达目标微波成像方法的国内外研究现状和动态。

第 2 章　优化算法的原理、改进及性能评估。它介绍梯度类优化算法求解优化问题的策略和途径，以及正则化参数的选取问题；基于多相粒子群算法，结合量子行为算子、云变异模型和单纯形法，给出混合粒子群算法及算法流程；利用测试函数集评估改进粒子群算法的性能，分析混合粒子群算法的收敛速度与精度。

第 3 章　基于远场模式的散射体形状反演。它介绍线性抽样法的基本原理，给出二维导体目标远场模式的计算公式，采用 Tikhonov(吉洪诺夫)正则化方法作为求解的策略，结合确定正则化参数的高阶收敛算法进行反演，对比、分析不同正则化参数选取方法求解得到的结果。

第 4 章　改进粒子群算法在导体柱电磁成像中的应用。它介绍导体柱成像模型中导体柱截面形状表示方法，以及渐进波形估计技术，快速、非均匀平面波算法等加速技术，构造导体柱电磁成像逆问题中优化迭代的目标函数，结合混合粒子群算法对导体目标进行反演成像，分析混合粒子群算法的抗随机噪声能力。

第5章 改进粒子群算法在介质柱电磁成像中的应用。它介绍渐进波形估计技术快速、非均匀平面波算法等加速技术，结合混合粒子群算法对介质目标进行反演；讨论 Born（波恩）迭代法与混合粒子群算法的结合问题，给出采用 Born 迭代法约束种群的生成；结合混合粒子群算法进行寻优，分析对介质目标反演的有效性。

第6章 线性分布的细金属柱体成像。它引入多极子展开分析散射体间的耦合作用，在一次、二次散射近似的前提下对模型进行简化，分别采用截断奇异值分解算法和混合粒子群算法对细金属柱体族的位置分布进行反演；采用渐进波形估计技术加速正散射计算；讨论混合粒子群算法的抗随机噪声干扰能力。

第7章 雷达近场成像算法。针对目标间耦合作用对成像效果的显著减弱，它介绍适用于多目标成像的基于电四极子辐射理论、混沌信号作为激励源的改进后向投影算法（BPQC），验证算法的有效性；对近场成像的影响因素进行分析，利用对照射面为凸面、平面、凹面的三类目标进行成像仿真，分析目标结构对成像的影响，并采用对受噪声污染的数据进行成像来分析 BPQC 的抗随机噪声干扰能力；介绍目标-环境近场复合散射的 ISAR 成像仿真与实验方法。

第8章 分层介质中目标成像技术。它介绍分层介质中目标成像的两个研究热点，即穿墙成像和地下目标成像方法；介绍穿墙成像方法，对墙体存在时回波时延的补偿问题，给出时延补偿的计算公式，验证 BPQC 对穿墙成像的有效性及时延补偿的正确性；分析影响时延补偿的墙体参数对成像精度的影响，定量分析墙体的厚度和相对介电常数变化同目标成像位置的变化关系，并对多目标的识别、墙内目标的探测及人体的成像问题进行仿真；针对墙体参数的测量问题，采用混合粒子群算法反演墙体参数，并进行验证。对于地下目标成像问题，它给出地下目标电磁波传播的时延补偿公式，验证 BPQC 对地下目标成像的有效性及时延补偿的正确性；将成像算法应用于岩、土体中埋藏的空洞、地雷和城市地下管道的成像，并进行分析。

第9章 丛林环境中目标成像技术。它分析丛林探测环境的复杂性，利用间接 Z 变换时域有限差分法建立多散射环境仿真分析模型，对丛林环境中的单目标和多目标进行初步成像分析。

第10章 单基单通道 SAR 微多普勒。在建立两种典型微动（简谐振动和匀速旋转）目标回波信号模型的基础上，它给出不同目标的微多普勒参数化表述；特别指出沿方位向振动目标的微多普勒呈现为非周期性变化特征，且其微多普勒振幅随雷达与目标之间的距离缩短而显著减小；根据信号采样理论，阐述避免微多普勒模糊的限制条件；介绍一种无须作 RCMC 便可由高分辨时频变换准确提取目标微多普勒特征的方法，即算术平均时频变换法，该方法操作简单、运算量小，并由仿真实验予以验证。

第 11 章　基于杂波抑制的微多普勒。它介绍在 RCD 域上由双通道 DPCA 和 ATI 技术抑制地杂波、结合 Radon（拉东）变换完成微动目标检测及微多普勒特征提取的两类方法，并给出相应算法的处理流程。两者的杂波抑制原理不尽相同：SAR/DPCA 是幅度对消，在此模式下可直接由雷达平动补偿后的对消信号经算术平均时频变换提取微多普勒，但受信号幅度差分调制的影响，其微多普勒不够清晰，且有间断现象；SAR/ATI 是相位对消，在该模式下不能直接得到目标的干涉复信号，为此它给出一种基于干涉信号虚部重建微动目标干涉复信号的微多普勒提取方法，且受益于 ATI 信号强度增强，其微多普勒更清晰、更完整；指出从避免微多普勒模糊的角度，在较小基线长度的情况下，ATI 模式较 DPCA 模式对雷达 PRF 的要求更宽松、更适宜于大旋翼类目标的微多普勒提取。

第 12 章　双站 SAR 微多普勒。与单站 SAR 体制下的微多普勒有所不同，该体制下的微多普勒不仅与目标微动参数、载波波长相关，而且与双站 SAR 的空间几何配置紧密有关，由此可利用双站 SAR"远距发射、近距接收"的优势来增强目标的微多普勒特征，并由仿真实验予以验证。从前向散射的角度出发，它给出一种基于双通道杂波抑制的固定接收机双站 SAR 微动目标检测及微多普勒提取的方法。在该体制下，振动目标的微多普勒呈现为规则的正弦函数调制形式，突破单基体制下由非周期性和周期性函数叠加的形式，使其微多普勒特征有效增强，并给出一种双站 SAR/DPCA 模式下简易、可行的目标微动中心定位方法。

第 13 章　极化 SAR 微多普勒。它详细推导该体制下的微多普勒参数化表述，指出其与传统 SAR 体制下的主要区别。基于瞬时极化测量的方法，给出一种基于双通道 DPCA 杂波抑制的极化 SAR 自旋目标检测及微多普勒特征提取方法,该方法可获取目标在不同极化组合下的多幅微多普勒谱图,利于全面刻画目标的散射特性。为有效增强较低 SNR 下的微多普勒特征,给出基于 Pauli 基展开的联合极化 SAR 微多普勒提取方法,由此可显著提高某一联合极化组合通道下的 SNR,从而得到更为清晰的微多普勒谱图。

第 14 章　海环境中 SAR 成像技术。它介绍 SAR 几何关系与信号模拟、海环境中 SAR 回波形成机理、海环境中 SAR 成像距离多普勒方法,建立海环境中 SAR 回波模型、海面舰船 SAR 成像特性、掠海导弹目标 SAR 成像特性等海环境中目标 SAR 成像特性。

第 15 章　城市建筑环境 SAR 成像技术。它介绍城市建筑 SAR 二次散射机理、散射系数计算方法,建立城市建筑物 SAR 回波模型、城市建筑 SAR 成像特性。

本书是在《雷达目标微波成像方法》(西北工业大学出版社,2014 年 1 月第 1 版)的基础上经过修订补充而成的,由童创明、彭鹏、孙华龙、梁建刚、李洪兵、蔡继亮、王童、宋涛、姬伟杰等编写。童创明、彭鹏负责统稿,蔡继亮、姬伟杰撰写第 2～5 章,梁建刚撰写第 6、7 章,孙华龙撰写第 8 章,彭鹏撰写第 9、14 章,李洪兵撰写第 10～13 章,王童、宋涛撰写第 15 章。

在撰写本书的过程中,曾参阅了相关文献和资料,在此,谨向其作者表示诚挚的谢意。

由于水平有限,书中难免存在缺点和不足,敬请广大读者批评指正。

编著者
2023 年 4 月

目　　录

第1篇　目标特征参数提取及反演

第 2 篇　复杂环境中目标成像技术

第 3 篇 机载 SAR 微动目标检测及微多普勒提取

第1章 概　论

1.1　本书研究的背景及意义

随着现代高技术局部战争向信息化、智能化转变,全方位、立体化的侦察手段是现代战争中实施精确打击的基础,但现有的侦察手段还不能做到战场的完全"透明"。精确打击要求能准确、及时地确定目标的位置及特征,把武器准确地导向目标,但是很难在各种地形及气象条件下探测并识别采用隐蔽技术、伪装手段及欺骗技术的固定和活动目标。因此,深入发展目标的隐身技术实现特征信号的高探测性,增强目标的探测与识别能力,提高战场的"透明度",才能使我方防空武器系统在对抗中处于优势,提高我方的生存和反突防能力,更好地发挥作战效能。

在自然科学和工程技术领域,依靠直接测量来获取一些未知量有时候是不可行的,或是不可能的,利用与这些未知量有关的偏微分方程,测量与这些未知量有一定关系的其他量在边界上的变化规律或其他可以获得的信息去估计所求的未知量,就是求解偏微分方程逆问题的过程。电磁逆散射问题[1-3]就是利用电磁波照射目标产生散射回波,在包含散射目标信息的散射回波中,利用散射目标的相关先验知识,经过适当的数学处理后提取散射目标的外形轮廓、尺寸、位置、电参数特性等。电磁逆散射问题的研究能使人们不用直接接触目标就能获得所需要的目标信息。军事需求推动导体目标电磁逆散射问题的研究,各种军事目标(如飞机、导弹、军舰、地雷等)的识别和探测为导体目标电磁逆散射研究提供了广阔的用武之地;而飞机目标的隐身和反隐身问题同样推动介质目标电磁逆散射问题研究,日益增长的民用需求是推动介质目标电磁逆散射问题研究的主要动力,使其在地形测绘与地质研究、农作物与森林的生长监测、海洋研究与监测、医学诊断、材料无损探测、机场海关货检等领域发挥着重大的作用,因而本书的研究具有非常重要的民用和军事应用价值。

合成孔径雷达(SAR)作为一种全天时、全天候的遥感设备,主要应用于地面静止目标成像。对于地面或海洋中的运动目标,由于其与静止目标之间存在相对运动,故在 SAR 场景图像中会出现散焦、模糊和错位等现象[1-5]。随着 SAR 成像技术的发展和应用领域的扩展,人们不仅希望 SAR 能够对测绘带内的静止目标进行精确成像,而且能够准确检测出其中的运动目标[4-8],并估计其相关参数[9-13],即具备地面动目标检测(Ground Moving Target Indication,GMTI)能力。SAR/GMTI 工作模式是机载和星载雷达迫切需要具备的一项功能,它融合了 SAR 和 GMTI 两者之间的协同关系,将运动目标的位置和动向标注在清晰的

SAR 图像上,其在战场感知和交通监测等领域已获得了广泛应用[14-18]。现有的 SAR/GMTI 系统主要包括:基于机载平台的美国的联合监视与目标攻击雷达系统(JSTARS)、德国的相控阵多功能成像雷达(PAMIR)系统等;基于星载平台的加拿大的 RadarSat-2 系统、德国的 TerraSAR-X 系统;等等。实际上,很多目标不仅具有常见的直线运动形式,而且还有除质心平动以外的旋转、振动和进动等微动(micro-motion)形式,例如引擎工作引起的车辆振动,地基或舰载对空监视雷达天线罩的转动,直升机的旋翼转动,弹道导弹弹头的自旋进动,等等。目标微动会对雷达回波信号产生附加的频率调制,产生以目标主体多普勒频率为中心的边带,这种由目标微动引起的调制称为“微多普勒(micro-Doppler,m-D)现象”[19-23]。微多普勒效应是目标结构部件和目标主体之间相互作用的结果,体现了目标的独特特征,且与传统的成像识别方法相比,微多普勒特征具有更为优良的鲁棒性,如微动频率特征不会随雷达视角及目标姿态的变化而变化,因此近年来目标微动及其激励的微多普勒调制现象已成为雷达成像与目标识别领域的研究热点。

1.2 国内外研究现状

1.2.1 目标特征提取技术的研究进展

一系列广泛而深入的研究,以及众多学科的应用需要,共同推动了目标电磁逆散射问题研究的全面、深入的发展。例如:研究对象从自由空间中的目标反演拓展到复杂电磁环境下的目标电磁成像;求解方法从传统的梯度类优化算法发展到智能优化算法;入射电磁波从平面波发展到超宽带信号照射及音频信号照射;分析特性从单纯的确定目标的位置发展到反演目标的外形轮廓、电参数特性;等等。

随着电磁逆散射问题研究的发展,X 射线依靠生物组织的密度差异对生物体进行了成像。为了改善重构算法的可靠性和实时性,衍射断层成像技术[24]考虑了 X 射线成像衍射效果,可以进行准实时的成像。为了克服 Born 或 Rytov(雷托夫)近似的局限性,人们开始注重非线性积分方程的精确求解,为克服不适定性出现了伪逆变换技术,也出现了优化迭代的成像算法。Wang 与 Chew 提出了运用 Born 迭代和变形 Born 迭代使非线性方程线性化,通过多次迭代求逆问题,后者的收敛速度比前者快。Joachimowicz 把 Newton-Kantorovitch 算法应用于电磁逆散射问题,该方法一般需要正则化过程以克服不适定性,从而加速收敛,且能在测量数据存在误差的情况下提高成像的质量。王卫延和张守融提出了采用非相关照射以增加关于目标的信息[27],并通过简单的矩阵运算得到了较好的重建结果。Barkeshi 和 Lautzen Heiser 采用精确的梯度搜索法求解了非线性耦合积分方程,迭代反演了目标特性。Kleinman 和 Van den Berg 提出了改进梯度法[28-29],其目标函数包括两部分的归一化误差:一是场方程的满足;二是测量数据的匹配,使用超松弛、梯度和共轭梯度的方法来最小化目标函数。该方法不需要另外引进正则化技术。Rocco Pierri[30] 和 Angelo Lisseno 采用物理光学法和截断奇异值分解算法对导体目标进行了成像。该方法能对多个导体目标进行成像,具有一定的抗噪声干扰的能力。粒子群算法、遗传算法等群智能优化算法是近年兴起的优化算法,Salvaltore 用遗传算法和矩量法[31-34],对介质目标进行了反演,取得了较好的效果;Tony Huang 等采用微粒子群算法和时域有限差分法对三维介质目标进行了成像[35],能够解决较大规模的成像问题;Matteo Pastorino 研究了随机类优化算法在电磁成像中的应用[36],并对最新的几种随机类优化算法(如粒子群算法、蚁群算法、遗传算法、差分演化算法等)进行了对比、分析。

1.2.2 隐蔽目标成像技术的研究进展

对于隐蔽目标成像,目前主要在穿墙成像、地下目标成像和丛林环境中目标成像等方面进行深入的研究,其中穿墙成像和地下目标成像属于典型的雷达近场成像的研究范畴。由于雷达近场成像中辐射脉冲的宽频带特性、背景介质的随机性以及目标的复杂性,定量地描述介质分布的电磁参数存在一定的困难,因此对雷达近场成像问题的研究一直是一个热点问题,目前研究较多的是探地雷达(Ground Penetrating Radar,GPR)和穿墙成像雷达(Through the Wall Imaging Radar,TWIR),这两者都是利用电磁波在媒质电磁特性不连续处产生的反射和散射实现对非金属覆盖区域内目标的定位和成像,进而辨识探测区域的电磁特性变化以及目标的位置、电磁特性等。而对于丛林环境中目标的成像,由于丛林属于典型的复杂多散射传播环境,造成电磁波产生严重的多径效应,将经历多次反射、折射和绕射等,使得丛林环境的电磁波传播模型建模和丛林环境中目标的探测与识别都存在很大的困难。

1. 穿墙成像技术

穿墙雷达成像技术是伴随着大规模巷战和反恐等军事需求而发展起来的一种新型雷达技术,主要通过获取并分析回波信号携带的信息,探测隐藏在可穿透介质(如黏土墙、介质板、混凝土等)之后的目标,获得距离、方位等信息。该技术可以实现对建筑物内无法看见的恐怖分子或人质的侦察、定位和跟踪,探测城区巷战中隐藏在建筑物内的敌人位置,搜救战场伤员,实现非接触式的隔物探测危险品(如金属武器),等等。

穿墙雷达的研究近几年发展迅速,已成功研制出一系列产品。美国的 Time Domain 公司制造出世界上第一台基于脉冲体制的穿墙透视系统 Radar Vision 1000,随后又推出了 Radar Vision 2000 及 Radar Vision 2iTM;劳伦斯国家实验室利用微功率脉冲雷达可以检测到 40 cm 厚的混凝土墙体另外一侧的人;以色列的 Camero 公司开发的 Xaver 800 系统[38]基于脉冲体制能实现三维穿墙成像;英国剑桥咨询中心研制的便携式内部空间监视雷达(简称 PRISM-200)基于脉冲体制可以显示出测量区域的二维或三维图像,可以穿透 40 cm 厚的传统建筑材料,探测人员活动距离可达 15 m;美国 Eureka 航空公司正在利用具有极高分辨率的瞬时脉冲合成孔径雷达开发穿墙探测系统(简称 ImpSAR);土耳其的 Sabanci University 和乌克兰基辅的 Ratio 公司也研制了基于脉冲体制的穿墙雷达;加拿大渥太华 DRDC 公司自 2001 年也开始了超宽带短脉冲穿墙定位/成像系统的研究;美国 ALELA 正进一步致力于随机分布天线阵穿墙监测反恐雷达技术以及分布式雷达传感器网络穿墙监测技术等。

国内在超宽带穿墙成像技术研究方面也进行了一系列研究,中国科学院电子学研究所、北京理工大学、国防科学技术大学、电子科技大学、西安电子科技大学、哈尔滨工业大学、中国人民武装警察部队西安指挥学院等单位正在进行相关的研究工作,经过几年的努力已经取得了一定的成绩,其中国防科技大学电子科学与工程学院已经开发了 RdarEye 穿墙探测雷达,它是一种超宽带微功率冲激脉冲雷达系统,采用超宽带冲激脉冲对非金属墙体后人体目标进行探测,探测距离可达到 5 m。对比国内外穿墙技术研究的发展概况可以发现,我国的穿墙探测成像技术研究与西方还有一定的差距。

从已有的资料来看,超宽带穿墙成像对于国内外众多科研人员来说还是一个崭新的课题,系统的设计实现还面临着许多挑战。由于超宽带穿墙成像系统设计的目标是使系统的性能满足应用的需求,因此系统性能的研究成为系统设计的关键问题,穿墙成像系统的性能指标主要和图像质量有关,包括目标的检测能力、定位精度、空间分辨能力等。本书假设目标可以被检测到,结合超宽带穿墙成像的特点,重点研究墙体环境下的成像问题,提出一种基于电四极子辐射理论、采用混沌信号作为激励源的改进后向投影成像算法,并论证改进成像算法的成像质量要优于后向投影算法,为该成像算法在穿墙雷达领域的应用提供指导。

2. 地下目标成像技术

探地雷达是地下目标无损探测中最具有应用前景和发展前途的技术之一,其应用范围非常广泛,在隧道结构检测、路基检测及路面沉降探测、城市地下管道探测、岩溶地质勘探、堤坝安全探测、排雷作业等领域都有重要的应用。探地雷达的应用根据探测深度可分为浅层、中层、深层三种,通常探深 0.5 m 以下为浅层探测,0.5～5 m 为中层探测,5 m 以上为深层探测。本书主要针对浅中层中的目标进行成像研究。

在地下目标成像方面:K. Demarest 等[64]对多层媒质中的散射体建立时域有限差分模型进行了分析;方广有等[65]在国内最早对地下三维目标电磁散射特性进行了研究;A. Sullivan 等[66]分别用快速多极子法(Fast Multipole Method,FMM)、矩量法(Moment Of Method,MOM)和物理光学(Physical Optics,PO)建立了探测地下哑弹的模型,比较了各种方法的精确度,理论成像结果和实际系统的成像结果非常吻合;Y. Bo 等[67]采用二维(Finite Difference Time Domain,FDTD)研究了探地雷达在实际土壤中的应用问题;瑞典学者 D. Uduwawala 等[68]将 FDTD 法运用于有耗和色散媒质中的探地雷达系统;朱亚平[69]等针对脉冲体制穿墙雷达系统中回波信号结构复杂、信噪比低、信号检测困难等问题,提出了一种"小波双谱"联合检测新算法;杨虎等[70]将多区域时域伪谱(Multi-domain Pseudo Spectral Time Domain,MPSTD)算法,以及将特征变量与物理边界(Characteristic Variables Physical Boundary,CVPB)匹配条件相结合来模拟探地雷达模型,分别对平坦地表、粗糙地表下不同电磁参数、不同形状目标的散射特性进行了分析;鲁晶津[71]等采用多重网格法研究了地球电磁三维数值模拟及应用;屈乐乐等[72]研究了压缩感知理论(Compressive Sensing,CS)在频率步进探地雷达偏移成像中的应用。

3. 丛林环境中目标成像技术

对于电磁波来说,丛林属于典型的复杂多散射传播环境。电磁波在传播过程中,树木等构成的多散射环境使得电磁波产生严重的多径效应,将经历多次反射、折射和绕射等。丛林中电磁研究常用的方法主要有三种。第一种是实际测量的方法,即通过实际测量得到大量数据,并对所得数据进行分析,最后得出树林对电波传播统计模型;第二种是等效处理的方法,即将树林或植被等效为一种介质,采用电波在不同媒质分界面处的传播理论进行求解;第三种是利用散射场的分析方法求解,即将树林看作随机离散的介质进行处理。

随着宽带数字通信的迅速发展和理论成果的不断丰硕,研究人员在丛林环境中开展了大量的实验工作,得到了大批的实验数据。基于这些实验数据,一些新的基于实际测量而建立的丛林环境中电波传播模型也相继被提出,比如著名的奥村-哈塔模型。同时,许多学者也开始尝试使用不同的途径实现对丛林电磁模型的研究,比如通过并矢介电常数研究丛林中的数字脉冲信号的电波传播路径损耗,采用散射方法、格林函数法以及分形和蒙特·卡洛方法等进行相关模型的计算。由于环境的复杂性,目前关于丛林中电磁研究和应用仅限于丛林多散射环境中通信电波信号的传播建模,对于丛林中隐蔽目标的探测和成像目前还非常有限。对于复杂多散射的丛林环境中隐蔽目标探测的电磁成像算法,目前还鲜有文献报道,国外的研究也是处于最初的模拟阶段。本书采用间接 Z 变换时域有限差分法对电磁照射下多散射环境中目标的场分布进行仿真,并根据仿真实验进行初步的成像研究。

1.2.3 合成孔径雷达及动目标检测技术的研究进展

目标微动对 SAR 成像、目标特征提取带来的影响可以概括为:一是,目标微动将使 SAR 图像上出现诸如灰色条带(gray strip)、杂乱线条(disordered line)、鬼影假像(ghost image)、栅栏(fence)等特征,将严重污染 SAR 图像,使其难以解读,但反过来则可利用目标微动对回波相位的复杂调制作用实现对静止目标和运动目标的压制或欺骗性干扰,用来遮蔽重要的民用或军事目标(如机场跑道等)。图 1.1(a)为某次机载 SAR 成像所录取的机场实测数据,图 1.1(b)为旋转角反射器沿距离向排列(间隔 5 m)的干扰 SAR 图像。可以看出,旋转角反射器已几乎将机场图像完全遮盖。二是,目标微动激励的微多普勒效应可被视为目标结构部件与主体之间相互作用的结果。它是该目标所具有的独特特征,能使我们确定目标的一些性质,完成对特殊目标的分类、识别与成像。

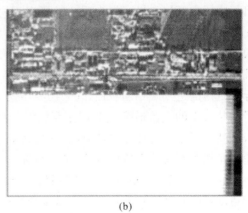

(a) (b)

图 1.1　压制干扰前、后机场 SAR 成像比较

(a)某机场 SAR 成像结果;(b)旋转角反射器的压制干扰结果

1. 国外研究进展

(1)对空间和空中军事目标(如弹道导弹、空间碎片、直升机等)的微多普勒现象研究。美国林肯实验室研究了宽带雷达数据分析技术和弹道导弹防御识别算法的演化,并指出基于带宽外推技术的微动特征提取将是弹道导弹防御系统的研究重点[83]。美国的 X 波段 GBR 已经具备了微动特征提取及识别功能,这为其弹道导弹防御系统提供了极具潜力的目标识别手段。但由于技术的军事敏感性,其具体技术细节未见报道。S. L. Marple 等[84]使用 X 波段雷达照射 BO－105 直升机,在信噪比相差 70 dB 的动态范围内采用高分辨时频变换有效提取了主旋翼和尾翼的微多普勒成分。J. Li 等[85]利用 chirplet 分解方法成功地分离了微多普勒信号与飞机主体回波信号,获得了清晰的飞机主体 ISAR 像。参考文献[86]采用小波变换和自相关函数分布的方法成功提取了悬停直升机的 X 波段微多普勒信号及其微动周期。参考文献[87]指出,可利用 Mi－24"雌鹿"D 型直升机喷气式发动机调制(Jet Engine Modulation,JEM)的微多普勒特征来估计涡轮叶片的个数和旋转频率。

(2)对地面目标(如行人、汽车、坦克等)的微多普勒现象研究。A. Ghaleb 等[88]通过实验研究了普通汽车行驶时车轮转动的微多普勒效应,成功观测到了汽车前轮和后轮不同的微多普勒特征。英国 Thales 公司开发了基于微多普勒特征的单兵便携式监测跟踪雷达,对行人、轮式车和履带车三类目标分类的正确率超过了 80%。参考文献[90]将微多普勒效应扩展到多基雷达体制下,指出多基配置可以提供更丰富的微多普勒信息,利于对人体目标的自动识别。参考文献[91]基于时域有限差分法(FDTD)模拟并分析了隔墙人体的微多普勒信号。研究表明,微波穿墙传播对于微多普勒特征的影响很小,有望用于地震后的生命探测和救援等领域。参考文献[92]基于 Hibert-Huang Transform(HHT)和经验模式分解(Empirical Mode Decomposition,EMD)的方法有效提取了较小振幅卡车目标的微多普勒信号,其时频分辨率优于 Cohen(科恩)类二次型时频分布。

2. 国内研究进展

近年来,国内关于微多普勒效应的研究也逐渐开始深入,并在微多普勒特征提取、微动目标成像、微动目标识别等方面取得了较多成果。例如:国防科技大学的陈行勇[93]等对微动目标雷达特征提取做了较为深入的研究,并提出了微雷达散射截面积(Radar Cross Section,RCS)的概念;北京理工大学的李宝柱等[94]通过构造指数为正弦函数的基函数,采用匹配傅里叶变换方法实现了导弹一类自旋目标的微动特征提取和成像;中国航空工业第二研究院的高红卫、谢良贵等[95]着重研究了微多普勒效应在导弹目标识别中的应用,分析了弹道导弹目标的进动和章动特性,并利用其与诱饵弹头的微动差异来实现真假目标识别;西安电子科技大学的刑孟道等[96]提出了利用经验模式分解(EMD)方法实现含旋转部件目标微多普勒特征提取及主体成像的方法,李彦兵等[97]提出了利用微动目标回波特征谱来识别地面轮式车辆和履带式车辆的方法,指出目标分类结果不受目标平动速度变化的影响;北京航空航天大学的马超、许小剑[98]从雷达目标散射截面和高分辨一维距离像时间序列两方面对空间进动目标的宽带雷达特征信号做了详细研究,并由微波暗室实验予以验证。

参 考 文 献

［1］底青云,王岩.可控源音频大地电磁数据正反演及方法应用[M].北京:科学出版社,2008.

［2］ANYONG QING. MUSIC imaging and electromagnetic inverse scattering of multiple-scattering small anisotropic spheres[J]. IEEE Trans Antenna Propagat,2007,55(12).

［3］黄卡玛,赵翔.电磁场中的逆问题及应用[M].北京:科学出版社,2005.

［4］郑明洁.合成孔径雷达运动目标检测和成像研究[D].北京:中国科学院电子学研究所,2003.

［5］孙娜,周荫清,李景文.基于ATI技术的一种动目标检测的实现方法[J].北京航空航天大学学报,2004,30(12):1147－1150.

［6］高飞,毛士艺,袁运能,等.基于原始数据域的星载双通道SAR－GMTI研究[J].电子学报,2005,33(12):2105－2110.

［7］盛蔚,毛士艺.一种SAR/GMTI空频联合处理杂波抑制技术的研究[J].电子学报,2005,33(6):970－973.

［8］李真芳,保铮,杨凤凤.基于成像的分布式卫星SAR系统地面运动目标检测(GMTI)及定位技术[J].中国科学E辑(信息科学),2005,35(6):597－609.

［9］李亚超,李晓明,刑孟道,等.天线斜置情况下三通道SAR－GMTI技术研究[J].电子与信息学报,2009,31(3):578－582.

［10］蔚婧,廖桂生,杨志伟.InSAR构型下的分布式卫星GMTI性能分析[J].宇航学报,2009,30(5):2037－2042.

［11］邓海涛,张长耀.一种机载三通道GMTI实时信号处理方法[J].电子与信息学报,2009,31(2):370－373.

［12］张云.高分辨SAR运动目标检测与成像若干技术研究[D].哈尔滨:哈尔滨工业大学,2009.

［13］钱江,吕孝雷,刑孟道,等.机载三通道SAR/GMTI快速目标运动参数估计[J].西安电子科技大学学报(自然科学版),2010,37(2):235－241.

［14］LIVINGSTONE C E,SIKANETA I,GIERULL C H,et al. An airborne synthetic aperture radar (SAR) experiment to support RADARSAT－2 ground moving target indication (GMTI)[J]. Can J Remote Sensing,2002,28(6):794－813.

［15］SIKANETA I C,CHOUINARD J Y. Eigendecomposition of the multi-channel convariance matrix with application to SAR-GMTI[J]. Signal Processing,2004,84:1501－1535.

［16］SHARMA J J,GIERULL C H,COLLINS M J. Compensating the effects of target acceleration in dual-channel SAR-GMTI[J]. IEE Proc Radar Sonar Navigation,2006,153(1):53－62.

［17］BANAHAN C P,PERKS D,BAKER C,et al. GMTI clutter cancellation using real non-ideal data[J]. IET Radar Sonar Navigation,2010,4(2):302 - 314.

[18] MAORI D C,GIERULL C H,ENDER J H E. Experimental verification of SAR - GMTI improvement through antenna switching[J]. IEEE Trans. on GRS,2010,48 (4):2066 - 2075.

[19] CHEN V C,LI F Y,HO S S,et al. Micro-Doppler effect in radar:phenomenon,model and simulation study[J]. IEEE Trans on AES,2006,42(1):2 - 21.

[20] CHEN V C,LING H. Time-frequency transforms for radar imaging and signal analysis [M]. Boston:Artech House,2002.

[21] SPARR T,KRANE P. Micro-Doppler analysis of vibrating targets in SAR[J]. IEE Proc Radar Sonar Navigation,2003,150(4):277 - 283.

[22] THAYAPARAN T,ABROL S,QIAN S. Micro-Doppler analysis of rotating target in SAR[R]. TM 2005 - 204,Ottawa:Defence R&D Canada-Ottawa,2005.

[23] 庄钊文,刘永祥,黎湘. 目标微动特性研究进展[J]. 电子学报,2007,35(3):520 - 525.

[24] ISERNIA T,PASCAZIO V,PIERRI R. On the local minima in a tomographic imaging technique[J]. IEEE Trans Geosci Remote Sens,2001,39(7):1596 - 1607.

[25] PIERRI R,LEONE G. Inverse scattering of dielectric cylinders by a second-order Born approximation[J]. IEEE Trans Geosci Remote Sens,1999,37(1):374 - 382.

[26] BELKEBIR K,TIJHUIS A G. Modified gradient method and modified born method for solving a two-dimensional inverse scattering problem[J]. Inv Probl,2001(17): 1671 - 1688.

[27] 王卫延,张守融. 电磁逆散射非相关照射法的普遍公式[J]. 电子科学学刊,1996(4): 415 - 421.

[28] KLEINMAN R E,VAN DEN BERG. A modified gradient method for two-dimensional problems in tomography[J]. J Comput Appl Math,1992(42):17 - 35.

[29] KLEINMAN R E,VAN DEN BERG. Two-dimensional location and shape reconstruction [J]. Radio Science,1994,29(4):1157 - 1169.

[30] ROCCO PIERRI. Raffaele Solimene, Angelo Liseno and Jessica Romano. Linear distribution imaging of thin metallic cylinders under mutual scattering[J]. IEEE Trans Antennas Propagat,2005,53(9):33 - 35.

[31] XIAO F,YABE H. Microwave imaging of perfectly conducting cylinders from real data by micro genetic coupled with deterministic method[J]. IECE Trans Electron, 1998,81(12):1784 - 1792.

[32] MENG Z Q,TAKENAKA T,TANAKA T. Image reconstruction of two-dimensional impenetrable objects using genetic algorithm[J]. J Electromagn Waves Appl,1999 (13):95 - 118.

[33] CAORSI S,MASSA A,PASTORINO M. A computational technique based on a real-coded genetic algorithm for microwave imaging purposes[J]. IEEE Trans Geosci Remote Sens,2000,38(4):697 - 1708.

[34] QING A. Electromagnetic inverse scattering of multiple two-dimensional perfectly conducting objects by the differential evolution strategy[J]. IEEE Trans Antennas Propagat,2003,51(6):1251 – 1262.

[35] TONY HUANG,ANANDA SANAGAVARAPU. A microparticle swarm optimizer for the reconstruction of microwave images [J]. IEEE Trans Antennas Propagat,2007,55(3):68 – 72.

[36] MATTEO PASTORINO. Stochastic optimization methods applied to microwave imaging:a review. IEEE Trans Antennas Propagat,2007,55(3):108 – 110.

[37] AHMAD F,AMIN M G,KASSAM S K. Synthetic aperture beamformer for imaging through a dielectric wall [J]. IEEE Transactions on Aerospace and Electronic Systems,2005,41(1):271 – 283.

[38] BEERI A,DAISY R. High-resolution through-wall imaging[C]//Proceedings of SPIE on Sensors,and Command,Control,Communications,and Intelligence (C3I) Technologies for Homeland Security and Homeland Defense V,Kissimmee,FL,United States,2006(6201):6210.

[39] ENGIN E,CIFTCIOGLU B,OZCAN M,et al. High resolution uitrawideband wall penetrating radar[J]. Microwave and Optical Technology Letters,2007,49(2):320 – 325.

[40] SOSTANOVSKY D L,BORYSSENKO A O,BORYSSENKO E S. UWB radar imaging system with two-element receiving array antenna [C]//5th International Conference on Antenna Theory and Techniques,Kyiv,Ukraine,2005:357 – 360.

[41] CHAMMA W A,KASHYAP S. Detection of targets behind walls using ultra wideband short pulse:numerical simulation [C]. Defence R&D Canada-Ottwa Technical Memorandum,2003:1 – 24.

[42] HUNT R A. Image formation through walls using a distributed radar sensor array [C]//Proceedings of the 32nd Applied Imagery Pattern Recognition Workshop,Washington,DC,USA,2003:232 – 237.

[43] 陈洁,方广有,李芳.时域波束形成在超宽带穿墙成像雷达中的应用[J].电子与信息学报,2008,30(6):1341 – 1344.

[44] 陈洁,方广有,李芳.超宽带穿墙雷达非相干成像算法[J].中国科学院研究生院学报,2007,24(6):829 – 834.

[45] 朱延平,沈庭芝,王卫江,等.穿墙雷达系统中信号检测的新算法[J].北京理工大学学报,2005,25(8):734 – 738.

[46] 赵彧,黄春琳,粟毅,等.超宽带穿墙探测雷达的反向投影成像算法[J].雷达科学与技术,2007,5(1):49 – 54.

[47] 赵彧.穿墙控测雷达的多目标定位与成像[D].长沙:国防科学技术大学,2006.

[48] 王芳芳,张业荣.超宽带穿墙雷达成像的 FDTD 模拟[J].电波科学学报,2010,25(3):569 – 573.

[49] 孟升卫,黄琼,吴世友,等.超宽带穿墙运动目标跟踪成像算法研究[J].仪器与仪表学

报,2010,31(3):500-506.

[50] 吴世有,黄琼,陈洁.基于超宽带穿墙雷达的目标定位识别算法[J].电子与信息学报,2010,32(11):2624-2629.

[51] 王宏,周正欧,李廷军,等.超宽带脉冲穿墙雷达互相关 BP 成像[J].电子科技大学学报,2011,40(1):16-19.

[52] 谭覃燕,HENRY L,宋耀良.穿墙 SAR 成像中的墙体参数误差分析和估计[J].电子与信息学报,2011,33(3):665-671.

[53] 晋良念,欧阳缮,肖海林.混合稳健波束和相干加权的超宽带穿墙雷达目标成像方法[J].仪器仪表学报,2011,32(3):685-689.

[54] 晋良念,欧阳缮,谢跃雷,等.基于稳健波束形成的超宽带穿墙成像方法[J].系统工程与电子技术,2011,33(1):208-212.

[55] 舒志乐.隧道衬砌内空洞探地雷达探测正反演研究[D].重庆:重庆大学,2010.

[56] 覃建波,邓世坤,李沫.探地雷达在隧道和涵洞工程检测中的应用研究[J].煤田地质与勘探,2004(5):55-58.

[57] 叶家玮,吴鹏,郑国梁.基于路面雷达的路面结构缺陷检测方法[J].华南理工大学学报(自然科学版),2004(9):82-85.

[58] 郭秀军,韩宇,孟庆生,等.铁路路基病害无损检测车载探地雷达系统研制及应用[J].中国铁道科学,2006(5):139-144.

[59] 赵永辉,谢雄耀,王承.地下管线雷达探测图像处理及解释系统[J].同济大学学报(自然科学版),2005(9):1254-1258.

[60] 战玉宝,张利民,尤春安.探地雷达探测地下管线的研究[J].岩土力学,2004(增刊1):133-136

[61] 韦宏鹄,杨顺安,刘昌辉.探地雷达在岩土工程应用中的进展[J].地质科技情报,2005(增刊1):133-136.

[62] 王国群,何开胜.堤防动物洞穴的探地雷达探测研究[J].岩土力学,2006(5):838-841.

[63] 方广有,佐藤源之.频率步进探地雷达及其在地雷探测中的应用[J].电子学报,2005(3):436-439.

[64] DEMAREST K,PLUMB R,ZHUBO H. FDTD modeling of scatterers in stratified media[J]. IEEE Trans Antennas Propagat,,1995,43(10):1164-1168.

[65] 方广有,张忠治,汪文秉.地下三维目标电磁散射特性研究[J].微波学报,1997(1):8-14.

[66] SULLIVAN A,DAMARLA R,GENG N,et al. Ultrawide-band synthetic aperture radar for detection of unexploded ordnance:modeling and measurements[J]. IEEE TransAntennas Propagat,2000,48(9):1306-1315.

[67] BO Y,RAPPAPORT C. Response of realistic soil for GPR applications with 2-D FDTD[J]. IEEE TransGeosci Remote Sens,2001,39(6):1198-1205.

[68] UDUWAWALA D,GUNAWARDENA A. A Fully Three-Dimensional Simulation of a Ground-Penetrating Radar over Lossy and Dispersive Grounds[C]. Industrial and Information Systems,First International Conference on,2006:143-146.

［69］朱亚平,沈庭芝,王卫江,等.穿墙雷达系统中信号检测的新算法［J］.北京理工大学学报,2005(8):734-738.

［70］杨虎,姜永金,毛钧杰.平坦/粗糙地表下目标散射特性的 MPSTD 算法分析［J］.微波学报,2007(6):1-6.

［71］鲁晶津.地球电磁三维数值模拟的多重网格法及应用研究［D］.合肥:中国科学技术大学,2010.

［72］屈乐乐,方广有,杨天虹.压缩感知理论在频率步进探地雷达偏移成像中的应用［J］.电子与信息学报,2011,33(1):22-26.

［73］郑文军.复杂多散射环境下 TRM 成像技术研究［D］.成都:电子科技大学,2010.

［74］SEKER S S. Radio pulse transmission along mixed paths in a stratified forest［J］. IEEE Proceedings,1989,136(1):74-83.

［75］SEKER S S,SCHNEIDER A. Experimental charaeterization of UHF radiowave propagation through forests［J］. IEE Proceedings-H,1993,140(5):899-906.

［76］吴晓芳,刘阳,王雪松,等.旋转微动目标的 SAR 成像特性分析［J］.宇航学报,2010,31(4):1181-1189.

［77］LI X,DENG B,QIN Y L,et al. The influence of target micromotion on SAR and GMTI［J］. IEEE Trans on GRS,2011,49(7):2738-2751.

［78］BARBER B C. Imaging the rotor blades of hovering helicopters with SAR［A］. IEEE International Radar Conference［C］. Rome,Italy,2008,1-6.

［79］吴晓芳. SAR-GMTI 运动调制干扰技术研究［D］.长沙:国防科学技术大学,2009.

［80］白雪茹,孙光才,周峰,等.基于旋转角反射器的 ISAR 干扰新方法［J］.电波科学学报,2008,23(5):867-872.

［81］孙光才,白雪茹,周峰,等.一种新的无源压制性 SAR 干扰方法［J］.电子与信息学报,2009,31(3):610-613.

［82］吴晓芳,代大海,王雪松,等.基于微动调制的 SAR 新型有源干扰方法［J］.电子学报,2010,38(4):954-959.

［83］CAMP W W,MAYHAN J T,O'DONNELL R M. Wideband radar for ballistic missile defense and range-Doppler imaging of satellites［J］. Lincoln Laboratory Journal,2000,12(2):267-280.

［84］MARPLE S L. Sharpening and bandwidth extrapolation techniques for radar micro-Doppler feature extraction［A］. IEEE Radar Conference［C］. Adelaide,Australia:2003,166-170.

［85］LI J,LING H. Application of adaptive chirplet representation for ISAR feature extraction from targets with rotating parts［J］. IEEE Proc Radar Sonar Navigation,2003,150(4):284-291.

［86］THAYAPARAN T,ABROL S,RISEBOROUGH E,et al. Analysis of radar micro-Doppler signatures from experimental helicopter and human data［J］. IET Radar Sonar Navigation,2007,1(4):289-299.

［87］ SOMMER H,SALERNO S. Radar target identification system［P］. U S A,U S Patent 3,1971.

［88］ GHALEB A,VIGNAUD L,NICOLAS J M. Micro-Doppler analysis of wheels and pedestrians in ISAR imaging［J］. IET Signal Processing,2008,2(3):301 - 311.

［89］ STOVE A G,SYKES S R. A Doppler-based automatic target classifier for a battlefield surveillance radar［A］. IEEE International Radar Conference［C］. Edinburgh,UK: 2002,419 - 423.

［90］ SMITH G E,WOODBRIDGE K,BAKER C J,et al. Multistatic micro-Doppler radar signatures of personnel targets［J］. IET Signal Processing,2010,4(3):224 - 233.

［91］ RAM S S,CHRISTIANSON C,KIM Y,et al. Simulation and analysis of human micro-Doppler in through-wall environments［J］. IEEE Trans on GRS,2010,48(4): 2015 - 2023.

［92］ CAI C J,LIU W X,FU J S,et al. Radar micro-Doppler signature analysis with HHT ［J］. IEEE Trans on AES,2010,46(2):929 - 938.

［93］陈行勇.微动目标雷达特征提取技术研究［D］.长沙:国防科学技术大学,2006.

［94］李宝柱,袁起,何佩琨,等.目标自旋引起微多普勒的补偿新方法［J］.现代雷达,2008, 30(10):49 - 51.

［95］高红卫,谢良贵,文树梁,等.基于微多普勒分析的弹道导弹目标进动特性研究［J］.系统工程与电子技术,2008,30(1):50 - 52.

［96］ BAI X R,XING M D,ZHOU F,et al. Imaging of micromotion targets with rotating parts based on empirical-mode decomposition［J］. IEEE Trans GRS,2008,46(11): 3514 - 3523.

［97］李彦兵,杜兰,刘宏伟,等.基于信号特征谱的地面运动目标分类［J］.电波科学学报, 2011,26(4):641 - 648.

［98］马超,许小剑.空间进动目标的宽带雷达特征信号研究［J］.电子学报,2011,39(3):636 - 642.

第 1 篇　目标特征参数提取及反演

第2章 优化算法的原理、改进及性能评估

电磁场中的逆问题可以归结为一个优化问题,其目标函数可为测量场与每次迭代计算场之间的相对误差,可利用最小二乘原理将其转化为极小值问题进行求解,优化的最终目的在于找到待测电磁目标参数的真实分布或满足精度要求的近似分布。但由于麦克斯韦方程导出的数学模型大多包含矢量函数,电磁场逆问题的分析和算法设计上都存在着很大的困难。

一个优化问题通常表述为

$$\min_{x \in \mathbf{R}^n} F(\boldsymbol{x}) \tag{2.1}$$

式中:$\boldsymbol{x}$ 为待优化的参数组;$F \geqslant 0$ 为目标函数,即我们要找出使函数 F 取值最小时的 $\boldsymbol{x}$(最优解)。根据不同的求解策略,可以将优化问题的求解方法分为两类,即确定性方法(如梯度类优化方法等)和随机性方法(如粒子群算法等)。

2.1 梯度类优化算法

2.1.1 求解策略和途径

设 X, Y 为希尔伯特(Hibert)空间,$A: X \to Y$ 为有界线性算子,对 $x \in X$ 逆问题就是找 x,解算子方程

$$Ax = y \tag{2.2}$$

式中:A 为精确已知的紧算子;y 为理想的数据函数。一般地,x 可通过最小二次方逼近求得,即

$$J(x) = \min J(\bar{x}) \tag{2.3}$$

式中:$J(\bar{x}) = \| A\bar{x} - y \|_Y^2$。

由于 $\bar{x}$ 不连续依赖于 x,这实际上意味着无论如何 y 都存在误差 y_δ,当以扰动数据 y_δ 代替 y 时,导致 A 的条件数变大,方程的解会产生较大的偏离。即使 y_δ 非常接近 y,也会导致严重的解的振动,即解是非正则的;而逆问题的正则性要求解是正则的。由于原问题在 Hadmard 意义下是不适定的,即当解存在时,解不唯一且不连续地依赖于 y。对理想的 y,其测试数据 y_δ,当 $\| y - y_\delta \|_Y \leqslant \delta, \delta > 0$ 时,如果直接求解,会产生较差的近似。而正则方法会给解的收敛性,当噪声水平收敛到 0 时,即相对稳定的小 δ,正则近似将是合理解的估计。

1. 吉洪诺夫(Tikhonov)正则化方法

正则化方法是十分有效的方法,其主要的思想是采用最小二次方逼近,在逼近函数中添

加稳定项,即惩罚大值或者大的振动项,即式(2.3)变为

$$\min_{x \in X}(\parallel Ax - y \parallel^2 + \alpha \parallel x \parallel^2) \tag{2.4}$$

其中,$J_a(x) = \parallel Ax - y \parallel^2 + \alpha \parallel x \parallel^2$,称为 Tikhonov 泛函。该极值问题的解 x_a 也是该方程的唯一解,即

$$A^* A x_a + \alpha x_a = A^* y \tag{2.5}$$

对每个 $\alpha > 0$,存在唯一的 x_a 连续依赖于 y。

2. 截断奇异值分解算法

若矩阵 A 的奇异值分解为

$$A = U \sum V^{\mathrm{T}} = \sum_{i=1}^{n} u_i \sigma_i v_i^{\mathrm{T}} \tag{2.6}$$

式中:σ_i 为奇异值且 $\sigma_1 \geqslant \sigma_2 \geqslant \cdots \geqslant \sigma_n$;$\sum = \mathrm{diag}(\sigma_1, \sigma_2, \cdots, \sigma_n)$;$v_i$ 为右奇异向量,有 $V = (v_1, v_2, \cdots, v_n)$,$V^{\mathrm{T}}V = I_n$;$u_i$ 为左奇异向量,$U = (u_1, u_2, \cdots, u_n)$,$U^{\mathrm{T}}U = I_n$。问题式(2.2)的最小二乘解表示为

$$x = \sum_{i=1}^{n} \frac{<u_i, y>}{\sigma_i} v_i \tag{2.7}$$

式(2.7)清楚地显示了不稳定性产生的原因:y 的傅里叶系数 $<u_i, y>$ 被放大 $1/\sigma_i$ 倍,且随着 $\sigma_i \to 0$ 而无限增大,σ_i 越快趋于零,该误差的放大的情况就越糟糕。可见,测量数据的微小误差将使求得的解远远偏离原问题的真解。考虑到小的 σ_i 是造成病态的根本原因,可根据修正 $1/\sigma_i$ 以防止它过大来构建正则化策略。

截断奇异值分解方法是直接改造系数矩阵 A,将原方程转化为一个良态问题进行求解,关键是寻找一个良态的矩阵 A_k,使其在 2-范数下较好地近似矩阵 A,即对于 $k < \mathrm{rank}(A)$ 取

$$A_k = \sum_{i=1}^{k} u_i \sigma_i v_i^{\mathrm{T}} \tag{2.8}$$

则有

$$\min_{\mathrm{rank}(B)=k} \parallel A - B \parallel_2 = \parallel A - A_k \parallel_2 \tag{2.9}$$

由此可知,矩阵 A_k 是秩为 k 的矩阵中最接近原矩阵 A 的,因此我们将原问题 $Ax = y$ 转化为适定方程 $A_k x = y$ 的求解问题。由式(2.7)及式(2.8)知,方程 $A_k x = y$ 的解为

$$x = \sum_{i=1}^{k} \frac{<u_i, y>}{\sigma_i} v_i \tag{2.10}$$

式(2.10)相当于把较小的奇异值直接截去,即将高频分量直接去除,因而可以较好地滤除噪声。

2.1.2 正则化参数的求取

任何一种正则化方法中,正则化参数的求取都是非常重要的,可以将正则化参数的选取分为两类,即先验选取和后验选取。先验选取是将正则化参数视为数据误差水平 δ 的一元函数,后验选取是将正则化参数视为数据 y_δ 和数据误差水平 δ 的函数。

1. 基于偏差原则用牛顿(Newton)法求取正则化参数

在原始资料 y_δ 中的误差水平的参数 δ 可以获取或近似得到的情况下,偏差原理是十分有效的正则化参数选择方法。利用偏差原理决定正则化参数要求参数 α 的选取与原始数据的观测误差相匹配,即选取参数 α 使得

$$\| Ax_\alpha^\delta - y_\delta \|^2 - \delta^2 = 0 \tag{2.11}$$

用 Newton 法求解式(2.11)所描述的偏差方程,令

$$\phi(\alpha) = \| Ax_\alpha^\delta - y_\delta \|^2 - \delta^2 \tag{2.12}$$

则 $\phi(\alpha)$ 关于变量 α 是连续可微的。同时,应有

$$\phi(\alpha) = (y_\delta - Ax_\alpha^\delta, y_\delta) - [A^*(y_\delta - Ax_\alpha^\delta), x_\alpha^\delta] - \delta^2$$
$$= \| y_\delta \|^2 - (x_\alpha^\delta, A^* y_\delta) - \alpha \| x_\alpha^\delta \|^2 - \delta^2 \tag{2.13}$$

易得

$$\phi'(\alpha) = -\left(\frac{\mathrm{d}x_\alpha^\delta}{\mathrm{d}\alpha}, A^* y_\delta\right) - \| x_\alpha^\delta \|^2 - 2\alpha\mathrm{Re}\left(\frac{\mathrm{d}x_\alpha^\delta}{\mathrm{d}\alpha}, x_\alpha^\delta\right) \tag{2.14}$$

若主语是在实数域上,注意到

$$A^* y_\delta = \alpha x_\alpha^\delta + A^* A x_\alpha^\delta \tag{2.15}$$

$$A^* A \frac{\mathrm{d}x_\alpha^\delta}{\mathrm{d}\alpha} = -\alpha \frac{\mathrm{d}x_\alpha^\delta}{\mathrm{d}\alpha} - x_\alpha^\delta \tag{2.16}$$

则由式(2.14)得

$$\phi'(\alpha) = -2\alpha\left(\frac{\mathrm{d}x_\alpha^\delta}{\mathrm{d}\alpha}, x_\alpha^\delta\right) \tag{2.17}$$

而其中的导数 $\frac{\mathrm{d}x_\alpha^\delta}{\mathrm{d}\alpha}$ 可由下式求得:

$$(A^* A + \alpha E)\frac{\mathrm{d}x_\alpha^\delta}{\mathrm{d}\alpha} = -x_\alpha^\delta \quad (E \text{ 为恒等算子}) \tag{2.18}$$

2. Engl 误差极小化原则

用 x_α^δ 表示误差水平为 δ 时相应于参数 α 的正则解,x_α^δ 相应于精确右端项 y_T 的正则解,则 $\| Ax_\alpha^\delta - y_\delta \|$ 表示"残差"。从逼近的角度看,应使 α 越小越好;然而,从数值稳定的角度考虑,则参数 α 取得越大越好。

关于正则解 x_α^δ 与真解 x_T 的误差,有下述估计:

$$\| x_\alpha^\delta - x_T \| \leqslant \| x_\alpha^\delta - x_\alpha \| + \| x_\alpha - x_T \| \leqslant \| R_\alpha \| \| y_\delta - y_T \| + \| x_\alpha - x_T \| \tag{2.19}$$

式中:$R_\alpha = (A^* A + \alpha D)^{-1}$。注意式(2.19)中含有未知的 x_T 和 y_T,故还不具有实用性。但由于 $\lim\limits_{\alpha \to 0} \| x_\alpha - x_T \| = 0$,故存在常数 $C_1 > 0$,使得 $\| x_\alpha - x_T \| \leqslant C_1$。同时,又有 $\| R_\alpha \| \leqslant 1/\sqrt{\alpha}$,从而,若令 $y_T \approx Ax_\alpha^\delta$,则可得到正则解的残差上界的近似估计

$$\| x_\alpha^\delta - x_T \| \leqslant \frac{\| Ax_\alpha^\delta - y_\delta \|}{\sqrt{\alpha}} + C_1 \quad (C_1 \text{ 为常数}) \tag{2.20}$$

类似地,也应有

$$\| x_\alpha^\eta - x_T \| \leqslant \frac{\| A_h x_\alpha^\eta - y_\delta \|}{\sqrt{\alpha}} + C_2 \quad (C_2 \text{ 为常数}) \tag{2.21}$$

由于正则解 x_α^δ 或 x_α^η 对于任何 α 都是数值稳定的,故应使相应的残差极小化;而从数值稳定的角度来看,参数 α 又要尽可能地放大些才好。于是,选择使上述误差上界为极小的参数,即决定这样的 α,使得

$$\phi(\alpha) = \| Ax_\alpha^\delta - y_\delta \| / \sqrt{\alpha} \to \min \qquad (2.22)$$

或

$$\phi_h(\alpha) = \| A_h x_\alpha^h - y_\delta \| / \sqrt{\alpha} \to \min \qquad (2.23)$$

它们兼顾了"好的逼近"与"好的数值稳定性"的要求。

3. 基于偏差原则和决定正则参数的高阶收敛算法

对于正则化参数,如果 α 太小,则对问题谱的改善没有起到什么作用,解的不稳定性仍然存在;如果 α 取得太大,虽然得到的新问题可以稳定地求解,但是该问题同原问题相差甚远,因此应该兼顾这两种情况。式(2.11)是关于参数 α 的非线性、隐式方程,通常不采用具有高于二阶收敛速率的算法求解。因为需要计算 $\phi(\alpha)$ 的二阶或更高阶的导数,由此而付出的代价可能会抵消由收敛速率的提高所带来的效果。在实际情况中,对于中小规模的问题而言,若辅之以多次迭代技巧,采用高于二阶的算法,则效果较好。

采用求取 α 的迭代格式为

$$\alpha_{n+1} = \alpha_n - \frac{2\phi(\alpha_n)}{\phi'(\alpha_n) + [\phi'(\alpha_n)^2 - 2\phi(\alpha_n)\phi(\alpha_n)'']^{\frac{1}{2}}} \qquad (2.24)$$

令 $\gamma(\alpha) = \| x_\alpha^\delta \|^2$,则 $\phi'(\alpha),\phi''(\alpha)$ 可按下述公式计算:

$$\phi'(\alpha) = -\alpha\gamma'(\alpha) \qquad (2.25)$$

$$\phi''(\alpha) = -\gamma'(\alpha) - 2\alpha\left[\left(\frac{\mathrm{d}\boldsymbol{x}_\alpha^\delta}{\mathrm{d}\alpha}, \frac{\mathrm{d}\boldsymbol{x}_\alpha^\delta}{\mathrm{d}\alpha}\right) + \left(\boldsymbol{x}_\alpha^\delta, \frac{\mathrm{d}^2\boldsymbol{x}_\alpha^\delta}{\mathrm{d}\alpha^2}\right)\right] \qquad (2.26)$$

式中:$\gamma'(\alpha) = 2\left(\dfrac{\mathrm{d}\boldsymbol{x}_\alpha^\delta}{\mathrm{d}\alpha}, \boldsymbol{x}_\alpha^\delta\right)$。至于 $\boldsymbol{x}_\alpha^\delta, \dfrac{\mathrm{d}\boldsymbol{x}_\alpha^\delta}{\mathrm{d}\alpha}, \dfrac{\mathrm{d}^2\boldsymbol{x}_\alpha^\delta}{\mathrm{d}\alpha^2}$,在第 k 步将导致求解如下方程:

$$(\boldsymbol{A}^\mathrm{T}\boldsymbol{A} + \alpha_k\boldsymbol{I})x_{\alpha_k} = \boldsymbol{A}^\mathrm{T}y_\delta \qquad (2.27)$$

$$(\boldsymbol{A}^\mathrm{T}\boldsymbol{A} + \alpha_k\boldsymbol{I})x'_{\alpha_k} = -x_{\alpha_k} \qquad (2.28)$$

$$(\boldsymbol{A}^\mathrm{T}\boldsymbol{A} + \alpha_k\boldsymbol{I})x''_{\alpha_k} = -2x'_{\alpha_k} \qquad (2.29)$$

方程组[见式(2.27)～式(2.29)]表明:仅需对左端的系数矩阵做一次 Cholesky 分解,辅之以三次回代技巧即可求得向量 $\boldsymbol{x}_\alpha^\delta, \dfrac{\mathrm{d}\boldsymbol{x}_\alpha^\delta}{\mathrm{d}\alpha}, \dfrac{\mathrm{d}^2\boldsymbol{x}_\alpha^\delta}{\mathrm{d}\alpha^2}$。同二阶收敛速率的 Newton 法相比仅有很少的附加计算量卷入,但是收敛速率的提高会弥补这一不足,迭代次数可望大为减少。

2.2 标准粒子群算法

标准粒子群优化算法(Standard Particle Swarm Opimization,SPSO)是 Kennedy 和 Eberhar 根据鸟群的觅食行为提出的一种群智能优化算法,他们将其应用于优化计算当中。粒子群优化算法同遗传算法类似,是一种基于迭代的优化工具,系统初始化一群随机粒子,每个粒子都有一个根据被优化的函数而确定的适应值,都有自己的速度和位置以决定它的飞行方向和距离;粒子根据自己迄今找到过的最好位置和整个种群目前找到的最好位置来更新自己的速度与位置,经过不断的迭代过程最终找到最优解。

假设在一个 N 维空间中，由 M 个粒子组成种群。第 i 个粒子的速度和位置分别为 $\boldsymbol{x}_i = (x_{i1}, x_{i2}, \cdots, x_{iN})^{\mathrm{T}}$ 和 $\boldsymbol{v}_i = (v_{i1}, v_{i2}, \cdots, v_{iN})^{\mathrm{T}}$。粒子迄今找到过的最好位置称为个体极值，种群目前找到的最好位置称为全局极值，个体极值点和全局极值点的位置分别表示为 $\boldsymbol{pBest}_i = (p_{i1}, p_{i2}, \cdots, p_{iN})^{\mathrm{T}}$ 和 $\boldsymbol{gBest} = (g_1, g_2, \cdots, g_N)^{\mathrm{T}}$。

标准粒子群迭代公式为

$$v_{in}^{k+1} = \omega v_{in}^k + c_1 r_1 (\boldsymbol{pBest}_n^k - x_{in}^k) + c_2 r_2 (\boldsymbol{gBest}_n^k - x_{in}^k)$$
$$(i = 1, 2, \cdots, M; n = 1, 2, \cdots, N) \tag{2.30}$$
$$x_{in}^{k+1} = x_{in}^k + v_{in}^{k+1} (i = 1, 2, \cdots, M; n = 1, 2, \cdots, N) \tag{2.31}$$

粒子速度被限制在 $[-v_{\max}, v_{\max}]$ 范围内，v_{in}^k、x_{in}^k 和 $\boldsymbol{pBest}_n^k$ 分别为在第 k 次迭代中第 i 个粒子的第 n 维速度、位置和个体极值点位置，v_{in}^{k+1} 和 x_{in}^{k+1} 分别为在第 $k+1$ 次迭代中第 i 个粒子的第 n 维速度和位置，$\boldsymbol{gBest}_n^k$ 是在第 k 次迭代中全局极值点的第 n 维位置，c_1 和 c_2 是学习因子，r_1 和 r_2 是 $[0, 1]$ 之间的随机数，ω 为惯性权重。

2.3　改进的混合粒子群优化算法

众多学者针对标准粒子群算法易陷入局部最优、在搜索后期阶段粒子活性降低、对最优点的搜索能力减弱这一问题提出了改进：R. Mendes 等提出了全联系的粒子群算法；Bergh 等提出的协同 PSO 算法比标准算法收敛精度更高，更易跳出局部最优；Higashi 等采用变异算法使粒子跳出局部最优点；Angeling 等提出运用选择机制来增加适应值高的粒子数量以提高算法收敛性；Shi 和 Eberhart 提出了模糊自适应 PSO 算法；Clerc 提出用压缩因子方法帮助算法收敛；Kennedy 提出了邻域算子能保持粒子多样性而避免早熟的观点；Lovbjerg 等采用遗传算法的交叉运算提高粒子的多样性；等等。目前，国外对于粒子群算法改进方面的发展趋势是：

（1）研究如何提高 PSO 算法本身的全局搜索能力，包括设计各种邻域模型，提出概率化的算法，等等。这些方法的目的是在不增加算法复杂程度的基础上，提高算法的性能。

（2）PSO 与其他进化算法的混合算法。这些方法是在 PSO 算法中融入其他算法的操作，以提高 PSO 算法的搜索能力。

基于各改进粒子群算法的基本思想，本书结合量子行为算子、云变异模型、多相粒子群算法及单纯形法，构成一种新的混合粒子群算法。

2.3.1　量子行为算子

在参考文献[13]中 Clerc 对 PSO 算法中粒子的收敛行为作了分析，指出在 PSO 算法中，如果每个粒子都够收敛到它的局部吸引点 $\boldsymbol{p}_i = (p_{i1}, p_{i2}, \cdots, p_{iN})^{\mathrm{T}}$，那么 PSO 算法可能收敛，这是由粒子的追随性和粒子群的聚集性所决定的，其中

$$p_{in}^k = \frac{\phi_{1n}^k \boldsymbol{pBest}_{in}^k + \phi_{2n}^k \boldsymbol{gBest}_{in}^k}{\phi_{1n}^k + \phi_{2n}^k}, \quad \phi_{1n}^k = c_1 r_1, \quad \phi_{2n}^k = c_2 r_2 \tag{2.32}$$

假设 PSO 系统是一个量子系统，在量子空间中，粒子的位置和速度是不能同时确定的，粒子的运动状态由波函数来确定，结合参考文献[14]的公式推导，得到如下的粒子位置更新公式：

$$x_{in}^{k+1} = p_{in}^k \pm \alpha \left| mBest_n^k - x_{in}^k \right| \ln\left(\frac{1}{u_{in}^k}\right) \tag{2.33}$$

式中：α 为压缩-扩张因子；$mBest$ 为粒子的平均最优位置；u_{in}^k 为 $[0,1]$ 之间均匀分布的随机数。

2.3.2　云模型

云模型是在模糊集合理论和概率理论进行交叉渗透的基础上构造的特定算法，即云发生器，进行定性概念和定量表示之间的不确定转换，它揭示随机性和模糊性的内在关联性。云的数字特征用期望 E_x（Expected Value）、熵 E_n（Entropy）和超熵 H_e（Hyper Entropy）三个数值来表征，将模糊性和随机性完全合到一起，构成定性和定量相互间的映射，为定性和定量相结合的信息处理提供了有力手段，反映了定性概念的定量特性。

正向云发生器，即给定云的三个数字特征 (E_x, E_n, H_e) 产生正态云模型的若干二维点——云滴 drop(x_i, μ_i)。它是最基本的云算法，实现从语言值表达的定性信息中获得定量数据的范围和分布规律。一维正向云发生器的实现流程为：

(1) 生成以 E_n 为期望值，H_e 为标准差的一个正态随机数 $E_n{}'$；

(2) 生成以 E_x 为期望值，$E_n{}'$ 为标准差的一个正态随机数 x；

(3) 令 x 为定性概念 A 的一次具体量化值，即云滴；

(4) 计算 $y = e^{-\frac{(x-E_x)^2}{2(E_n{}')^2}}$；

(5) 令 y 为 x 属于定性概念 A 的确定度；

(6) $\{x,y\}$ 完整地反映了这一次定性定量转换的全部内容；

(7) 重复 (1) ~ (6) 直到产生 N 个云滴。

对于模糊集合 A 而言，重要的是云的形状所反映出的整体特性以及使用时隶属度所呈现的规律性，图 2.1 是给定数字特征 $E_x = 25, E_n = 3, H_e = 0.1$ 生成的云模型。

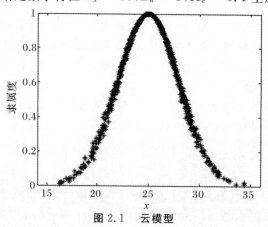

图 2.1　云模型

2.3.3　多相粒子群算法

多相粒子群算法[15] 采用的改进策略为：一是将粒子划分为多个群体，增加了种群的多样性和空间搜索能力；二是引入了多相，使粒子运动方向发生改变；三是粒子只向适应度更好的位置移动。该算法的基本流程如下：

（1）随机初始化粒子群中各粒子的位置和速度；

（2）计算各粒子的适应度函数，粒子的 *pbest* 设为当前位置，*gbest* 设为粒子群初始群体的最佳位置；

（3）判断是否满足收敛准则，如果满足则转（7），否则向下执行；

（4）更新每个粒子的速度和位置，分两步进行更新计算：

1）确定更新方程中的系数：同速度相关的相位系数 C_v，同粒子目前位置相关的相位系数 C_x，同粒子群全局最优位置相关的相位系数 C_g；

2）按式（2.34）、式（2.35）更新粒子的位置和速度：

$$v_{id}^{k+1} = C_v v_{id}^k + C_x x_{id}^k + C_g \boldsymbol{gbest}_d^k \qquad (2.34)$$

$$x_{id}^{k+1} = x_{id}^k + v_{id}^{k+1} \qquad (2.35)$$

（5）如果迭代次数是特定数的倍数，那么重新初始化粒子群的速度；

（6）转到（2）继续执行；

（7）输出 *gbest*，结束。

2.3.4 单纯形法

单纯形是指具有 $n+1$ 个顶点的多面体，若每条边长都相等，就称为正规单纯形。单纯形法是基于这种概念：在不计导数的情况下，为判断最佳搜索方向，可以求出若干点处的函数值，比较它们的大小，也可看出函数下降的方向。

对于具有 n 维自变量的函数 $f(\boldsymbol{X})$，单纯形法[16] 的计算步骤如下：

（1）给出初始点 $\boldsymbol{X}$ 并选定 t 值，构造正规单纯形。

（2）计算单纯形各顶点的函数值，比较它们的大小，找出函数的最大值 $\boldsymbol{X}_H$ 和最小值 $\boldsymbol{X}_L$。

（3）计算除去 H 点外 n 个顶点的重心点 F。设这 n 个点为 $\boldsymbol{X}_1, \boldsymbol{X}_2, \cdots, \boldsymbol{X}_{H-1}, \boldsymbol{X}_{H+1}, \cdots,$ $\boldsymbol{X}_{n+1}$，则重心 $\boldsymbol{X}_F = \dfrac{1}{n}\left(\sum\limits_{i=1}^{n+1} \boldsymbol{X}_i - \boldsymbol{X}_H\right)$。

（4）求出反射点 $\boldsymbol{X}_R = 2\boldsymbol{X}_F - \boldsymbol{X}_H$，如果 $f(\boldsymbol{X}_R) < f(\boldsymbol{X}_L)$，则转（5）；否则转（6）。

（5）扩张。求扩张点 $\boldsymbol{X}_E = \boldsymbol{X}_F + 2(\boldsymbol{X}_R - \boldsymbol{X}_F)$，如果 $f(\boldsymbol{X}_E) < f(\boldsymbol{X}_L)$，则以 $\boldsymbol{X}_E$ 代替 $\boldsymbol{X}_H$，然后转（9）；否则以点 $\boldsymbol{X}_R$ 代替 $\boldsymbol{X}_H$ 得新单纯形再转（9）。

（6）若 $f(\boldsymbol{X}_R) < f(\boldsymbol{X}_G)$，则以 $\boldsymbol{X}_R$ 代替 $\boldsymbol{X}_H$ 得新单纯形再转（9）；否则转（7）。

（7）压缩。如果 $f(\boldsymbol{X}_R) < f(\boldsymbol{X}_H)$，则计算压缩点 $\boldsymbol{X}_S = \boldsymbol{X}_F + 0.5(\boldsymbol{X}_R - \boldsymbol{X}_F)$；否则计算压缩点 $\boldsymbol{X}_S = \boldsymbol{X}_F + 0.5(\boldsymbol{X}_H - \boldsymbol{X}_F)$。如果 $f(\boldsymbol{X}_S) \leqslant f(\boldsymbol{X}_H)$，则以点 $\boldsymbol{X}_S$ 代替 $\boldsymbol{X}_H$ 得新单纯形，转（9）；否则转（8）。

（8）缩边。若 $f(\boldsymbol{X}_S) > f(\boldsymbol{X}_H)$，则将所有向量 $\boldsymbol{X}_i - \boldsymbol{X}_L (i=1,2,\cdots n+1)$ 向着 $\boldsymbol{X}_L$ 缩短一半，即计算新点 $\boldsymbol{X}_i = \boldsymbol{X}_L + \dfrac{1}{2}(\boldsymbol{X}_i - \boldsymbol{X}_L)(i=1,2,\cdots,n+1)$。由这些点构成新单纯形，然后转（9）。

（9）检验计算是否收敛，若满足

$$\left\{\frac{1}{n+1}\sum_{i=1}^{n+1}\left[f(\boldsymbol{X}_i) - f(\boldsymbol{X}_F)\right]^2\right\}^{1/2} \leqslant \varepsilon \qquad (2.36)$$

则计算结束（式中 ε 为指定的精度）否则转（2）重算。

2.3.5　混合粒子群算法

结合多相粒子群算法、量子行为算子、云模型以及单纯形法的优点,本书给出一种混合粒子群算法(Hybrid Particle Swarm Opimization,HPSO),其流程图如图2.2所示,具体步骤如下:

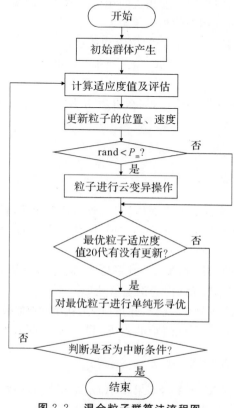

图 2.2　混合粒子群算法流程图

Step1:设置种群数量为 N,粒子维数为 D,最大迭代次数为 $MaxIter$,精度为 Eps,变异概率为 P_m。在预先定义好的变量范围内初始化种群 $Swarm[m]$ 粒子值,迭代计数器 $iter=0$。

Step2:$iter=iter+1$。计算每个粒子的适应度 $Swarm[m].fit$,设置每个粒子的最优值 $OptSwarm[m].fit=Swarm[m].fit$,及全局最优值 $OptParticle.fit$。

Step3:令 $P_c=0.7$。若随机生成的均匀分布随机数 $rand$ 小于 P_c,则按照式(2.34)、式(2.35)更新粒子的位置和速度;否则按照式(2.33)更新粒子的位置。计算粒子的适应度,计算种群的 **$mBest$**,按照式(2.37)、式(2.38)计算平均适应度和最优适应度。

$$F_{ave}=\frac{\sum_{m=1}^{N}Swarm[m].fit}{N} \tag{2.37}$$

$$F_{opt}=OptParticle.fit \tag{2.38}$$

Step4:根据变异概率,随机选择一个粒子进行变异,粒子每一维的变异概率为 P_m/D。被选中粒子的第 d 维 x_{id} 按下面的内容进行变异:

(1)$E_x = F_{ave}$；

(2)$E_n = (F_{opt} - F_{ave})/k_1$；

(3)$H_E = E_n/k_2$；

(4) 利用基本正态云发生器产生云滴 C_{id}；

(5)$x_{id} = x_{id} + k_3 C_{id}$；

Step5：如果最优粒子的适应度 20 代没有更新，采用单纯形法对最优粒子进行迭代 100 代寻优。

Step6：如果 $iter < MaxIter$ 或精度大于 Eps，转 Step2 继续执行。

Step7：输出 $OptParticle$ 的位置和最优适应度值。

2.4　粒子群优化算法的性能评估

2.4.1　测试函数

如何评价一个粒子群算法的性能优劣程度一直是一个比较难的问题，往往很难做到准确和公允，因为某种算法策略的性能表现不仅与算法本身及其参数选取有关，而且依赖于所求解的实际问题。为了体现实际的"平均复杂性"，测试函数[17-18] 应包含实际问题数学模型中可能的各种数学特性。本书通过粒子群算法对一些选定的具有复杂数学特征的纯数学测试函数进行优化来测试其性能。

为了评估改进粒子群算法对各类问题的优化效率，本书挑选了表 2.1 所示的 7 个具有代表性的函数用于所设计的混合粒子群算法性能评估，其结果将能较为准确和全面地反映混合粒子群算法解决各类问题的能力。

表 2.1　测试函数

函数名称	函数表达式（N 表示维数）	x_{max}	v_{max}	初始化范围
Sphere	$f(\boldsymbol{x}) = \sum_{i=1}^{N} x_i^2$	10	10	$(-10,10)$
Ellipsoid	$f(\boldsymbol{x}) = \sum_{i=1}^{N} i x_i^2$	10	10	$(-10,10)$
Rastrigrin	$f(\boldsymbol{x}) = \sum_{i=1}^{N} \left[x_i^2 - 10\cos(2\pi x_i) + 10 \right]$	10	10	$(-10,10)$
Griewank	$f(\boldsymbol{x}) = \dfrac{1}{4\,000} \sum_{i=1}^{N} x_i^2 - \prod_{i=1}^{N} \cos\left(\dfrac{x_i}{\sqrt{i}}\right) + 1$	10	10	$(-10,10)$
Rosenbrock	$f(\boldsymbol{x}) = \sum_{i=1}^{N} \left[100\left(x_{i+1} - x_i^2\right)^2 + (x_i - 1)^2 \right]$	10	10	$(-10,10)$
Ackley	$f(\boldsymbol{x}) = -20\exp\left(-0.2\sqrt{\dfrac{1}{N}\sum_{i=1}^{N} x_i^2}\right) - \exp\left[\dfrac{1}{N}\sum_{i=1}^{N}\cos(2\pi x_i)\right] + 20 + e$	10	10	$(-10,10)$
Shaffer	$f(\boldsymbol{x}) = 0.5 + \dfrac{\sin^2\left(\sqrt{x_1^2 + x_2^2}\right) - 0.5}{\left[1.0 + 0.001(x_1^2 + x_2^2)\right]^2}$	10	5	$(-10,10)$

2.4.2 性能评价标准

因为所有测试函数的最优值都是已知的,所以评价 SPSO 算法和混合粒子群算法性能的主要标准有:收敛速度,即找到最优值的迭代次数;精确度,即找到的解与最优值之间的接近度;成功率。其中精确度和收敛速度是最重要的评价标准,具体表述如下:

(1)精确度。所有种群中得到的最好解与已知的最优值进行比较得到的接近程度称为精确度。每个算法都运行固定的迭代次数,最后一次迭代时记录下该算法的准确度。需要注意的是,每个已知最优值只能对应一个不同的种群种子,种群种子就是那个种群中适应度值最好的粒子。

(2)收敛速度。在这种评价下,预先定义好精确度需要达到的标准,当算法得到的解满足该精确度时所需的迭代次数即为收敛速度。

(3)成功率。在算法运行中,所有全局最优值都能成功找到的百分比。

2.4.3 数值算例

对于表 2.1 中前 6 个测试函数,粒子群种群大小设置为 20;对于 Shaffer 函数,粒子群种群大小设置为 10。对于标准粒子群算法,算法设置为:$c_1 = c_2 = 2.05$,权重 ω 按 $\omega = \omega_{\max} - (\omega_{\max} - \omega_{\min}) \cdot iter / MaxIter$ 线性变化,其中 $\omega_{\max} = 0.9$,$\omega_{\min} = 0.4$;对于混合粒子群算法,系数 α 从 1.0 线性递减为 0.5。

【算例 2.1】 用标准粒子群算法和混合粒子群算法对表 2.1 中的前 6 个函数 $N = 10$ 时进行 50 次寻优运算,最大迭代次数为 1 000 次,初始化周期取 50 次,函数目标值小于 $1.0E-10$ 时输出 0。图 2.3 ~ 图 2.8 分别给出了函数全局平均最优值与迭代次数的关系变化,表 2.2 列出了在最大迭代次数范围内搜索到的函数全局平均最优值及寻优的成功率,计算结果与标准粒子群算法的仿真结果进行了比较。

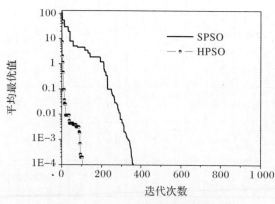

图 2.3 Sphere 函数收敛特性曲线

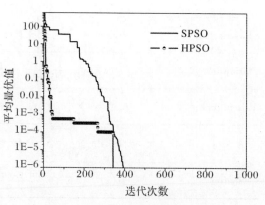

图 2.4 Ellipsoid 函数收敛特性曲线

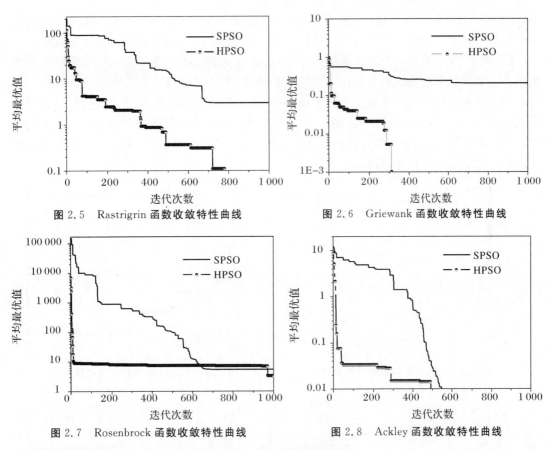

图 2.5　Rastrigrin 函数收敛特性曲线　　　　图 2.6　Griewank 函数收敛特性曲线

图 2.7　Rosenbrock 函数收敛特性曲线　　　　图 2.8　Ackley 函数收敛特性曲线

表 2.2　测试函数最优值

测试函数	维　数	最优值		成功率	
		HPSO	SPSO	HPSO	SPSO
Sphere	10	0	0	100%	100%
Ellipsoid	10	0	0	100%	100%
Rastrigrin	10	0	0	100%	84%
Griewank	10	0	0	100%	36%
Rosenbrock	10	4.833 0	8.253 1	0	0
Ackley	10	0	0	100%	92%

　　由于测试函数 Sphere、Ellipsoid 最优点附近,函数具有较好的凸性,所以两个算法都具有较好的结果,收敛于最优解;而测试函数 Rosenbrock 最优点附近,函数曲线的变化比较平缓,两个算法都不能收敛到最优点,但是运用本书提出的混合粒子群算法进行搜索的结果,要比标准粒子群算法的搜索结果要好;测试函数 Rastrigrin、Griewank、Ackley 具有很多局部最优点,主要用于验证算法的全局寻优能力,运用本书提出的混合粒子群算法进行搜索的结果优于标准粒子群算法搜索的结果。从表 2.2 中数据可以看出,除了 Rosenbrock 函数外HPSO 均成功找到了全局最优值。对于 Rosenbrock 函数 HPSO 和 SPSO 都未能寻找到全局最优

点,这是因为 Rosenbrock 函数在接近全局最优点处的曲面很平缓,不利于粒子群优化算法快速地找到全局最优点,但是对于给定的迭代次数,HPSO 的优化结果优于 SPSO 的优化结果。

【算例 2.2】 对前 6 个测试函数 $N = 20$ 时进行 50 次寻优运算,图 2.9～图 2.14 分别给出了函数全局平均最优值与迭代次数的关系变化,表 2.3 列出了在最大迭代次数范围内搜索到的函数全局平均最优值及寻优的成功率,计算结果与标准粒子群算法仿真结果进行了比较。算例 2.2 寻优的结论同算例 2.1 中类似,待寻优函数的维数增加到 20 后,函数的寻优难度增加,使得标准粒子群算法的寻优能力进一步下降,从图 2.11、图 2.12 可知,标准粒子群算法已经难以寻找到最优点。

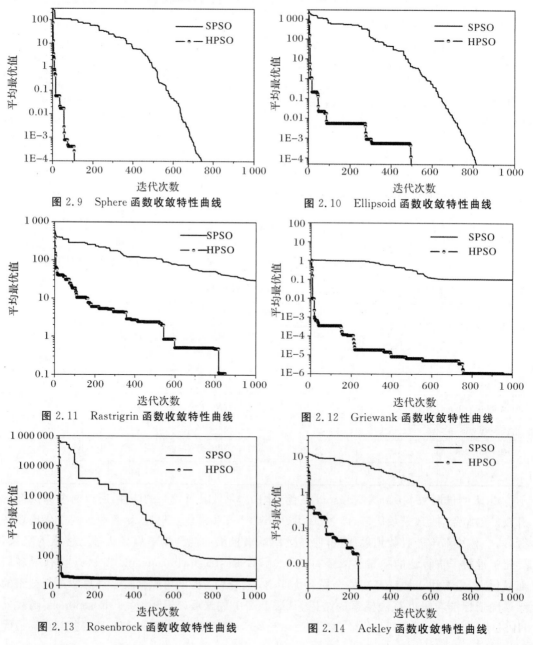

图 2.9 Sphere 函数收敛特性曲线　　　　图 2.10 Ellipsoid 函数收敛特性曲线

图 2.11 Rastrigrin 函数收敛特性曲线　　　图 2.12 Griewank 函数收敛特性曲线

图 2.13 Rosenbrock 函数收敛特性曲线　　图 2.14 Ackley 函数收敛特性曲线

表 2.3　测试函数最优值

测试函数	维 数	最优值		成功率	
		HPSO	SPSO	HPSO	SPSO
Sphere	20	0	0	100%	100%
Ellipsoid	20	0	0	100%	100%
Rastrigrin	20	0	65.236 0	100%	0
Griewank	20	0	0.124 6	100%	0
Rosenbrock	20	11.833 0	98.238 6	0	0
Ackley	20	0	0	100%	64%

【算例2.3】　对第7个测试函数进行一次寻优计算,图2.15是Shaffer函数的收敛特性曲线图,图2.16、图2.17分别给出了标准粒子群算法和混合粒子群算法一次仿真中粒子的分布。对于测试函数Shaffer,由于在极小值附近有全局次优点形成的圈脊,粒子难以从局部最优解跳离,不易搜索到全局最优点。图2.16是标准粒子群算法对Shaffer函数一次仿真的结果,由图可知,到粒子群寻优的后期,所有的粒子都向最优点靠拢,没有其他粒子继续进行搜索,因此,一旦标准粒子群算法陷入局部最优点,将很难跳出;而混合粒子群算法在寻找到最优点后,一直保持5个以上粒子在其他空间进行搜索,具有很强的全局收敛能力。图2.15表明本书提出的混合粒子群算法不但具有较快的收敛速度,还具有较高的收敛精度,具有较强的全局寻优能力。

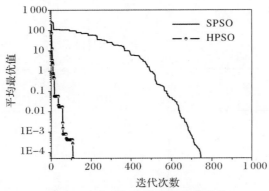

图 2.15　Shaffer 函数收敛特性曲线

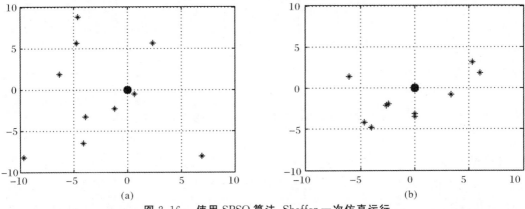

(a)　　　　　　　　　　　　　　　(b)

图 2.16　使用 SPSO 算法,Shaffer 一次仿真运行

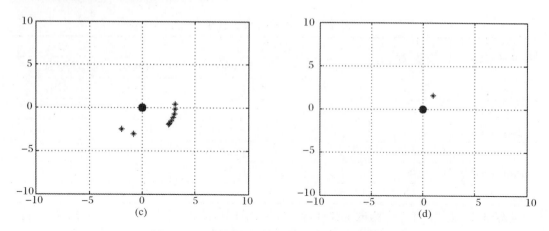

续图 2.16　使用 SPSO 算法，Shaffer 一次仿真运行

(a) 第 1 次迭代；(b) 第 20 次迭代；(c) 第 200 次迭代；(d) 第 400 次迭代

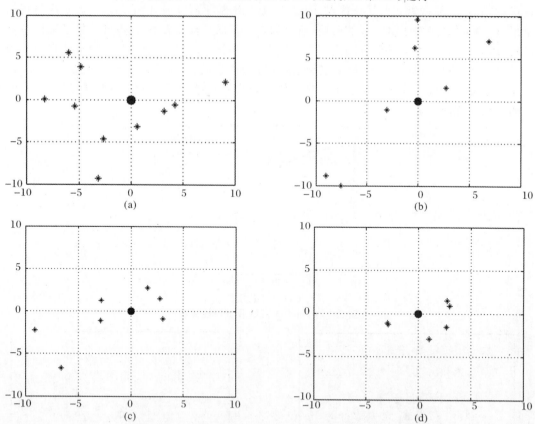

图 2.17　使用 HPSO 算法，Shaffer 一次仿真运行

(a) 第 1 次迭代；(b) 第 20 次迭代；(c) 第 200 次迭代；(d) 第 400 次迭代

【算例 2.4】　算例 2.1、算例 2.2 中运用粒子群算法不能有效地对 Rosenbrock 函数进行寻优，下面增大迭代次数进行重新计算，最大迭代次数为 100 000 次，粒子维数 $N = 20$，图 2.18 给出了 Rosenbrock 函数重新寻优时全局平均最优值与迭代次数的关系变化。仿真结果

表明:混合粒子群算法能够持续地寻找最优点,具有很强的全局收敛能力,而标准粒子群算法陷入到了局部最优点后很难跳出,从而验证了算例 2.1 中的分析结论。

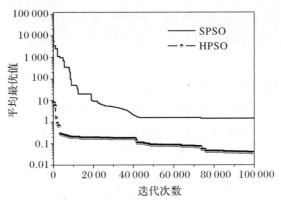

图 2.18　Rosenbrock 函数收敛特性曲线

参 考 文 献

[1] 黄卡玛,赵翔.电磁场中的逆问题及应用[M].北京:科学出版社,2005.

[2] 底青云,王岩.可控源音频大地电磁数据正反演及方法应用[M].北京:科学出版社,2008.

[3] 肖庭延,于慎根,王彦飞.反问题的数值解法[M].北京:科学出版社,2003.

[4] 王彦飞.反演问题的计算方法及其应用[M].北京:高等教育出版社,2007.

[5] 吕丹.非常规介质涂覆目标的电磁散射特性研究[D].西安:空军工程大学,2010.

[6] SHI Y, EBERHART R. A modified particle swarm optimizer[C]. IEEE World Congress on Computational Intelligence,1998:69－73.

[7] ANGELING P J. Using selection to improve particle swarm optimization[C]. IEEE World Congress on Computational Intelligence,1998:84－89.

[8] CLERC M. The swarm and the queen:towards a deterministic and adaptive particle swarm optimization[C]. Congress on Evolutionary Computation,1999:1951－1957.

[9] KENNEDY J. Small worlds and mega-minds:effects of neighborhood topology on particle swarm performance[C]. Congress on Evolutionary Computation,1999:1931－1938.

[10] SHI Y,EBERHART R. Fuzzy adaptive particle swarm optimization[C]. Congress on Evolutionary Computation,2001:101－106.

[11] LOVBJERG M,RASMUSSEN T K,KRINK T. Hybrid particle swarm optimiser with breeding and subpopulations[C]. Proceedings of The Third Genetic and Evolutionary Computation Conference,2001:469－476.

[12] HIGASHI N,IBA H. Particle swarm optimization with Gaussian mutation[C]. Proceedingd of the 2003 IEEE Swarm Intelligence Symposium,2003:72－79.

［13］李晓.基于粒子群算法和量子粒子群算法的电力故障诊断[D].长沙:湖南大学,2010.

［14］刘桂花,宋承祥,刘弘.云发生器的软件实现[J].计算机应用研究,2007:46-48.

［15］BUTHAINAH A,CHILUKURI K. Mohan. Multi-phase Discrete Particle Swarm Optimization[J]. The Fourth International Workshop on Frontiers in Envalutionary Algorithms,2002.

［16］曹世昌.电磁场数值计算和微波的计算机辅助设计[M].北京:电子工业出版社,1989.

［17］钟卫军.电磁成像方法研究[D].西安:空军工程大学,2009.

［18］钟卫军.复杂介质电磁散射的 FDTD 算法及成像技术研究[D].西安:空军工程大学,2012.

第3章　基于远场模式的散射体形状反演

散射体的形状反演就是根据外部散射场的信息来重建散射体的形状,考虑到形状成像在遥感领域的典型应用,采用散射场的远场模式来重建散射体的形状。线性抽样法[1] 是求解电磁场逆散射问题的有效方法,它利用积分算子有效地将散射体边界数据映射到散射场的远场模式,避免了迭代和优化方法中正问题的求解,减少了计算量。

3.1　线性抽样法

在自由空间中,位于矩形区域$[-x_M,x_M]\times[-y_M,y_M]$内的无限长柱体,如图 3.1 所示,轴线平行于 z 轴,受多角度入射的单频 TM 波照射,$E_s(r,\theta,\theta_i)$ 为远区圆周 $\underline{r}=(r\cos\theta,r\sin\theta)$ 上散射电场的 z 向分量,r 为远区圆的半径,θ_i 为入射波方向的入射角,θ 是接收方向的观测角,$E_{s\infty}(\theta,\theta_i)$ 表示散射场的远场模式,$\underline{r'}=(r'\cos\theta',r'\sin\theta')$ 为矩形区域内的任一点,r' 为 $\underline{r'}$ 点至原点的距离,Γ_1、Γ_2 为散射体边界。

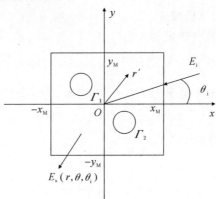

图 3.1　模拟计算采用的几何结构

定义远场算子 F 为

$$F:g\in L^2(-\pi,\pi)\to\int_{-\pi}^{\pi}E_{s\infty}(\theta,\theta_i)g(\theta_i)\mathrm{d}\theta_i\in L^2(-\pi,\pi) \tag{3.1}$$

对于 g,可以证明满足下面线性积分方程:

$$Fg(\cdot,\underline{r'})=f(\theta,\underline{r'}) \tag{3.2}$$

$$f(\theta,r')=\sqrt{\frac{2}{\pi k_0}}\,\mathrm{e}^{\frac{-\mathrm{j}\pi}{4}}\mathrm{e}^{-\mathrm{j}k_0 r'\cos(\theta-\theta')} \tag{3.3}$$

其中 k_0 为自由空间的波数,对于第一类线性抽样法,就是求解算子方程(3.2),该算子方程的解 $g(\cdot, r')$ 具有如下的性质:当 r' 从散射体内部趋近其边界时 $\parallel g \parallel \to \infty$。于是,若在二维平面上将每一点 r' 上的 $\parallel g \parallel$ 的值表示出来,如果用灰度或色彩来表示 $\parallel g \parallel$ 的大小,就能得到一幅反映散射体形状的图像。

为了求解该算子方程,对方程式(3.2)进行离散化,得该方程的离散化形式为

$$Fg = f \tag{3.4}$$

其中,矩阵 F、向量 g、f 的表达式为

$$F = (E_{s\infty}(\theta_m, \theta_{i_n}))_{n=1,\cdots,N}^{m=1,\cdots,M} \tag{3.5}$$

$$g = (g(\theta_{i_n}))_{n=1,\cdots,N} \tag{3.6}$$

$$f = \left(\sqrt{\frac{2}{\pi k_0}}\, e^{\frac{-j\pi}{4}} e^{-jk_0 r'\cos(\theta_m - \theta')}\right)_{n=1,\cdots,M} \tag{3.7}$$

式中:$\theta_m = m\dfrac{2\pi}{M}(m=1,\cdots,M)$;$\theta_{i_n} = n\dfrac{2\pi}{N}(n=1,\cdots,N)$。

3.2 远区散射场的近似

对于媒质散射或者障碍物散射,其散射场均可以表示为二次源(等效极化电流密度)的辐射场,散射场满足 Sommerfield 辐射条件

$$r\left(\frac{\partial E_s}{\partial r} + jk_0 E_s\right) \to 0 \quad (r = \mid r \mid \to \infty) \tag{3.8}$$

由此散射场具有如下的渐进性质:

$$E_s(r) = \frac{e^{-jk_0 r}}{r}\left[E_{s\infty}\left(\frac{r}{r}\right) + o\left(\frac{1}{r^2}\right)\right] \quad (r \to \infty) \tag{3.9}$$

其中,$E_{s\infty}(r)$,$r: = r/r$ 称为远场模式。

对于二维情况,散射场的一般表示式为

$$E_s(r) = -\frac{\omega\mu_0}{4}\int_V H_0^{(2)}(k_0 \mid r - r' \mid)K(r')dV' \tag{3.10}$$

式中:$K(r')$ 为等效极化电流密度;r 为场点;r' 为源点。为了研究散射场在远区的特性,考虑函数 $H_0^{(2)}$ 的大宗量近似:

$$H_0^{(2)}(z) \to \sqrt{\frac{2}{\pi z}}\, e^{-j\left(z - \frac{\pi}{4}\right)}\,(z \to +\infty) \tag{3.11}$$

当场点在远区时,有

$$p = r - r' \mid \approx r - r \cdot r' \tag{3.12}$$

于是

$$H_0^{(2)}(k_0 \rho) \to \sqrt{\frac{2}{\pi k_0 \rho}}\, e^{-j\left(k_0 \rho - \frac{\pi}{4}\right)} \approx \sqrt{\frac{2}{\pi k_0 (r - r \cdot r')}}\, e^{-j\left[k_0(r - r \cdot r') - \frac{\pi}{4}\right]}$$

$$\approx e^{-jk_0 r} e^{j\frac{\pi}{4}} e^{jk_0 r \cdot r'} \sqrt{\frac{2}{\pi k_0 r}} \tag{3.13}$$

对于理想导体柱散射场的远区,有

$$E_s(r) = -\frac{\omega\mu_0}{4}\int_C H_0^{(2)}(k_0 \rho)J_s(r')dl' \approx -\frac{\omega\mu_0}{4}\int_C J_s(r')e^{-jk_0 r}e^{j\frac{\pi}{4}}e^{jk_0 r \cdot r'}\sqrt{\frac{2}{\pi k_0 r}}dl'$$

$$= -\frac{e^{-jk_0 r}\omega\mu_0}{\sqrt{r}}\sqrt{\frac{1}{8\pi k_0}}e^{j\frac{\pi}{4}}\int_C J_s(\mathbf{r}')e^{jk_0 \mathbf{r}\cdot\mathbf{r}'}\,dl'$$

$$= -\frac{e^{-jk_0 r}}{\sqrt{r}}\eta\sqrt{\frac{k_0}{8\pi}}e^{j\frac{\pi}{4}}\int_C J_s(\mathbf{r}')e^{jk_0 \mathbf{r}\cdot\mathbf{r}'}\,dl' \tag{3.14}$$

其中，波阻抗为 $\eta = \sqrt{\dfrac{\mu_0}{\varepsilon_0}}$，则其远场模式为

$$E_{s\infty}(\mathbf{r}) = -\eta\sqrt{\frac{k_0}{8\pi}}e^{j\frac{\pi}{4}}\int_C J_s(\mathbf{r}')e^{jk_0 \mathbf{r}\cdot\mathbf{r}'}\,dl' \tag{3.15}$$

3.3　求解方法和数值算例

对于方程式(3.4)的求解方法，如第 2 章所述，采用 Tikhonov 正则化方法[2-5]进行求解，正则化参数由决定正则化参数的高阶收敛算法进行确定，最后在二维平面上将每一点 $\mathbf{r}'$ 上的 $\|g\|$ 的值用灰度或色彩来表示，就能得到一幅反映散射体形状的图像。

考虑轴线平行于 z 轴的无限长导体柱，受频率 $f = 1\,\text{GHz}$，单位幅度的 TM 波照射，散射体所在的矩形区域为 $[-x_M, x_M] \times [-y_M, y_M]$，其中 $x_M = y_M = 3\lambda$，$\lambda = 2\pi/k_0$ 为自由空间的波长。对于线性抽样法，将单位圆离散成为 36 个等距求积结点(同时入射波发射器也是 36 个)，在相同的节点上计算 $E_{s\infty}(\theta_m, \theta_{i_n})$ 则可形成矩阵 $\mathbf{F}$。在实际的测量中，$E_{s\infty}(\theta_m, \theta_{i_n})$ 是受噪声污染的近似值，为了使仿真同实际情况接近，在下面的算例中，每个测量远场的数据外加 5% 的白噪声。在求解逆问题过程中，采用 Tikhonov 正则化方法进行求解，通过决定正则化参数的高阶收敛算法求解正则化参数，并同基于偏差原则用 Newton 法求取正则化参数和基于 Engl 误差极小化原则求取正则化参数的反演结果进行对比分析。

【算例 3.1】　对于截面形状的轴比为 1/3 的椭圆，长轴为 1.5λ，短轴为 0.5λ，成像结果如图 3.2 所示。

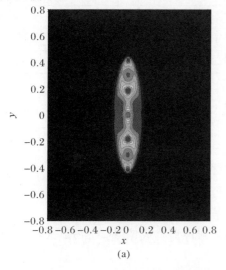
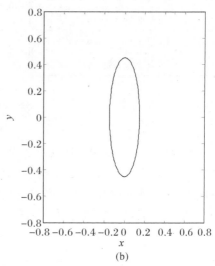

(a)　　　　　　　　　　　　　　　(b)

图 3.2　对截面形状为轴比是 1/3 的椭圆成像结果

(a) 成像结果；(b) 原导体柱截面

【**算例** 3.2】 对于截面形状为半径等于 λ 的半圆,成像结果如图 3.3 所示。

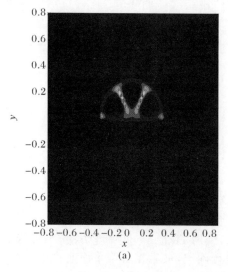
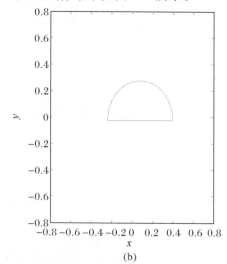

(a) (b)

图 3.3　对截面形状为半圆的成像结果

(a) 成像结果;(b) 原导体柱截面

反演结果表明:该类方法具有较高的成像精度,且有一定的抗随机噪声干扰的能力;在成像效率方面,决定正则化参数的高阶收敛算法明显优于另外两种确定正则化参数的算法,具体结果见表 3.1。

表 3.1　不同计算方法进行反演计算所需时间比较

目标形状	算　法	求取正则化参数的迭代时间 /s	迭代次数 / 次	总时间 /s
椭圆	偏差原理＋Newton 法	3.57	9	246.86
	Eng 准则＋Newton 法	5.46	26	420.26
	偏差原理＋高阶收敛算法	1.39	6	206.58
半圆	偏差原理＋Newton 法	9.15	38	436.46
	Engl 准则＋Newton 法	17.32	76	684.53
	偏差原理＋高阶收敛算法	6.26	18	365.78

参 考 文 献

[1] 黄卡玛,赵翔.电磁场中的逆问题及应用[M].北京:科学出版社,2005.

[2] 肖庭延,于慎根,王彦飞.反问题的数值解法[M].北京:科学出版社,2003.

[3] 王彦飞.反演问题的计算方法及其应用[M].北京:高等教育出版社,2007.

[4] 钟卫军.电磁成像方法研究[D].西安:空军工程大学,2009.

[5] 钟卫军,童创明,赵玉磊,等.基于远场模式的散射体形状成像[J].上海航天,2009 (3): 35 - 37.

第4章 改进粒子群算法在导体柱电磁成像中的应用

二维导体柱电磁成像中的非线性较强，本书采用矩量法[1-8]求解正散射问题，应用渐进波型估计技术[9-11]和快速非均匀平面波算法[12]加速成像。

4.1 成像模型

4.1.1 成像模型的建立

TM 波从不同的角度垂直照射位于已知区域（称为成像区域）中的无限长导体柱，对于每一个角度的入射波，在远区测量点上测量散射场。二维导体柱的成像就是由测量得到的散射场来重构导体柱的截面形状。采用两种方法来近似表示导体柱截面边界形状：方法一是将导体柱的截面边界用极坐标表示成 $x = r(\theta)\cos\theta, y = r(\theta)\sin\theta$，其中 $r(\theta)$ 用傅里叶展开式表示，在对目标函数优化过程中变量选择为傅里叶系数 $a(k), b(k)$；方法二是使用多边形近似表示导体柱截面边界，该多边形可以用原点到各顶点的距离，即矢径 $R_i (i = 0, 1, \cdots, P; P$ 是多边形的边数）来描述在对目标函数优化过程中变量选择为矢径 R_i。

4.1.2 多目标散射问题

本章讨论的多导体目标散射问题的几何模型如图 4.1 所示，其中 R^{meas} 为接收圆半径。每个导体柱由其位置参数 (d_i, Ψ_i) 和形状函数 $\rho_i = F_i(\theta)(i = 1, 2, \cdots, N_c; N_c$ 为目标个数）表示。设平面波 $\boldsymbol{E}^i(x, y) = e^{-jk_0(x\cos\phi + y\sin\phi)}\boldsymbol{z}(z$ 为 z 方向的单位矢量）垂直照射导体目标，根据电磁散射理论和矩量法，其表面电流与入射波激励的关系可以用矩阵形式表示为

$$\boldsymbol{Z}_{mn}\boldsymbol{I}_n(\theta) = \boldsymbol{V}_n(\theta) \tag{4.1}$$

式中：$\boldsymbol{Z}_{mn}$ 是阻抗矩阵（它与 θ 无关，$n = 1, 2, \cdots, N$）是矩量法中对导体柱截面边界剖分单元的计数，矩阵元素的表达式为

$$Z_{mn}^{ij} = \frac{\omega\mu_0}{4}\int_{\Delta l} H_0^{(2)}(k_0 r_{mn}^{ij})\mathrm{d}\theta' \tag{4.2}$$

其中：

$$(r_{mn}^{ij})2 = [F_i(\theta_m)\cos\theta_m + d_i\cos\Psi_i - F_j(\theta')\cos\theta' - d_j\cos\Psi_j]^2 \times [F_i(\theta_m)\sin\theta_m +$$

$$d_i \sin \Psi_i - F_j(\theta') \sin\theta' - d_j \sin \Psi_j]^2 \tag{4.3}$$

式中：$\theta_m = (2m-1)\pi/M$，M 为剖分段数。

$V_n(\theta)$ 是导体柱表面第 n 段上的入射波场值，与入射角有如下关系：

$$E_{im}^i = e^{-jk_0[F_i(\theta_m)\cos(\theta_m - \phi) + d_i \cos(\phi_i - \phi)]} \tag{4.4}$$

式中：$I_n(\theta)$ 是待求的导体表面第 n 段上的等效电流。

对于入射角为 θ_1 时的入射波，导体柱目标的雷达散射截面的计算公式为

$$\sigma(\theta_1, \theta_S) = \frac{1}{4E_0^{\text{inc}^2}} k\eta^2 \cdot | \int_B I(\theta_1, x, y) \exp[jk(x\cos\theta_S + y\sin\theta_S)]dl |^2 \tag{4.5}$$

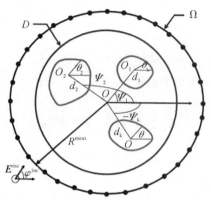

图 4.1　多导体目标散射问题的几何模型

4.2　二维导体柱电磁成像

4.2.1　目标函数的构造

构造目标函数

$$J_1 = \| \sigma^{\text{meas}} - \sigma^{\text{iter}} \| = \sum_{m=1}^{N_i} \sum_{n=1}^{N_s} | \sigma_{mn}^{\text{meas}} - \sigma_{mn}^{\text{iter}} |^2 \tag{4.6}$$

式中：σ^{meas} 与 σ^{iter} 分别对应于雷达散射截面的实际测量值和迭代计算值。

对不同方向的入射波，利用上面求解散射问题的方法得到对应于不同入射波的雷达散射截面 $\sigma_{mn}^{\text{iter}}(m=1,2,\cdots,N_{\text{inci}};n=1,2,\cdots,N_{\text{scat}})$，$m$ 是不同方向入射场的标号，n 是不同测量角度的标号。

4.2.2　数值算例

采用混合粒子群算法对单个导体柱进行反演，待反演目标的形状函数为 $F_1(\theta) = 0.3 + 0.025\cos(\theta) + 0.05\cos(2\theta) + 0.05\cos(3\theta)$。具体参数设置如下：照射频率 $f = 0.3$ GHz，从 10 个角度进行入射，入射角分别 $i \times 2\pi/10 (0 \leqslant i \leqslant 9)$，36 个接收点位于半径为 10λ 的圆周上。粒子群群体规模取为 30，交叉概率为 0.8，变异概率为 0.3，且 $c_1 = c_2 = 0.5$。实测数据通过求解正散射问题模拟生成。导体柱截面形状采用泰勒级数展开近似，选取 J_1 为目标函数，

优化变量为傅里叶系数 $a(k)$，$b(k)$，三角级数的阶数 $N=4$，共 9 个优化变量，其结果如图 4.2 所示。

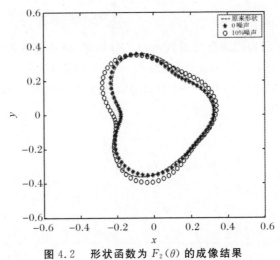

图 4.2　形状函数为 $F_2(\theta)$ 的成像结果

仿真结果表明：在实测数据没有随机噪声干扰下，模拟实验能够准确地反演出待成像目标；在实测散射场数据混入了 10% 的随机噪声，此时仍能较精确地反演出待成像目标，表明混合粒子群算法具有较强的抗随机噪声干扰能力。

4.3　导体柱成像的加速实现

4.3.1　渐进波形估计技术应用于二维导体柱成像

1. 渐进波形估计技术

式(4.1)用矩量法求解，需要对每一个入射角度进行求解，在问题规模较大，不能用求矩阵求逆或者 LU 分解方法求解的时候，需要用共轭梯度法之类的迭代方法进行求解，这样对于 N^{inci} 个入射波照射时求解对应散射场的雷达散射截面就要解 N^{inci} 次线性方程组，而利用渐进波形估计技术可以同时获得一段角度范围内入射波照射产生的散射场，比普通矩量法要节省时间，具体过程如下。

首先用泰勒级数把电流在某一角度 θ_0 对角度 θ 进行展开

$$I_n(\theta) = \sum_{i=0}^{\infty} \frac{I_n^{(i)}(\theta_0)}{i!}(\theta-\theta_0)^i \tag{4.7}$$

式中：

$$I_n^{(i)}(\theta_0) = [Z_{mn}]^{-1}[V_m^{(i)}(\theta)] \tag{4.8}$$

此处的上标 (i) 表示对角度 θ 的第 i 阶导数，可以选择合理的阶数来提高精度。一般情况下，式(4.7)仅在 $\theta=\theta_0$ 的附近收敛，为了扩大收敛范围，采用帕德逼近使之转化为有理函数形式。把电流值用帕德表达式展开，得

$$I_n(\theta) = P_n(L/P) = \frac{\sum\limits_{l=0}^{L} a_n^l (\theta - \theta_0)^l}{\sum\limits_{p=0}^{P} b_n^p (\theta - \theta_0)^p} \tag{4.9}$$

式中：L 和 P 是整数，分别是帕德有理函数 $P_n(L/P)$ 的零、极点展开式的阶数，根据帕德逼近的最佳一致性理论，如果 $L+P$ 为偶数，则取 $L=P$，否则取 $|P-L|=1$，这样可以使得误差较小；系数 a_n^l 和 b_n^p 要使得式(4.7)和式(4.8)的级数展开从首项起连续地有尽可能多的项相同，可以由下式确定：

$$a_n^j - \sum_{i=0}^{j-1} \frac{I_n^{(i)}(\theta_0)}{i!} b_n^{j-i} = \frac{I_n^{(j)}(\theta_0)}{j!} \tag{4.10}$$

$$\left.\begin{array}{l} a_n^j = 0 \, (j > L) \\ b_n^j = 0 \, (j > P) \\ b_n^0 \equiv 1 \end{array}\right\} \tag{4.11}$$

式中：$j = 0, 1, \cdots, L+P$。

2. 数值算例

【算例4.1】 为了验证混合粒子群算法的有效性，对横截面形状函数为 $F_1(\theta) = 0.3 + 0.15\sin(2\theta)$ 的无限长导体柱进行反演。参数设置如下：正问题采用渐进波形估计进行加速，照射频率 $f = 3 \, \text{GHz}$，入射波数 $N^{\text{inci}} = 18$，入射角均匀分布于360°圆周上，两两间隔20°，选择 0°、90°、180°、270° 作为矩量法计算点，并且在这些点作为帕德展开式基点，其中 L 和 P 都取为2；逆问题分别采用伪群交叉算法和混合粒子群算法对 $F_1(\theta)$ 进行反演，群体规模为30，交叉概率为0.8，变异概率为0.3，且 $c_1 = c_2 = 0.5$，反演结果如图4.3所示。

成像结果表明混合粒子群算法比伪群交叉算法具有更高的成像精度。

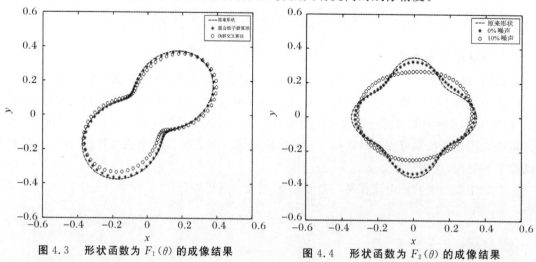

图 4.3　形状函数为 $F_1(\theta)$ 的成像结果　　　　图 4.4　形状函数为 $F_2(\theta)$ 的成像结果

【算例4.2】 为了验证混合粒子群算法的抗随机噪声干扰能力，对横截面形状函数为 $F_2(\theta) = 0.3 + 0.05\cos(4\theta)$ 的无限长导体柱进行反演。参数设置如下：正问题采用渐进波形估计进行加速，照射频率 $f = 3 \, \text{GHz}$，入射角均匀分布于360°圆周上，两两间隔20°，选择 0°、90°、180°、270° 作为矩量法计算点，并且在这些点作为帕德展开式基点，其中 L 和 P 都取为

2;逆问题中采用混合粒子群算法分别对无噪声干扰的模拟散射测量数据和具有 10% 白噪声干扰的模拟散射测量数据进行反演,群体规模设为 30,交叉概率为 0.8,变异概率为 0.3,且 $c_1 = c_2 = 0.5$,反演结果如图 4.4 所示。

成像结果表明:混合粒子群算法具有较强的抗随机噪声干扰的能力。

【算例 4.3】 为了验证混合粒子群算法对多柱体成像的能力,对截面形状为 $F_3(\theta) = 0.2 + 0.03\cos(3\theta)$ 平行双柱体进行反演。参数设置如下:正问题采用渐进波形估计进行加速,照射频率 $f = 3\,\mathrm{GHz}$,$N^{\mathrm{inc}} = 36$,入射角均匀分布于 360° 圆周上,两两间隔 10°,选择 0°、90°、180°、270° 作为矩量法计算点,并且在这些点作为帕德展开式基点,其中 L 和 P 都取为2。逆问题中采用混合粒子群算法进行反演,群体规模设为 40,交叉概率为 0.9,变异概率为0.4,且 $c_1 = c_2 = 0.5$,反演结果如图 4.5 所示。

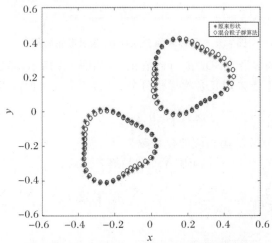

图 4.5　截面形状为 $F_3(\theta)$ 的双柱体成像结果

成像结果表明:混合粒子群算法能对平行双柱体进行准确成像。

4.3.2　快速非均匀平面波算法应用于二维导体柱成像

1. 快速非均匀平面波算法

由式(4.2)可以看出,矩量法对于子散射体的附近区作用和非附近区作用是不加区分的,因此形成的矩阵是 $N \times N$ 的满阵。而快速非均匀平面波方法首先将离散的子散射体分组,如图 4.6 所示,对附近区仍然采用矩量法计算,对非附近区则采用加速方法计算。

非附近区,FIPWA 对格林函数的处理直接基于谱域积分,对二维问题而言格林函数为 Hankel 函数,谱域积分表达成为

$$H_0^{(1)}(k\rho_{ji}) = \frac{1}{\pi}\int_\Gamma \mathrm{d}\phi\, \mathrm{e}^{ik(\phi)\cdot\rho_{ji}} \tag{4.12}$$

式中:$k(\phi) = k(\hat{x}\sin\phi + \hat{y}\cos\phi)$;$\rho_{ji} = \rho_j - \rho_i$;$\Gamma$ 是复角谱平面上的索末菲积分路径(SIP);ϕ 为复角谱平面上的点 $\phi = \phi_{\mathrm{R}} + \mathrm{i}\phi_{\mathrm{I}}$($\phi_{\mathrm{R}}, \phi_{\mathrm{I}}$ 分别为复数 ϕ 的实部与虚部),设 C_I、C_J 分别表示包含 i, j 点的组中心,根据矢量关系知

$$\rho_{ji} = \rho_{jC_J} + \rho_{C_JC_I} + \rho_{C_Ii}$$

则式(4.12)可写为

$$H_0^{(1)}(k\rho_{ji}) = \frac{1}{\pi}\int_\Gamma \mathrm{d}\phi\, \mathrm{e}^{ik(\phi)\cdot\rho_{jC_J}}\, \mathrm{e}^{ik(\phi)\cdot\rho_{C_JC_I}}\, \mathrm{e}^{ik(\phi)\cdot\rho_{C_Ii}} \tag{4.13}$$

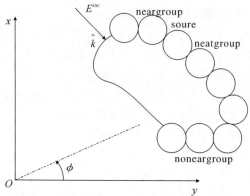

图 4.6   目标表面分组,相邻组及非相邻组

式(4.13)中被积函数沿 MSDP 进行数值积分,如图 4.7 所示,路径 Ⅰ 和路径 Ⅲ 采用高斯-拉盖尔积分,路径 Ⅱ 上采用复合梯形积分公式,将积分式离散成求和式,得

$$H_0^{(1)}(k\rho_{ji}) = \frac{1}{\pi}\sum_{\phi_q} \mathrm{e}^{ik(\phi_q)\cdot\rho_{jC_J}}\, \bullet\, \mathrm{e}^{ik(\phi_q)\cdot\rho_{C_JC_I}}\, \bullet\, \mathrm{e}^{ik(\phi_q)\cdot\rho_{C_Ii}}\, \bullet\, \omega_q \tag{4.14}$$

式中:ϕ_q 为 MSDP 上的点;ω_q 为相应的权系数。

将式(4.14)代入式(4.1)可得 FIPWA 的最终表达式:

$$b_j = \sum_{s=1}^{N_s}\beta_{jJ}(\phi_s)\sum_{I\in FG(J)}T_{JI}(\phi_s)\sum_{i\in G_I}\beta_{Ii}(\phi_s)\Delta_i I_i + \sum_{I\in NG(J)}\sum_{i\in G_I}Z_{ji}I_i \tag{4.15}$$

其中

$$\beta_{jJ}(\phi_s) = \mathrm{e}^{ik(\phi_s)\cdot\rho_{jC_J}} \tag{4.16}$$

$$\beta_{Ii}(\phi_s) = \mathrm{e}^{ik(\phi_s)\cdot\rho_{C_Ii}} \tag{4.17}$$

式中:N_s 为 $[-\pi,\pi)$ 角谱采样点数目;$FG(J)$ 表示 J 的非附近组;$NG(J)$ 表示 J 的附近组;G_I 表示组 I 中的所有源点。

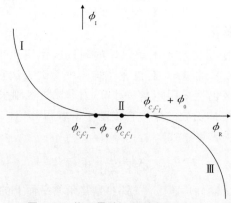

图 4.7   修正最陡下降路径(MSDP)

最后利用共轭梯度迭代法求出表面感应电流分布后,可计算目标 RCS,计算式为

$$\sigma_{\mathrm{TM}}(\phi) = \frac{k\eta^2}{4}\left|\sum_{n=1}^N I_n\Delta_n \mathrm{e}^{ik(y_n\cos\phi+x_n\sin\phi)}\right|^2 \tag{4.18}$$

式中：ϕ 为散射角；η 为自由空间波阻抗。

2. 数值算例

【算例 4.4】　为了验证混合粒子群算法的有效性，对横截面形状函数为菱形的无限长导体柱进行反演。参数设置如下：正问题采用快速非均匀平面波算法进行加速，照射频率 $f = 5\,\text{GHz}$，从 10 个角度进行入射，入射角分别 $i \times 2\pi/10(0 \leqslant i \leqslant 9)$，72 个接收点位于半径为 10λ 的圆周上；逆问题分别采用多相粒子群算法和混合粒子群算法进行反演，群体规模取为 30，交叉概率为 0.8，变异概率为 0.3，$c_1 = c_2 = 0.5$，$S_O = 5$，反演结果如图 4.8 所示。

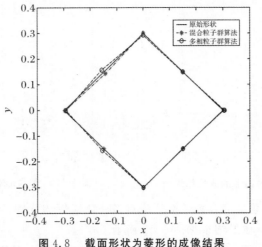

图 4.8　截面形状为菱形的成像结果

成像结果表明：混合粒子群算法比伪群交叉算法具有更高的成像精度。

【算例 4.5】　为了验证混合粒子群算法的抗随机噪声干扰的能力，对横截面形状为矩形和半圆组合的无限长导体柱进行反演。正问题采用快速非均匀平面波算法进行加速，照射频率 $f = 5\,\text{GHz}$，从 16 个角度进行入射，入射角分别 $i \times 2\pi/10(0 \leqslant i \leqslant 9)$，72 个接收点位于半径为 10λ 的圆周上；逆问题采用混合粒子群算法分别对无噪声、5% 随机白噪声和 10% 随机白噪声干扰的测量数据进行反演，群体规模取为 30，交叉概率为 0.8，变异概率为 0.3，$c_1 = c_2 = 0.5$，$S_O = 5$，反演结果如图 4.9 所示。

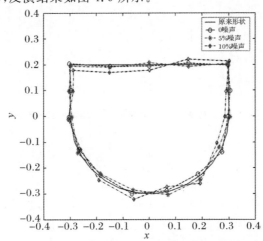

图 4.9　截面形状为矩形和半圆组合图形的成像结果

成像结果表明:混合粒子群算法具有较强的抗随机噪声干扰的能力。

【算例 4.6】　为了验证混合粒子群算法对凸、凹形状的成像能力,分别用 8 个和 16 个矢径参数作为优化变量进行反演,成像结果如图 4.10 和图 4.11 所示,成像结果表明:混合粒子群算法对凹、凸图形也具有较好的成像能力。

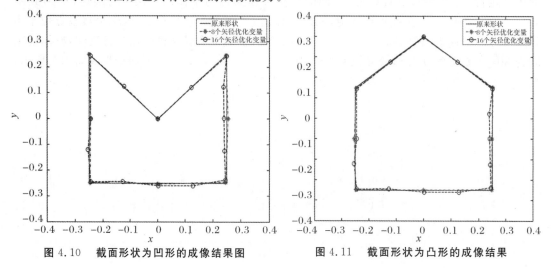

图 4.10　截面形状为凹形的成像结果图　　　　图 4.11　截面形状为凸形的成像结果

【算例 4.7】　为了验证混合粒子群算法对多柱体成像的能力,对截面形状为矩形和圆的平行双柱体进行成像,成像结果如图 4.12 所示。

成像结果表明:混合粒子群算法对多柱体也具有较强的成像能力。

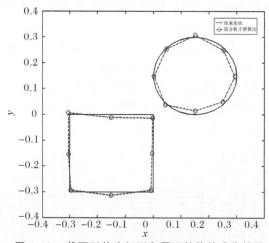

图 4.12　截面形状为矩形和圆双柱体的成像结果

参 考 文 献

[1] 黄卡玛,赵翔.电磁场中的逆问题及应用[M].北京:科学出版社,2005.

[2] LIN C Y, KIANG Y W. Inverse scattering for conductors by the equivalent source method[J]. IEEE Trans Antennas Propagat,1996,44(3):310-316.

［3］ CHEW W C,OTTO G P. Microwave imaging of multiple conducting cylinders using local shape functions［J］. IEEE Microwave and Guided Wave Letters,1992,2(7):284 − 286.

［4］ CAORSI S,GRAGNANI G L. Numerical solution to three − dimensional inverse scattering for dielectric reconstruction purposes［J］. IEEE PROCEEDINGS-H,1992, 139(1):45 − 52.

［5］ QING A Y. Electromagnetic inverse scattering of multiple perfectly conducting cylinders by differential evolution strategy with individuals in groups［J］. IEEE Trans on Antenns Propagat,2004,52(5):1223 − 1229.

［6］ CAORSI S,DONELLI M,FRANCESCHINI D,et al. A new methodology based on an iterative multiscaling for microwave imaging［J］. IEEE Trans Microw Theory Tech, 2003,51(4):1162 − 1173.

［7］ FERRAYE R,DAUVIGNAC J Y,PICHOT CH. An inverse scattering method based on contour deformations by means of a level set method using frequency hopping technique［J］. IEEE Trans Antennas Propagat,2003,51(5):1100 − 1113.

［8］ ISERNIA T,PASCAZIO V,PIERRI R. On the local minima in a tomographic imaging technique［J］. IEEE Trans Geosci Remote Sens,2001,39(7):1596 − 1607.

［9］ 钱祖平. 电磁成像问题的研究［D］. 南京:东南大学,2000.

［10］ 丁振宇. 基于边界积分方程和遗传算法的电磁成像问题研究［D］. 南京:东南大学,2002.

［11］ 刘冀成. 基于改进遗传算法的生物电磁成像和磁场聚焦研究［D］. 成都:四川大学,2005.

［12］ 钟卫军,童创明,耿艳,等. 基于混合粒子群算法和快速非均匀平面波算法的介质目标反演［J］. 系统工程与电子技术,2010,32(9):1863 − 1867.

第5章 改进粒子群算法在介质柱电磁成像中的应用

介质柱成像的电磁成像与第4章导体柱成像基本类似,不同点有:一是正散射的求取时采用的积分方程[1-11]不同;二是优化目标多了介质柱的介电参数。对于正散射问题中的矩量法求解采用快速非均匀平面波算法[7-11]和渐进波形估计技术[6]进行加速。

5.1 二维介质柱的散射问题

考虑 TM 极化平面波入射截面为 S 的介质柱的情况,如图 5.1 所示。

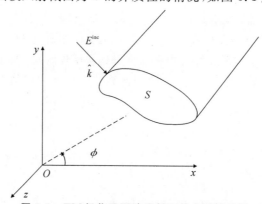

图 5.1 TM 极化平面波照射下的介质柱目标

此时,入射电场 E^{inc} 只有 z 分量,在入射波作用下介质柱体上被激励出 z 向极化电流 J,它产生一个散射场 E^s,总场为 $E^{inc} + E^s$,极化电流与总场的关系是

$$J = i\omega\varepsilon_0(\varepsilon_r - 1)(E^{inc} + E^s) \tag{5.1}$$

从而建立积分方程如下:

$$E_z^{inc}(r_j) = -ik\eta A_z(r_j) + \frac{iJ_z(r_j)}{\omega\varepsilon_0[\varepsilon_r(r_j) - 1]} \tag{5.2}$$

其中:

$$A_z(r_j) = \iint\limits_S J_z(x', y')\frac{i}{4}H_0^{(1)}(kR)dx'dy' \tag{5.3}$$

式中:r_j、r_i 分别为场源点位置;$R = |r_j - r_i|$ 为场源点间距离;ε_0 为自由空间介电常数;ε_r 为相对介电常数,是 x、y 的函数。

选用脉冲基将介质横截面剖分为许多小矩形单元,在每个单元上 $\varepsilon_r(r), E(r)$ 均匀,在各个单元中心进行点匹配。电流可以表达为

$$J_z(x', y') = \sum_{i=1}^{N} I_i f_i(x', y') \tag{5.4}$$

其中脉冲基函数表示为

$$f_i(x', y') = \begin{cases} 1 & (\text{在 } i \text{ 单元上}) \\ 0 & (\text{在其余单元上}) \end{cases} \tag{5.5}$$

式中:I_i 为第 i 个小矩形单元的电流幅值。

由式(5.3)可见矩阵元素的计算主要在于计算 $H_0^{(1)}(kR)$ 在矩形单元上的面积分。数值结果显示,在一定的精度范围之内,矩形单元上的积分可以用面积相等的圆面积分代替,条件是矩形单元的边长 a 必须满足 $a \leqslant 0.2/\sqrt{\varepsilon_r}$。

汉克尔函数 $H_0^{(1)}(kR)$ 在圆面上的面积分具有解析结果,为

$$\int_0^{2\pi} \int_0^{a_i} H_0^{(1)}(kR) r' dr' d\phi' = \begin{cases} \dfrac{2\pi a_i}{k} J_1(ka_i) H_0^{(1)}(kR) & (j \neq i) \\ \dfrac{2\pi a_i}{k} H_1^{(1)}(ka_i) + \dfrac{4i}{k^2} & (j = i) \end{cases} \tag{5.6}$$

式中:a_i 为第 i 单元等积近似的圆半径;J_1 为一阶贝塞尔函数。

用式(5.6)离散式(5.2)得到

$$E_z^{\text{inc}}(r_j) = \sum_{\substack{i=1 \\ i \neq j}}^{N} I_i \frac{\pi \eta a_i}{2} J_1(ka_i) H_0^{(1)}(kR) + I_j \left(\frac{\pi \eta a_j}{2} H_1^{(1)}(ka_j) + \frac{i\eta \varepsilon_{rj}}{k(\varepsilon_{rj} - 1)} \right)$$

$$(j = 1, \cdots, N) \tag{5.7}$$

式中:j 为场点单元;i 为源点单元;N 为未知量个数。

将式(5.7)改写成矩阵表达

$$\sum_{i=1}^{N} Z_{ji} I_i = E_{zj}^{\text{inc}} \quad (j = 1, \cdots, N) \tag{5.8}$$

$$Z_{ji} = \begin{cases} \dfrac{\pi \eta a_i}{2} J_1(ka_i) H_0^{(1)}(kR) & (j \neq i) \\ \dfrac{\pi \eta a_j}{2} H_1^{(1)}(ka_j) + \dfrac{i\eta \varepsilon_{rj}}{k(\varepsilon_{rj} - 1)} & (j = i) \end{cases} \tag{5.9}$$

利用共轭梯度迭代算法求出电流分布后,最后可计算介质柱体 RCS,即

$$\sigma_{\text{TM}}(\phi) = \frac{k\eta^2}{4} \left| \sum_{i=1}^{N} I_i \frac{2\pi a_i}{k} J_1(ka_i) e^{ik(x_i\cos\phi + y_i\sin\phi)} \right|^2 \tag{5.10}$$

5.2　二维介质柱的成像问题

5.2.1　目标函数的构造

与第 4 章二维导体柱成像类似,仍然采用混合粒子群算法作为优化方法进行迭代成像。目标函数的构造同 4.2.1 节。

5.2.2 数值算例

反演的对象为散射体的形状已知的条件下,对散射体的介电参数分布进行成像。采用多项式 $\varepsilon(x,y) = a_0 + a_1 x + a_2 y + a_3 x^2 + a_4 y^2 + a_5 xy + \cdots$ 来近似表示介电参数的分布,在优化迭代过程中将展开式的系数设置为优化变量。

【算例 5.1】 仿真模型为半径为 1 个波长的非均匀介质圆柱,其介电参数分布为 $\varepsilon_1(x, y) = 0.25 + 0.5x^2 + 0.5xy + 0.25y^2$。参数设置如下:正问题采用矩量法进行求解,照射频率为 $f = 300\,\text{MHz}$,入射波数为 $N^{\text{inci}} = 8$,测量点数为 $N^{\text{scat}} = 64$;逆问题分别采用遗传算法和混合粒子群算法进行寻优,粒子群种群数为 30,粒子的维数为优化变量的个数,遗传算法的种群为 50,优化变量采用二进制编码,长度为 8,交叉概率为 0.96,变异概率为 0.04,在优化迭代过程中以 J_1 为目标函数对展开式的 10 个系数进行优化,图 5.2 为真实分布,反演结果如图 5.3、图 5.4 所示。

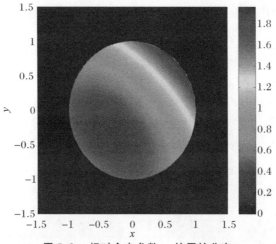

图 5.2 相对介电参数 ε_1 的原始分布

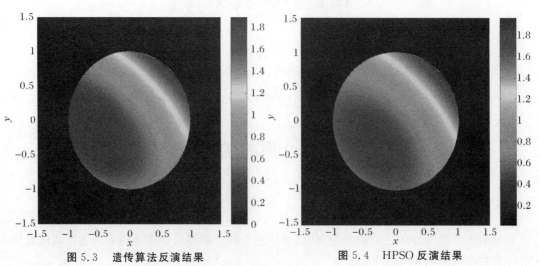

图 5.3 遗传算法反演结果   图 5.4 HPSO 反演结果

【算例 5.2】　仿真模型为半径为 1 个波长的非均匀介质圆柱,其介电参数分布为 $\varepsilon_2(x, y) = 0.5 + 0.5x + 0.5y + 0.5x^2 + 0.5xy + 0.25y^2$。参数设置同算例 5.1 相同,图 5.5 为真实分布,反演结果如图 5.6、图 5.7 所示。

仿真结果表明:混合粒子群算法能够有效的反演非均匀介质柱的介电常数分布,且混合粒子群算法的成像精度优于遗传算法。

图 5.5　相对介电参数 ε_2 的原始分布

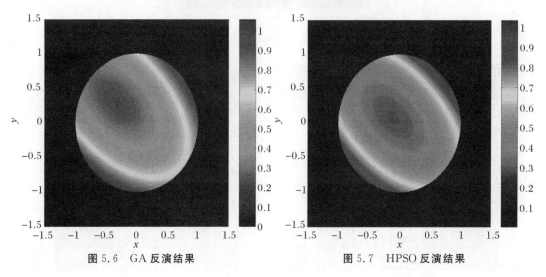

图 5.6　GA 反演结果　　　　　　　图 5.7　HPSO 反演结果

5.3　二维介质柱成像的加速实现

5.3.1　渐进波形估计技术应用于二维介质柱成像

与导体柱类似,式(5.8)同样可以采用渐进波形估计技术进行加速计算,具体公式推导同 4.3.1 节。

【算例 5.3】　仿真模型为边长为 4 个波长的非均匀介质方柱,其介电常数分布为 $\varepsilon_1(x, y) = 0.25 + 0.5x^2 + 0.5xy + 0.25y^2$。参数设置如下:正问题采用渐进波形估计技术进行加速求解,照射频率为 $f = 300\text{ MHz}$,入射波数为 $N^{\text{inci}} = 8$,测量点数为 $N^{\text{scat}} = 64$;逆问题分别采用遗传算法和混合粒子群算法进行寻优,粒子群种群数为 30,粒子的维数为优化变量的个数,遗传算法的种群为 50,优化变量采用二进制编码,长度为 8,交叉概率为 0.96,变异概率为 0.04,在优化迭代过程中以 J_1 为目标函数对展开式的 10 个系数进行优化,图 5.8 为真实分布,反演结果如图 5.9、图 5.10 所示。

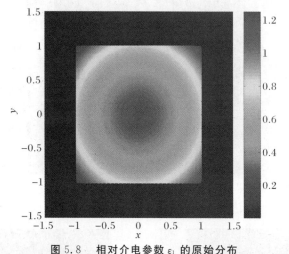

图 5.8　相对介电参数 ε_1 的原始分布

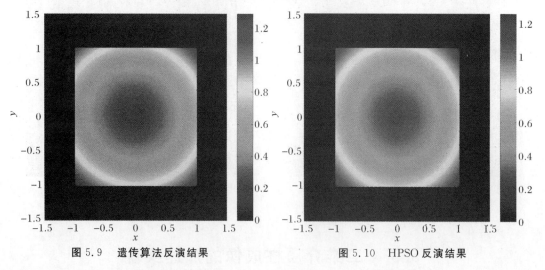

图 5.9　遗传算法反演结果　　　　　图 5.10　HPSO 反演结果

【算例 5.4】　仿真模型为边长为 2.828 个波长的非均匀介质菱形柱,其介电参数分布为 $\varepsilon_2(x, y) = 0.5 + 0.5x + 0.5y + 0.5x^2 + 0.5xy + 0.25y^2$。参数设置同算例 5.3 相同,图 5.11 为真实分布,反演结果如图 5.12、图 5.13 所示。

仿真结果表明:混合粒子群算法能够有效的反演非均匀介质柱的介电常数分布,且混合粒子群算法的成像精度优于遗传算法。

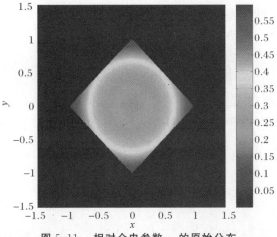

图 5.11　相对介电参数 ε_2 的原始分布

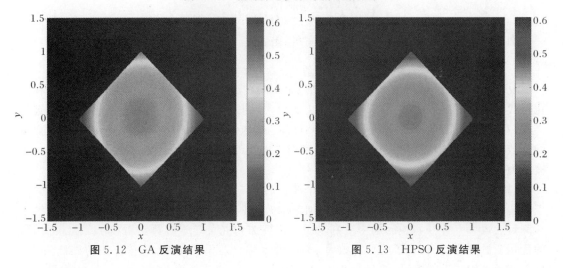

图 5.12　GA 反演结果　　　　　　　图 5.13　HPSO 反演结果

5.3.2　快速非均匀平面波算法应用于二维介质柱成像

1. 快速非均匀平面波算法加速二维介质柱正散射计算

对于散射体目标,利用等效原理在目标体内引入等效体电流(又称为极化电流),该等效体电流可以确定散射场。利用目标体内任意一点处的总场等于散射场和入射场的总和可以建立一个积分方程,即体积分方程。体积分方程被广泛用于非均匀介质材料的电磁散射分析中,但是,其收敛速度随散射目标电尺寸的增大而变得非常慢,因此有必要结合快速算法来分析电大尺寸的介质目标。下面就用基于体积分方程的快速非均匀平面波算法分析二维介质柱目标的电磁散射特性。

从式(5.9)不难看出矩阵元素 $Z_{ji}(j \neq i)$ 中包含第 1 类 0 阶汉克尔函数 $H_0^{(1)}(kR)$,将 $H_0^{(1)}(kR)$ 在角谱空间展开,便可用 FIPWA 分析。

与导体目标一样,通过分组将介质柱的耦合划分为附近区和非附近区。附近区采用矩量法直接计算,对于非附近区,$H_0^{(1)}(kR)$ 函数的展开与第 4 章中讨论的相类似。

$$H_0^{(1)}(kR) = \sum_{\phi_s} e^{ik(\phi_s) \cdot r_{jC_J}} \cdot T(\phi_s) \cdot e^{ik(\phi_s) \cdot r_{C_I i}} \qquad (5.17)$$

其中：

$$T(\phi_s) = \frac{1}{\pi} \sum_{\phi_q} \omega_q e^{ik(\phi_q) \cdot r_{C_J C_I}} \cdot I(\phi_q, \phi_s) \qquad (5.18)$$

式中：ϕ_s 为采样点角谱值；$T(\phi_s)$ 为转移因子；$I(\phi_q, \phi_s)$ 为内插外推系数。

将式(5.17)代入式(5.18)后，建立 FIPWA 矩阵方程

$$\sum_{s=1}^{N_s} V_{jC_J}(\phi_s) \sum_{I \in FG(J)} T_{C_J C_I}(\phi_s) \sum_{i \in G_I} V_{iC_I}{}^*(\phi_s) I_i + \sum_{I \in NG(J)} \sum_{i \in G_I} Z_{ji} I_i = E_{zj}^{\text{inc}} \quad (j \in G_J)$$

$$(5.19)$$

其中：

$$V_{jC_J}(\phi_s) = e^{ik(\phi_s) \cdot r_{jC_J}} \qquad (5.20)$$

$$V_{iC_I}(\phi_s) = \frac{\pi \eta_i}{2} J_1(ka_i) e^{ik(\phi_s) \cdot r_{iC_I}} \qquad (5.21)$$

利用共轭梯度迭代算法求出电流分布后，由式(5.10)可计算介质柱体 RCS。

2. 数值算例

反演的对象为均匀介质柱的外形反演。采用泰勒级数来近似表示介电常数的分布，在优化迭代过程中将展开式的系数设置为优化变量，分别采用遗传算法和混合粒子群算法进行寻优。参数设置如下：照射频率为 $f = 3$ GHz，最大迭代次数为 100，粒子的维数为优化变量的个数；遗传算法的种群为 50，优化变量采用二进制编码，长度为 8，交叉概率为 0.96，变异概率为 0.04。

【算例 5.5】 仿真模型为半径为 4 个波长的均匀介质圆柱，其相对介电常数 $\varepsilon_r = 6.0$。正问题采用快速非均匀平面波算法进行加速求解，照射频率为 $f = 3$ GHz，入射波数 $N^{\text{inci}} = 8$，测量点数 $N^{\text{scat}} = 64$；逆问题中分别采用遗传算法和混合粒子群算法对以 J_1 为目标函数的优化变量进行反演，粒子的种群数为 30，维为优化变量的个数，遗传算法的种群为 50，优化变量采用二进制编码，长度为 8，交叉概率为 0.96，变异概率为 0.04，图 5.14 为真实分布，反演结果如图 5.15、图 5.16 所示。

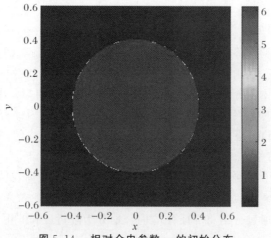

图 5.14 相对介电参数 ε_1 的初始分布

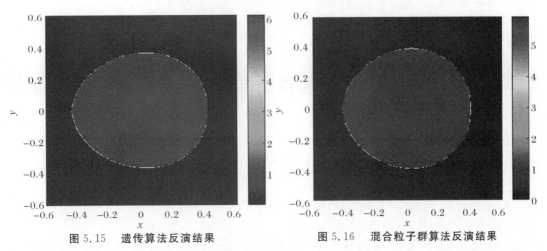

图 5.15　遗传算法反演结果　　　　　　　　图 5.16　混合粒子群算法反演结果

【算例 5.6】　仿真模型为形状函数为 $F = 0.4 + 0.1\cos(2\theta)$ 的均匀介质柱,其相对介电常数 $\varepsilon_r = 8.0$。正问题同样采用快速非均匀平面波算法进行加速计算,逆问题采用遗传算法和混合粒子群算法进行反演成像,参数设置同算例 5.5 相同,图 5.17 为真实分布,反演结果如图 5.18、图 5.19 所示。

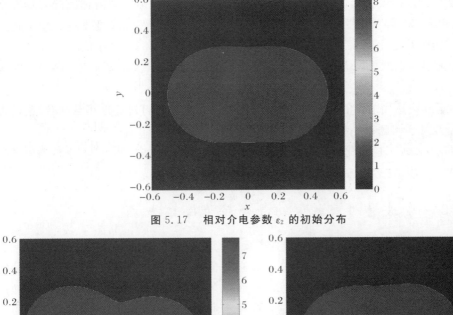

图 5.17　相对介电参数 ε_2 的初始分布

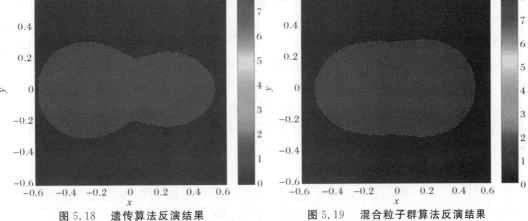

图 5.18　遗传算法反演结果　　　　　　　　图 5.19　混合粒子群算法反演结果

仿真结果表明:混合粒子群算法能够有效的反演均匀介质柱的外形轮廓,且混合粒子群算法的成像精度优于遗传算法。

5.4 基于玻恩迭代法与粒子群算法的电介质参数重构

5.4.1 玻恩迭代法

考虑二维介质成像问题,将散射计算方程重新描述为

$$E(\boldsymbol{r}) = E^i(\boldsymbol{r}) + \int_V G(\boldsymbol{r},\boldsymbol{r}')x(\boldsymbol{r}'\mathrm{d}V') \quad (\boldsymbol{r} \in V) \tag{5.22}$$

$$E^s(\boldsymbol{r}) = \int_V G(\boldsymbol{r},\boldsymbol{r}')E(\boldsymbol{r}')x(\boldsymbol{r}')\mathrm{d}V' \quad (\boldsymbol{r}' \in V) \tag{5.23}$$

其中,V 是包含散射体的目标区。式(5.22)和式(5.23)共同构成了一个非线性的第一类弗雷德姆积分方程,其中式(5.22)为总场方程,式(5.23)为探测器方程。对于散射问题的求解方法与5.1节所述相同,故不再重复。

解逆散射问题的玻恩迭代法在首次迭代时采用玻恩近似,即设散射体上的总场等于入射场,然后轮流求在解对比度函数和总场分布之间反复迭代,从而逼近散射体上的对比度函数,其算法流程为:

(1)令散射体上的总场 E^{total} 等于入射场 E^{inci}(玻恩近似),求出对比度函数 x_0 的迭代初值;

(2)由第 n 次迭代求得的总场 E_n^{total},再根据探测器方程求得对比度函数 x_{n+1},该过程需要求解一个线性逆问题;

(3)将第 n 次求得的对比度函数 x_{n+1} 代入总场方程求得总场 E_{n+1}^{total},进而求得散射场的迭代计算值 E_{n+1}^{scat},若 $\| E^{\mathrm{meas}} - E_n^{\mathrm{total}} \|$ 足够小则算法结束,否则转到第(2)步。

5.4.2 受玻恩约束种群的混合粒子群算法

玻恩迭代法与混合粒子群算法的结合主要有三种,如图5.20所示:一是采用玻恩迭代法约束混合粒子群算法初始种群的生成;二是在混合粒子群算法的迭代过程中,每隔特定的代数对最优粒子进行一次玻恩迭代寻优;三是在混合粒子群算法寻优结束后,对最优粒子再进行玻恩迭代寻优。玻恩迭代法应用于成像受限于弱散射、小目标等条件,但是它作为一种粗略估计,可以粗略地辨认出目标的大小形状和位置以及尺寸等,这些信息可以提取出来约束混合粒子群算法的初始种群从而提高迭代的速度、节省计算的时间。

混合粒子群算法的初始种群完全随机生成,如何加入尽可能多的先验信息以加速混合粒子群算法的收敛速度节省计算时间是成像问题中面临的一个很重要的问题,本书采用玻恩迭代法约束初始种群的生成,具体操作如下:玻恩迭代法的最大迭代次数等于混合粒子群算法的种群数,每一次迭代产生的对比度函数值作为种群中某个粒子的位置参量,其中断准则判断条件 $\| E^{\mathrm{meas}} - E_n^{\mathrm{total}} \|$ 值作为适应度函数值,该粒子的速度随机生成。

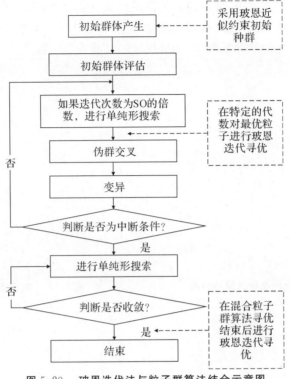

图 5.20　玻恩迭代法与粒子群算法结合示意图

5.4.3　数值算例

在本次算例中,考虑的对象为散射体的形状和介电参数分布均未知的条件下,对散射体的外形轮廓和介电参数分布进行成像。采用差分网格对目标区域进行离散化,每个网格单元上的相对介电参数视为均匀作为一个优化变量,在优化迭代过程中目标函数对所有网格单元上的介电常数变量进行优化。混合粒子群算法的种群数设为 60,粒子群的维数为网格单元数,最大迭代次数设为 100(包括玻恩迭代次数 20)。

【算例 5.7】　自由空间中的介质方柱的相对介电参数分布的初始模型如图 5.21 所示,介质方柱的相对介电常数为 0.8。物体矩形区域为 $0.8\lambda \times 0.8\lambda$,其中 λ 为波长。对该区域进行离散,采样的间隔为 0.1λ,于是离散点数为 8×8,发射器(同时也是接收器)10 个,形成个代数方程,共有 $8 \times 8 = 64$ 个未知数需要求解。照射频率 $f = 1\ \text{GHz}$。图 5.21 为相对介电参数的原始分布;图 5.22 表示在开始迭代时,玻恩近似反演得到的相对介电参数分布;图 5.23 为玻恩迭代法在第 20 代的成像结果;图 5.24 为经无约束混合粒子群算法寻优得到的成像结果;图 5.25 为经玻恩约束种群的混合粒子群算法寻优得到的结果;图 5.26 为玻恩约束种群混合粒子群算法的收敛特性曲线。

成像结果表明:经过玻恩近似约束混合粒子群算法的初始种群后,迭代寻优后的结果优于玻恩迭代法得到的结果,也优于初始种群不限制的混合粒子群算法寻优得到的结果。利用玻恩近似约束混合粒子群算法的初始种群,我们可以更快速地获得比较真实的图像,而且这个过程简单,相对于一般的混合粒子群算法成像算法,只是多做一次玻恩近似计算,用于约束混合粒子群算法的取值范围。玻恩约束种群混合粒子群算法的收敛特性曲线中：前 20 代为玻恩迭代法的目标函数值，其间有很大波动，说明玻恩迭代法的数值稳定性较差；后 20 代为混合粒子群算法寻优的目标函数值，能够快速的收敛并趋于稳定。

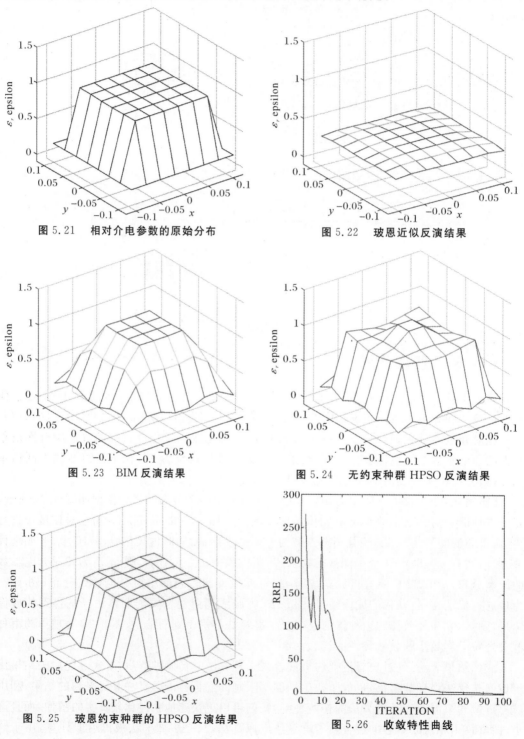

图 5.21　相对介电参数的原始分布　　　　图 5.22　玻恩近似反演结果

图 5.23　BIM 反演结果　　　　图 5.24　无约束种群 HPSO 反演结果

图 5.25　玻恩约束种群的 HPSO 反演结果　　　　图 5.26　收敛特性曲线

【算例 5.8】 自由空间中的复合介质方柱的相对介电参数分布的原始模型如图 5.27 所示,物体所在的矩形区域为 $0.8\lambda \times 0.8\lambda$,其中 λ 为波长。对该区域进行离散,采样的间隔为 0.1λ,于是离散点数为 8×8,发射器(同时也是接收器)10 个,形成 $10 \times 10 = 100$ 个代数方程,共有 $8 \times 8 = 64$ 个未知数需要求解。照射频率 $f = 1\,GHz$。图 5.27 为相对介电参数的初始分布;图 5.28 表示在开始迭代时,玻恩近似反演得到的相对介电参数分布;图 5.29 为玻恩迭代法在第 20 代的成像结果;图 5.30 为经玻恩约束种群的混合粒子群算法寻优得到的结果。

成像结果表明:对于复合介质方柱,经玻恩近似约束混合粒子群算法的初始种群,再进行迭代寻优得到的结果同样优于玻恩近似得到的结果。

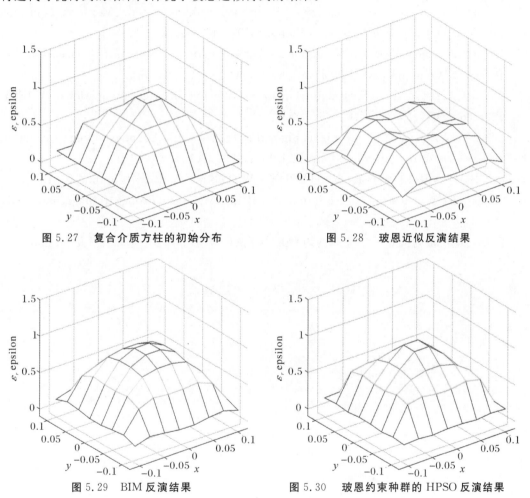

图 5.27 复合介质方柱的初始分布   图 5.28 玻恩近似反演结果

图 5.29 BIM 反演结果   图 5.30 玻恩约束种群的 HPSO 反演结果

参 考 文 献

[1] 黄卡玛,赵翔. 电磁场中的逆问题及应用[M]. 北京:科学出版社,2005.

[2] QING A Y. Electromagnetic inverse scattering of multiple two-dimensional perfectly conducting objects by the differential evolution strategy[J]. IEEE Trans Antennas

Propagat,2003,51(6):1251 - 1262.

［3］ TONY HUANG, ANANDA SANAGAVARAPU. A Microparticle Swarm Optimizer for the Reconstruction of Microwave Images［J］. IEEE Trans Antennas Propagat, 2007,55(3):565 - 576.

［4］ MATTEO PASTORINO. Stochastic optimization methods applied to microwave imaging:a review ［J］. IEEE Trans Antennas Propagat,2007,55(3).

［5］ 叶媛. 大规模三维介质体的逆散射算法［D］. 南京:东南大学,2005.

［6］ REDDY C J,DESHPANDE M D,COCKRELL C R,et al. Fast RCS computation over a frequency band using of moments in conjunction with asymptotic waveform evaluation technique［J］. IEEE Trans Antennas Propagat,1998,46(8):1229 - 1233.

［7］ ROKHLIN V. Rapid solution of integral equations of scattering theory in two dimensions［J］. Journal of Computational Physics,1990(86):414 - 439.

［8］ LU C C,CHEW W C. Fast algorithm for solving hybrid integral equations［J］. IEEE Proceedings-H,1993,140(6):455 - 460.

［9］ LU C C,WENG C C. A multilevel algorithm for solving a boundary integral equation of wave scattering［J］. Micro Opt Tech Lett,1994,7(10).

［10］ COIFMAN R,ROKHLIN V,STEPHEN W. The fast multipole method for the wave equation:A pedestrian prescription［J］. IEEE Antennas Propagat Magazine,1993, 35(3):7 - 12.

［11］ 卢雁. 电磁散射问题的快速非均匀平面波算法研究［D］. 西安:空军工程大学,2007.

第6章　线性分布的细金属柱体成像

在线性反演算法[1-3]中，应用截断奇异值分解正则化方法处理算法中的不适定性，并对正则化参数的选取进行了修正。在采用改进粒子群算法对细金属柱体进行成像时，从线性分布细金属柱体的散射模型[4-7]出发，利用多极子展开技术求解电磁散射问题，以测量的散射场和计算散射场偏差作为目标函数，将待优化变量设置为描述细金属柱体中心位置的向径和幅角，通过改进粒子群算法[8]对待优化变量进行优化，使目标函数达到最小值来对自由空间中线性分布的细金属柱体族进行电磁成像。

6.1　细金属柱体散射原理

在自由空间中，有 N 根轴线平行于 z 轴、截面形状为圆的无限长细金属柱体，如图 6.1 所示，中心坐标位于 $\underline{r}_n^0 = (r_n^0, \theta_n^0)(n = 1, \cdots, N)$。细金属柱体在单位幅度的 TM 波照射下，第 n 根细金属柱体的散射场 $E_s^n(r_n, \theta_n)$ 可以表示为

$$E_s^n(r_n, \theta_n) = \sum_{p=-\infty}^{p=+\infty} a_p^n H_p^{(2)}(k_0 r_n) \mathrm{e}^{\mathrm{j}p\theta_n} \tag{6.1}$$

式中：$k_0 = 2\pi/\lambda$，λ 为工作波长；$H_p^{(2)}$ 为第二类 p 阶汉克尔函数；a_p^n 是柱谐波展开的系数。细金属柱体满足边界条件为

$$E_{\mathrm{inc}}^n(r_n, \theta_n) + \sum_{m=1}^N E_s^m(r_n, \theta_n) = 0 \tag{6.2}$$

细金属柱体要求半径满足 $a = \lambda$，在该条件下式（6.1）中的柱谐波展开公式可以简化为

$$E_s^n(r_n, \theta_n) = a_0^n H_0^{(2)}(k_0 r_n) \tag{6.3}$$

由于每一根细金属柱体的散射是各向同性的，则式（6.2）可以重新表示为

$$-\mathrm{e}^{-\mathrm{j}k_0 r_n^0 \cos(\theta_n^0 - \theta_{\mathrm{inc}})} \frac{J_0(k_0 a)}{H_0^{(2)}(k_0 a)} = a_n + \frac{J_0(k_0 a)}{H_0^{(2)}(k_0 a)} \sum_{\substack{m=1 \\ m \neq n}}^N a_m H_0^{(2)}(k_0 d_{mn}) \tag{6.4}$$

式中：$J_0(\cdot)$ 为零阶贝塞尔函数；θ_{inc} 为照射平面波的入射角；$a_n = a_0^n$；d_{mn} 为第 n 根细金属柱体轴线同第 m 根线金属柱体轴线间的距离。

由式（6.3）、式（6.4）可知，N 根细金属柱体的远场散射问题归结为求解方程组：

$$\left. \begin{aligned} E_s(k_0, \theta, \theta_{\mathrm{inc}}) &= \sum_{n=1}^N a_n \mathrm{e}^{\mathrm{j}k_0 r_n^0 \cos(\theta_n^0 - \theta)} \\ \boldsymbol{b}_n &= \boldsymbol{A}_{nm} \cdot \boldsymbol{a}_n \end{aligned} \right\} \tag{6.5}$$

式中:远区散射场 $E_s(k_0,\theta,\theta_{inc})$ 归一化于 $\exp(j\pi/4)\sqrt{2/k_0\pi r}\exp(-jk_0 r)$,矩阵 $\boldsymbol{A}$、向量 $\boldsymbol{b}$ 对应的元素分别为

$$b_n = -\,e^{-jk_0 r_n^0 \cos(\theta_n^0 - \theta_{inc})}\,\frac{J_0(k_0 a)}{H_0^{(2)}(k_0 a)} \quad (n = m) \tag{6.6}$$

$$A_{nm} = \begin{cases} 1 \\ \dfrac{J_0(k_0 a)}{H_0^{(2)}(k_0 a)} H_0^{(2)}(k_0 d_{nm}) \quad (n \neq m) \end{cases} \tag{6.7}$$

式中:当 $n \neq m$ 时的 A_{nm} 为散射体间的耦合。

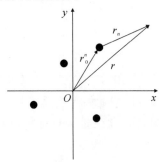

图 6.1 模拟计算采用的几何结构

6.2 基于截断奇异值分解的细金属柱体成像

6.2.1 线性化模型

如果细金属柱体轴线间的距离同工作波长之比满足 $d_{nm}/\lambda \gg 1$,则细金属柱体间的耦合作用可以忽略,即当 $n \neq m$ 时,A_{nm} 近似等于零,则式(6.4)简化为

$$a_n \simeq -\,\frac{J_0(k_0 a)}{H_0^{(2)}(k_0 a)} e^{-jk_0 r_n^0 \cos(\theta_n^0 - \theta_{inc})} \tag{6.8}$$

将 a_n 代入式(6.5),并用 $-J_0(k_0 a)/H_0^{(2)}(k_0 a)$ 进行归一化,则远区散射场为

$$E_{sl}(k_0,\theta,\theta_{inc}) \simeq \sum_{n=1}^{N} e^{-jk_0 r_n^0 [\cos(\theta_n^0 - \theta_{inc}) - \cos(\theta_n^0 - \theta)]} \tag{6.9}$$

式中:a 为细金属柱体半径。

6.2.2 二次散射模型

当散射体间的耦合作用不可忽略时,需要采用高阶散射模型进行分析。考虑二次散射对成像结果的作用,式(6.5)可重新表示为

$$\boldsymbol{A} = \boldsymbol{I} + \bar{\boldsymbol{A}} \tag{6.10}$$

式中:$\boldsymbol{I}$ 为单位矩阵;$\bar{\boldsymbol{A}}$ 为 $\boldsymbol{A}$ 非对角线上元素组成的矩阵,表示细金属柱体间二次散射作用。经过上述变化后,$\boldsymbol{a} = (\boldsymbol{I} + \bar{\boldsymbol{A}})^{-1} \cdot \boldsymbol{b}$。用纽曼级数展开 $(\boldsymbol{I} + \bar{\boldsymbol{A}})^{-1}$,取前两项,得 $\boldsymbol{a} = (\boldsymbol{I} - \bar{\boldsymbol{A}}) \cdot \boldsymbol{b}$。远区散射场 E_{sq} 为

$$E_{sq}(k_0, \theta, \theta_{inc}) = E_{sl}(k_0, \theta, \theta_{inc}) - \frac{J_0(k_0 a)}{H_0^{(2)}(k_0 a)} \times$$

$$\sum_{n=1}^{N} \sum_{\substack{m=1 \\ m \neq n}}^{N} H_0^{(2)}(k_0 d_{mn}) e^{-jk_0 [r_m^0 \cos(\theta_m^0 - \theta_{inc}) - r_n^0 \cos(\theta_n^0 - \theta)]} \tag{6.11}$$

6.2.3 线性反演算法

在线性反演算法中，未知的细金属柱体中心位置的坐标(r_n^0, θ_n^0)用δ函数表示，δ函数和散射场E_s的测量结果是线性相关的，它们之间的关系满足下列电磁波在某一方向入射时所形成的方程组

$$E_s(k_0, \theta, \theta_{inc}) = \iint_D \gamma(x', y') e^{-jux'} e^{-jvy'} dx' dy' \tag{6.12}$$

式中：$u = k_0(\cos\theta_{inc} - \cos\theta)$；$v = k_0(\sin\theta_{inc} - \sin\theta)$；$r' = (x', y') \in D, D$ 是细金属柱体所在区域范围。则该问题可以重新表述为，已知区域 D 内细金属柱体的半径 a，求细金属柱体位置，并且细金属柱体的中心坐标满足

$$\gamma(r') = \sum_{n=1}^{N} \delta(r' - r_n^0) \tag{6.13}$$

由式（6.10）、式（6.11）知，由散射场测量值 E_s 确定细金属柱体的中心位置可以分为两步：首先重建 γ 分布；然后根据重建分布的 γ 来确定细金属柱体的数量和中心位置。当 γ 达到极值点时的坐标为散射体的中心位置，极值点的个数为细金属柱体的根数。

重建 γ 分布等价于解一个线性反演问题，该过程表示为一个线性反演算子

$$\Gamma: \gamma(r') \rightarrow \iint_D \gamma(r') e^{-jux'} e^{-jvy'} dx' dy' \tag{6.14}$$

算子 Γ 在细金属柱体的分布区域 D 起作用。为了求得一个稳定的解，采用截断奇异值分解算法可以较好解决方程中的不适定性。

6.2.4 正则化参数的选取

处理不适定问题的另一个难点在于正则化参数的选取问题，在 TSVD 正则化方法中，相当于截断参数 k 的选择问题。在仿真实验中，对正则化参数的选取修正如下：首先采用 L 曲线法选取一个适当的参数 k，再根据正则化的主要思想：在确保数据拟合的前提下，使得解的范数最小这一准则，在 L 曲线所求得的参数 k 附近进行一维搜索，求出使残差的范数 $\|Ax - b\|_2$ 和解的范数 $\|x\|_2$ 之和达到最小的参数 k，将其作为正则化的截断参数。

6.2.5 数值算例

本节对仿真模型的共性参数设置如下：入射平面波的照射频率 $f = 1.5\ GHz$，散射体所在的区域为 $[-x_M, x_M] \times [-y_M, y_M]$，其中 $x_M = y_M = 3\lambda$。发射器（同时也是接收器）的个数为 40，采样点个数为 30×30，采样间隔为 $\lambda/10$。

【算例 6.1】 仿真模型为 9 根细金属柱体，其中一根位于 $(0,0)$ 点，其余 8 根等距分布在半径为 1.5λ 的圆上，进行全方位照射，即 $\theta_M = 180°$，阈值均设为 0。采用二次散射模型计算

散射场的测量值,成像结果如图 6.2(a) 所示;采用线性化模型计算散射场的测量值,成像结果如图 6.2(b) 所示。仿真结果表明:在二次散射模型下散射体间的耦合作用对成像结果的影响较大。

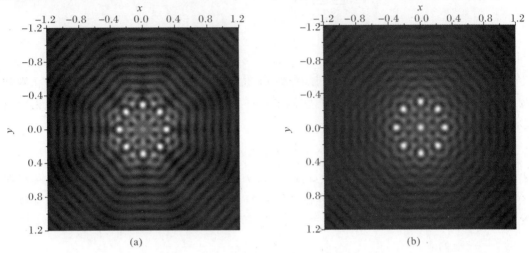

(a)　　　　　　　　　　　　　(b)

图 6.2　9 根细金属柱体的成像结果

(a) 采用二次散射模型;(b) 采用线性化散射模型

【算例 6.2】　仿真模型为菱形分布的 4 根细金属柱体,其中心坐标位于$(\delta_{x_1},0)(0,$ $\delta_y)(\delta_{x_2},0)(0,-\delta_y)$,其中 $\delta_{x_1}=-1.5\lambda,\delta_{x_2}=2\lambda,\delta_y=2.5\lambda,\theta_M=70°$。采用二次散射模型计算散射场的测量值,成像结果如图 6.3 所示。图 6.3(a) 的阈值设在 0,图 6.3(b) 的阈值为最大奇异值下的 10 dB 处。

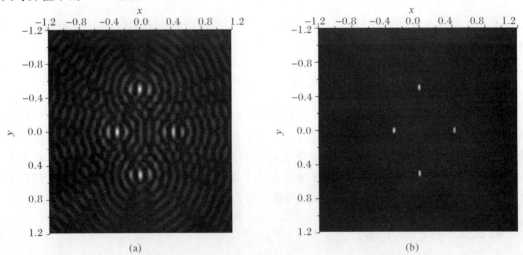

(a)　　　　　　　　　　　　　(b)

图 6.3　对菱形分布的 4 根细金属柱体的成像结果

(a) 阈值设为 0;(b) 阈值为最大奇异值下的 10 dB 处

【算例 6.3】　仿真模型为横向分布的 2 根细金属柱体,细金属柱体间的距离为 $3\lambda,\theta_M=$ $70°$。采用二次散射模型计算散射场的测量值,成像结果如果 6.4 所示。图 6.4(a) 的阈值为 0,图 6.4(b) 的阈值设为最大奇异值下的 10 dB 处。

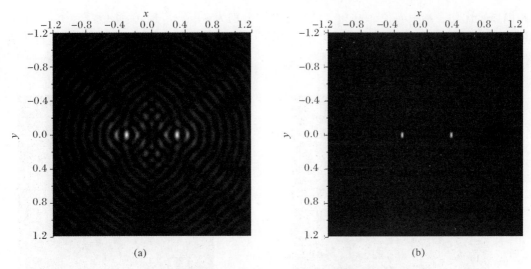

图 6.4　对横向分布 2 根的细金属柱体的成像结果

(a) 阈值为 0；(b) 阈值为最大奇异值下的 10 dB 处

6.3　基于伪群交叉算法的细金属柱体成像研究

6.3.1　目标函数的构造

对不同方向的入射波,利用上面求解散射问题的方法得到对应于不同入射波的远区散射场 $E_{mn}^{iter}(m=1,2,\cdots,N_{inci};n=1,2,\cdots,N_{scat})$,$m$ 是不同方向入射场的标号,n 是不同测量角度的标号。

构造目标函数

$$J_2 = \| E^{meas} - E^{iter} \| = \sum_{m=1}^{N_{inci}} \sum_{n=1}^{N_{scat}} | E_{mn}^{meas} - E_{mn}^{iter} |^2 \tag{6.15}$$

式中:E^{meas} 与 E_{mn}^{iter} 分别对应于远区场的实际测量值和计算值。为了利用测量的散射场数据重构一定区域内的线性分布细金属柱体的位置和数量,把第 n 根细金属柱体的位置用 (r_n,θ_n) 表示,其中 r_n 为该点对应原点的向径,θ_n 为该点对应角的弧度,用这些位置参数加上细金属柱体的根数 N 作为该区域内线性分布细金属柱体的优化变量进行优化,使得目标函数达到最小值。

6.3.2　数值算例

下面进行数值模拟反演实验,以验证上述改进粒子群算法的有效性。定义参考频率 $f = 1.5\,\text{GHz}$,相应的参考波长为 $\lambda = 0.2\,\text{m}$。从 10 个角度进行入射,入射角分别为 $i \times 2\pi/10$($0 \leqslant i \leqslant 9$),72 个接收点位于半径为 10λ 的圆周上,实测数据通过解正散射问题模拟生成。群体规模取为 30,交叉概率为 0.8,变异概率为 0.3,且 $c_1 = c_2 = 0.5$。

【算例 6.4】　仿真模型为横向分布的 2 根细金属柱体,其中心极坐标分别为 $(2\lambda,0)$,

$(1.5\lambda,\pi)$,优化变量中向径 r、幅角 ϕ 的变化范围分别为 $0\leqslant r\leqslant 3\lambda$,$0\leqslant\phi\leqslant 7.0$,共 4 个变量进行优化,目标函数选取 J_1,分别采用 MPPSO 和 PSC 对细金属柱体的位置分布进行了成像,成像结果和收敛性曲线如图 6.4 所示。

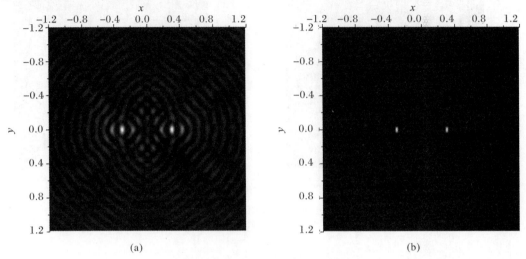

(a)   (b)

图 6.4 两根细金属柱体的成像结果

(a) 阈值设为 0;(b) 阈值为最大奇异值的 10 dB 处

【算例 6.5】 仿真模型为菱形分布的 4 根细金属柱体,其中心坐标位于 $(2\lambda,0)$,$(1.5\lambda,\pi)$,$(2\lambda,\pi/2)$,$(1.5\lambda,3\pi/2)$,优化变量中向径 r、幅角 ϕ 的变化范围分别为 $0\leqslant r\leqslant 3\lambda$,$0\leqslant\phi\leqslant 7.0$,共 8 个变量进行优化,目标函数选取 J_1,对由计算产生的实测数据外加 5% 的随机噪声,优化结果和收敛性曲线如图 6.5 所示。

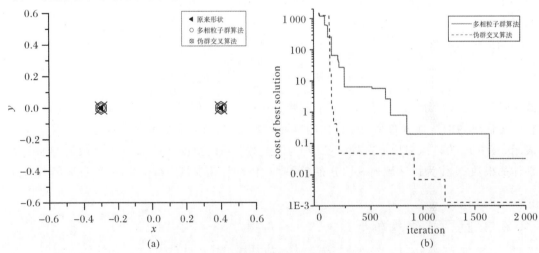

(a)   (b)

图 6.5 四根细金属柱体的成像结果

(a) 成像结果;(b) 收敛特性曲线

成像结果表明:MPPSO 和 PSC 均能进行较精确的成像,具有较高的成像精度和一定抗干扰能力;收敛特性曲线表明 PSC 算法具有更高的收敛速度和收敛精度,较好地解决了 MPPSO 算法收敛速度慢的问题。

6.4　基于改进粒子群算法的细金属柱体成像加速实现

6.4.1　渐进波形估计技术应用于细金属柱体电磁成像

与导体柱类似,式(6.5)同样可以采用渐进波形估计技术进行加速计算,具体公式推导同 4.3.1 节。

6.4.2　数值算例

下面进行数值模拟反演实验,以验证上述改进粒子群算法的有效性。定义参考频率 $f = 1.5\,\mathrm{GHz}$,相应的参考波长为 $\lambda = 0.2\,\mathrm{m}$。群体规模取为 30,交叉概率为 0.8,变异概率为 0.3,且 $c_1 = c_2 = 0.5, S_O = 5$。

【算例 6.6】　为了验证混合粒子群算法反演的有效性,对模型为分布在半径为 0.2λ 的圆周上的三根细金属柱体进行了仿真。优化变量中向径 r、幅角 ϕ 的变化范围分别为 $0 \leqslant r \leqslant 3\lambda$,$0 \leqslant \phi \leqslant 7.0$,共 6 个变量进行优化,目标函数选取 J_1。设 $N^{\mathrm{inci}} = 18$,入射角均匀分布于 $360°$ 圆周上,两两间隔 $20°$,选择 $0°$、$90°$、$180°$、$270°$ 作为正问题的计算点,并且在这些点作为帕德展开式基点,其中 L 和 P 都取为 2。散射场的测量数据通过求解正问题模拟生成。分别采用伪群交叉算法和混合粒子群算法对该模型进行了成像,成像结果如图 6.7 所示。图 6.7(a) 表明混合粒子群算法与伪群交叉算法都能很好的反演细金属柱体的位置分布,图 6.7(b) 说明混合粒子群算法比伪群交叉算法具有更快的收敛速度,且具有更高的收敛精度。

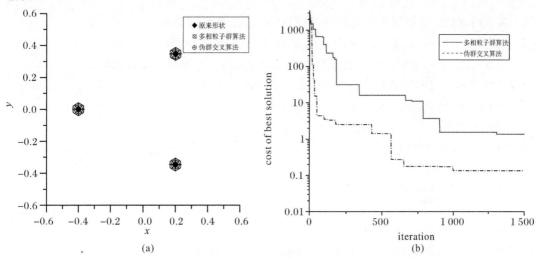

图 6.7　分布在半径为 0.2 的圆周上的三根细金属柱体的成像结果

(a) 成像结果;(b) 收敛特性曲线

【算例 6.7】　为了验证混合粒子群算法的在随机噪声干扰下的成像能力,对模型为菱形分布的 4 根细金属柱体进行了仿真。4 根细金属柱体的中心坐标分别位于 $(2\lambda, 0)(1.5\lambda,$

$\pi)(2\lambda,\pi/2)(1.5\lambda,3\pi/2)$,优化变量中向径 r、幅角 ϕ 的变化范围分别为 $0 \leqslant r \leqslant 3\lambda, 0 \leqslant \phi \leqslant 7.0$,共 8 个变量进行优化,目标函数选取 J_1。设 $N^{\mathrm{inci}} = 36$,入射角均匀分布于 $360°$ 圆周上,两两间隔 $10°$,选择 $0°,90°,180°,270°$ 作为正问题的计算点,并且在这些点作为帕德展开式基点,其中 L 和 P 都取为 2。散射场的测量数据通过求解正问题模拟生成。采用混合粒子群算法分别对无噪声干扰、5% 白噪声干扰和 10% 白噪声干扰的"测量数据"进行反演,成像结果如图 6.8 所示,仿真结果表明:混合粒子群算法能承受不低于 5% 随机白噪声干扰,具有较强的抗随机噪声干扰的能力。

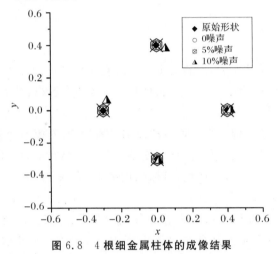

图 6.8 4 根细金属柱体的成像结果

参 考 文 献

[1] 黄卡玛,赵翔.电磁场中的逆问题及应用[M].北京:科学出版社,2005.

[2] 肖庭延,于慎根,王彦飞.反问题的数值解法[M].北京:科学出版社,2003.

[3] 王彦飞.反演问题的计算方法及其应用[M].北京:高等教育出版社,2007.

[4] CAORSI S, DONELLI M, MASSA A. Detection, location, and imaging of multiple scatterers by means of the iterative multiscaling method[J]. IEEE Trans Microw Theory Tech,2004,52(4):1217 - 1228.

[5] COLTON D,KREES R. Inverse acoustics and electromagnetic scattering theory[M]. Berlin,Germany:Springer-Verlag,1992.

[6] JOACHIMOWICZ N,PICHOT C,HUGONIN J P. Inverse scattering:An iterative numerical method for electromagnetic imaging[J]. IEEE Trans Antennas Propagat, 1991(39):1741 - 1751.

[7] 钟卫军,童创明,黄国荣,等.线性分布的细金属柱体成像[J].上海航天,2009(5):24 - 27.

[8] 钟卫军,童创明,吕丹,等.基于伪群交叉算法的细金属柱体目标识别[J].系统工程与电子技术,2009,31(6):1328 - 1333.

第 2 篇　复杂环境中目标成像技术

第7章 雷达近场成像算法

雷达近场成像技术[1-6]在地层探测、城市建设、生命救援、反恐作战等领域中的应用越来越广泛,引起了更为广泛的关注。由于缺乏对于各种脉冲激励下、复杂背景条件下的不同目标的散射机理的有效性分析,以及天线近场电磁场分布的复杂性、辐射源脉冲的宽频带特性、背景介质和目标的随机性等因素的制约,近场目标的成像处理十分困难。本章在时域有限差分法[7]的基础上,将研究雷达近场的成像问题。

7.1 雷达近场成像模型分析

7.1.1 雷达近场成像测量模型

在雷达近场成像中,可采用多种回波测量模型[6],常用的测量模型有单发单收"go-stop"测量模型、单发单收共中心点测量模型、单发多收测量模型、多发多收测量模型等,如图7.1所示。

(1)单发单收"go-stop"测量模型。收发天线之间的间隔固定,如图7.1(a)所示,天线对沿某一直线等间隔进行测量,这一测量模型类似于SAR的测量模型,区别在于这里采用的是收发天线对进行测量,而SAR一般采用单站测量。

(2)单发单收共中心点测量模型。雷达系统采用收发分置天线,如图7.1(b)所示,测量时收发天线分别向两边等距移动并进行测量,因为每次收发天线移动对应相同的中心位置,所以称为共中心点测量。

(3)单发多收测量模型。发射天线只有一个,而接收天线是一组阵列,可以是线阵列,也可以是面阵列,如图7.1(c)所示,这种系统适于进行快速的大面积测量及实时的成像探测。

(4)多发多收测量模型。发射天线和接收天线都是一组阵列,可以是线阵列,也可以是面阵列,如图7.1(d)所示,如果天线孔径长度、阵列间隔以及发射频率等设计恰当,对录取数据处理,就可以形成三维可视化图像。

本书要对空间中的三维目标进行成像研究,为获得更为清晰的三维可视化图像,需要更多的采样数据,因而采用多发多收测量模型,即发射天线和接收天线都是一组面阵列,采用数据后对采样数据进行处理,形成三维可视化图像。

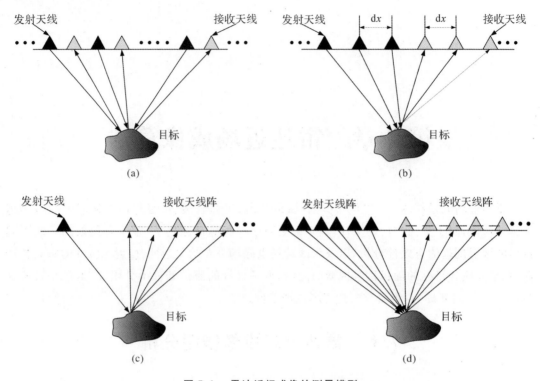

图 7.1　雷达近场成像的测量模型

(a) 单发单收测量模型;(b) 单发单收共中心点测量模型;(c) 单发多收测量模型;(d) 多发多收测量模型

7.1.2　多目标成像模型耦合作用分析

物体在天线发射的电磁波照射下向空间各个方向散射能量,天线通过接收并分析散射回波中含有特征信息来探测和识别目标的。从感应的观点来看,散射回波来自于物体表面感应电流、磁流的二次辐射,因而可以通过分析物体表面感应电流、磁流的差别来分析近场成像和远场成像的关系[6]。

如图 7.2 所示,图 7.2(a) 中的三个目标处于天线的远场,图 7.2(b) 中的三个目标处于天线的近场,入射波将在目标表面产生感应电流、磁流。考虑单次散射(回波的主要部分),图 7.2(a) 中电磁波垂直照射到三个目标上入射波的波形形状保持稳定,虽然幅度和 r、θ 有关,但在远场区,这三个目标相对于天线的 r、θ 差别很小,因此产生的感应电流、磁流也将基本一样;图 7.2(b) 中电磁波照射到三个目标上的入射波的波形不仅形状不一样,而且幅度也有很大差异,因此产生的感应电流、磁流也将差别很大。考虑多次散射,图 7.2(a) 中的三个目标虽然相互处于彼此感应电流、磁流的近场区,但是此时天线处于感应电流、磁流的远场区,雷达和目标间的相互总用很弱,此时雷达接收信号只包含目标的一次反射和目标之间的多次散射;图 7.2(b) 中相互处于彼此感应电流、磁流的近场区,而此时天线也处于感应电流、磁流的近场区,天线和目标间的相互作用不可忽略,此时天线的接收信号较为复杂。

为了更好地研究目标与电磁波的相互作用关系,需要采用电磁数值计算方法(本书采用间接 Z 变换时域有限差分法)进行电磁建模,仿真不同电磁波照射目标的回波特性,从而分析目标的电磁散射特性,并改进成像算法。

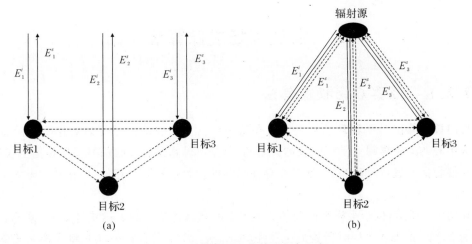

图 7.2　目标位于天线的近场与远场

（a）目标位于天线的远场；（b）目标位于天线的近场

7.1.3　雷达近场成像的 ZFDTD 全波仿真模型

电磁波在目标表面的散射非常复杂，由于目标尺寸与雷达的部分电波频段对应波长接近，还会有谐振现象，因此要计算目标的散射场是一件十分困难的工作，要进行逆问题的求解就更加复杂。根据上一节中对散射模型的近远场分析，雷达近场成像中的目标不能等效为一个个独立的散射点的集合，且需要考虑目标间的耦合，目标的散射特征函数不能表示为入射信号的线性函数。因此，本书建立如图 7.3 所示的雷达近场成像的 ZFDTD 全波仿真模型。

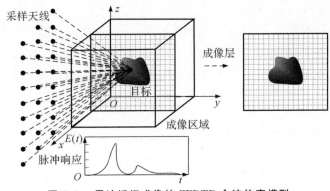

图 7.3　雷达近场成像的 ZFDTD 全波仿真模型

测量模型采用多发多收测量模型，即采样天线同时也是接收天线。测量数据的获得可以采用两种方法：一是将采样天线置于吸收边界和总场、散射场边界之间，此时采样天线采样的数据直接是目标的散射场；二是将采样天线置于总场区，采用两次测量回波相减的方法获取目标的散射回波，第一次测量无目标时的散射回波，第二次测量有目标时的回波，将两次测量数据相减，就得到目标的散射回波。对于自由空间中的目标的成像问题，直接采用第一种方法获得测量数据；而对于隐蔽目标的成像问题，需要减弱环境（墙体、地面等）对成像结果的影响，采取第二种方法获得测量数据。

7.2 雷达近场成像算法介绍

7.2.1 经典后向投影算法

后向投影算法[8]的物理意义是天线在某一位置上接收的信号可以看作所有沿着以该位置为中心的等距离圆上所有回波的矢量和,其基本思路是将接收信号反向传播至成像区,通过对接收信号进行时延补偿,使得在存在目标的位置信号同相相加,而在其他位置信号相互抵消。

如图 7.3 所示,位于采样平面上的天线发射时域脉冲信号的表达式为 $p(t)$,系统总采样点数为 L,第 l 次天线采样时所处的位置为 $O(x_l, y_l, z_l)(l = 1, 2, \cdots, L)$。将成像区域离散,$x$ 轴向离散数目为 N,y 轴向离散的数目为 M,z 轴向离散的数目为 P,则成像区域中共有 $N \times M \times P$ 个点。设成像区域中离散点坐标可为 $O'(x_n, y_m, z_p)(n = 1, 2, \cdots, N; m = 1, 2, \cdots, M; p = 1, 2, \cdots, P)$,且该离散点上反射系数为 σ_{nmp},则第 l 个采样点处接收的回波信号为

$$u(l, t) = \sum_{n=1}^{N} \sum_{m=1}^{M} \sum_{p=1}^{P} \sigma_{nmp} p(t - \tau_{l,nmp}) \tag{7.1}$$

式中:$\tau_{l,nmp}$ 为天线在 $O(x_l, y_l, z_l)$ 点到 $O'(x_n, y_m, z_p)$ 的回波延迟,可表述为

$$\tau_{l,nmp} = \frac{2R_{l,nmp}}{c} \tag{7.2}$$

式中:c 为真空中的光速;$R_{l,nmp}$ 为第 l 个采样位置 $O(x_l, y_l, z_l)$ 到成像区域离散点 $O'(x_n, y_m, z_p)$ 的距离:

$$R_{l,nmp} = \sqrt{(x_l - x_n)^2 + (y_l - y_m)^2 + (z_l - z_p)^2} \tag{7.3}$$

根据采样点目标回波 $u(l, t)$ 与位置 $O(x_l, y_l, z_l)$,及成像区域离散点坐标 $O'(x_n, y_m, z_p)$ 来求取各离散点散射系数 σ_{nmp}。后向投影成像算法的处理方法是后向投影叠加,可用公式表示为

$$\sigma_{nmp}(x_n, y_m, z_p) = \sum_{l=1}^{L} u(l, \tau_{l,nmp})$$
$$= \sum_{l=1}^{L} u\left[l, \frac{2\sqrt{(x_l - x_n)^2 + (y_l - y_m)^2 + (z_l - z_p)^2}}{c} \right] \tag{7.4}$$

式中:$u(l, T)$ 为第 l 个采样点在 T 时刻的采样数据点。

由于在实际的成像过程中由于 T 与采样点时延重合的可能性很小,式(7.4)中的求和必须采用插值方法来完成。设数据采样间隔为 Δt,且令 $\tau_{l,nmp} = (k + \xi)\Delta t$,其中 $0 \leqslant \xi < 1$,采用线性插值方法,式(7.4)可写为

$$\sigma_{nmp}(x_n, y_m, z_p) = \sum_{l=1}^{L} u(l, \tau_{l,nmp})$$
$$= \sum_{l=1}^{L} \{(1 - \xi) \cdot u(l, k\Delta t) + \xi \cdot u[l, (k+1)\Delta t]\} \tag{7.5}$$

根据式(7.5)就可对目标进行成像。

令 $\sigma_{\max}$ 为 σ_{nmp} 的最大值，$\sigma_{\min}$ 为 σ_{nmp} 的最大值，则 σ_{nmp} 归一化表达式为

$$\sigma'_{nmp} = \frac{\sigma_{nmp} - \sigma_{\min}}{\sigma_{\max} - \sigma_{\min}} \tag{7.6}$$

1. 成像数据的显示

由于后向投影算法成像结果是四维数据(x, y, z, σ_{ijk})，对于切面成像显示，可以采用通常的图形显示方法进行显示，但对所有切面进行成像显示，不能采用常用的图形显示方法进行显示，本书采用自定义的颜色映像表示归一化后的 σ_{ijk}。

采用 RGB 色系来处理图形颜色。对于位于(x_i, y_j, z_k)的像素 σ_{ijk}，令 RGB = σ_{ijk}，则 R、G、B 三色的计算过程如图 7.4 所示。

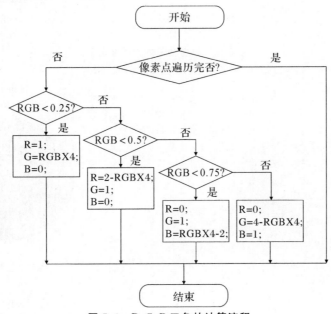

图 7.4　R、G、B 三色的计算流程

2. 后向投影算法成像的有效性验证

根据上述 BP 算法，对自由空间中的球类目标进行了成像仿真，入射波方向为正 x 方向，入射脉冲为高斯脉冲，即

$$E_i(t) = \exp\left[-\frac{4\pi (t - t_0)^2}{\tau^2}\right] \tag{7.7}$$

式中：τ 为常数，决定了高斯脉冲的宽度；t_0 为脉冲的时延。

【算例 7.1】　金属、介质球的成像。对于金属球，成像区域位于$[-400, 400] \times [-400,$ $400] \times [-400, 400]$ mm³ 范围内，时间步长为 $\Delta t = 7.937$ ps，高斯脉冲的特征参数 $\tau = 35\Delta t, t_0 = 4\tau$；对于相对介电参数 $\varepsilon_r = 9$ 的介质球，成像区域位于$[-150, 150] \times [-150, 150] \times$ $[-150, 150]$ mm³ 范围内，时间步长为 $\Delta t = 3.264$ ns，高斯脉冲的特征参数 $\tau = 25\Delta t, t_0 =$ 4τ。图 7.5、图 7.6 为采用 BP 算法分别对金属球体和介质球体的成像结果。成像结果表明 BP 算法能对自由空间中的金属球、介质球进行准确成像，且从成像结果中可以得到目标的具体

位置信息及目标基本的外部形状特性。

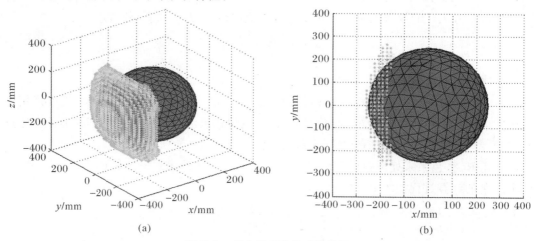

(a)

(b)

图 7.5　单金属球体的成像结果

(a) 三维成像结果；(b) 二维投影图

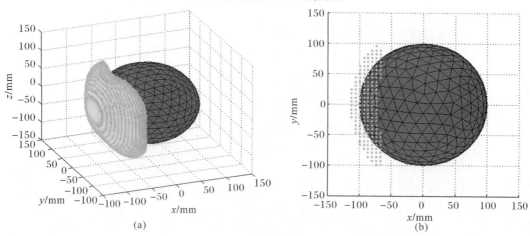

(a)

(b)

图 7.6　$\varepsilon_r \neq 1$ 单介质球体的成像结果

(a) 三维成像结果；(b) 二维投影图

3. 目标间耦合作用对成像的影响

为分析耦合作用对成像的影响,采用 BP 算法对自由空间中多柱体、多球体进行成像分析,采用高斯脉冲作为激励源。

【算例 7.2】　多金属柱体的成像问题。对于双金属柱体,待成像目标的圆心分别位于 $(-15\ \text{mm}, -15\ \text{mm})$ 和 $(15\ \text{mm}, 15\ \text{mm})$ 处,半径 $R = 2.5\ \text{mm}$,成像区域位于 $[-40, 40] \times [-40, 40]\ \text{mm}^2$ 范围内,时间步长为 $\Delta t = 7.937\ \text{ps}$,高斯脉冲的特征参数 $\tau = 35\Delta t, t_0 = 4\tau$;对于三金属柱体,待成像目标的圆心分别位于 $(-15\ \text{mm}, -15\ \text{mm})(0, 0)(15\ \text{mm}, 15\ \text{mm})$ 处,半径 $R = 2.5\ \text{mm}$,其他设置同双金属柱体目标成像的仿真设置相同。图 7.7 为双金属柱体的成像结果,由于双金属柱体间的耦合作用,造成采用后向投影算法的成像结果质量变差、不易识别,只能近似的判别目标的位置及数量;图 7.8 为三金属柱体的成像结果,随着目标间耦合作用的增强,已经不能正确地识别目标,不能判别目标的位置和目标个数。

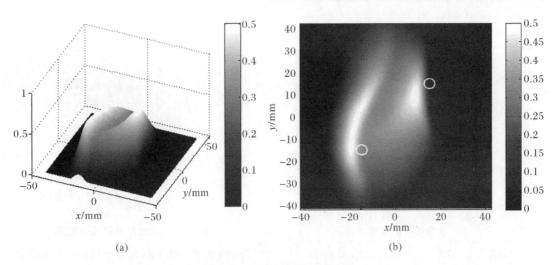

(a)   (b)

图 7.7 双金属柱的成像结果

(a) 三维成像结果；(b) 二维投影图

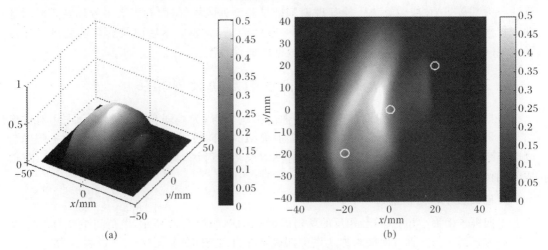

(a)   (b)

图 7.8 三金属柱的成像结果

(a) 三维成像结果；(b) 二维投影图

【算例 7.3】 多金属球体的成像问题。对于双金属球体，待成像目标的球心分别位于 $(-150\ mm, -150\ mm, -150\ mm)$ 和 $(150\ mm, 150\ mm, 150\ mm)$ 处，半径 $R = 150\ mm$，成像区域位于 $[-400, 400] \times [-400, 400] \times [-400, 400]\ mm^3$ 范围内，时间步长为 $\Delta t = 7.937ps$，高斯脉冲的特征参数 $\tau = 35\Delta t, t_0 = 4\tau$；对于三金属柱体目标，待成像目标球心分别位于 $(-200\ mm, -200\ mm, -200\ mm)(0, 0, 0)(200\ mm, 200\ mm, 200\ mm)$ 处，半径 $R = 50\ mm$，其他设置同双金属球体目标成像的仿真设置相同。图 7.9 为双金属球体的成像结果，与双金属柱体的成像相同，由于目标间的耦合作用，造成采用 BP 算法的成像结果质量变差、不易识别；图 7.10 为三金属球体的成像结果，随着目标间耦合作用的增强，已经不能正确地识别目标，三球体的成像结果混为一团，不能分辨目标的个数及位置信息。

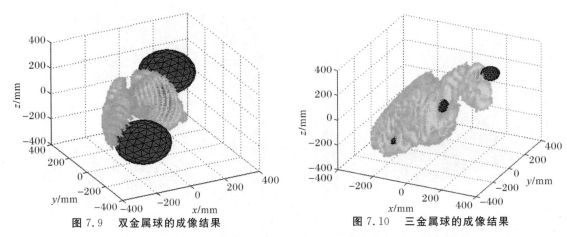

图 7.9　双金属球的成像结果　　　　图 7.10　三金属球的成像结果

算例 7.2、算例 7.3 的仿真结果表明：对于多目标的成像，由于目标间的耦合作用使得 BP 算法的成像结果变差，且当成像区域内目标个数增加时，各个目标间的耦合也加大，最终的成像图像并不能很清楚地分辨出各个目标的位置或根本不能成出正确的像。这是因为 BP 算法与大部分 SAR 成像算法一样其理论基础是基于远区场的，而对于大多数超宽带时域脉冲成像来说采样所得到的数据是不满足这一条件的。因而要应用后向投影算法处理雷达近场成像问题时，则必须采用一种基于近场数据的成像模型。

7.2.2　基于电四极子辐射模型的后向投影算法

根据 7.2.1 节中目标间耦合作用对成像的影响分析，为减弱目标间的耦合作用对成像结果的影响，本章提出一种基于电四极子辐射模型的后向投影算法，将采样所得数据等同为电四极矩所产生的标位，根据电四极子辐射模型求得辐射场，再反向投影到成像区域，获得成像图像。

1. 电四极子辐射模型

电四极子由大小相等、符号相反的两对电荷 q 组成，如图 7.11 所示，电荷间距离为 $\mathrm{d}l/2$，场点方向为 r，且 r 与 z 轴方向夹角为 θ，则电四极子在自由空间的辐射场[9] 可以表示为

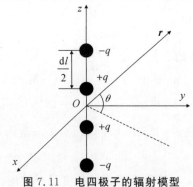

图 7.11　电四极子的辐射模型

$$\boldsymbol{E}_{eQ} = -\nabla\phi_{eQ} - \mathrm{j}\omega\boldsymbol{A}_{eQ} = -\frac{1}{\varepsilon}\left[\nabla(\bar{\bar{\boldsymbol{Q}}} : \nabla\nabla G) + k^2\bar{\bar{\boldsymbol{Q}}} \cdot \nabla G\right] \tag{7.8}$$

$$\boldsymbol{H}_{eQ} = -\frac{1}{\mu}\nabla\times\boldsymbol{A}_{eQ} = -\mathrm{j}\omega\left[\nabla\times(\bar{\bar{\boldsymbol{Q}}} \cdot \nabla G)\right] \tag{7.9}$$

其中：

$$G = \frac{\mathrm{e}^{-\mathrm{j}kr}}{4\pi r} \tag{7.10}$$

$$\overline{\overline{Q}} = \boldsymbol{e}_r \boldsymbol{e}_r Q_{rr} + \boldsymbol{e}_r \boldsymbol{e}_\theta Q_{r\theta} + \boldsymbol{e}_r \boldsymbol{e}_\phi Q_{r\phi} + \boldsymbol{e}_\theta \boldsymbol{e}_r Q_{\theta r} + \boldsymbol{e}_\theta \boldsymbol{e}_\theta Q_{\theta\theta} + \boldsymbol{e}_\theta \boldsymbol{e}_\phi Q_{\theta\phi}$$
$$+ \boldsymbol{e}_\phi \boldsymbol{e}_r Q_{\phi r} + \boldsymbol{e}_\phi \boldsymbol{e}_\theta Q_{\phi\theta} + \boldsymbol{e}_\phi \boldsymbol{e}_\phi Q_{\phi\phi} \tag{7.11}$$

若令

$$f = \left(-\mathrm{j}k - \frac{1}{r}\right)G \tag{7.12}$$

则电四极子辐射的磁场为

$$(H_r)_{,Q} = -\mathrm{j}\omega \left[\frac{\partial}{\partial\theta}(Q_{\phi r}\sin\theta - \frac{\partial}{\partial\phi}Q_{\theta r})\right]\frac{f}{r\sin\theta} \tag{7.13}$$

$$(H_\theta)_{,Q} = -\mathrm{j}\omega \left[\frac{f}{r\sin\theta}\frac{\partial}{\partial\phi}Q_{rr} - Q_{\phi r}\frac{1}{r}\frac{\partial}{\partial r}(rf)\right] \tag{7.14}$$

$$(H_\phi)_{,Q} = -\mathrm{j}\omega \left[Q_{\theta r}\frac{1}{r}\frac{\partial}{\partial r}(rf) - \frac{f}{r}\frac{\partial}{\partial\theta}Q_{rr}\right] \tag{7.15}$$

同理可得电四极子辐射电场的表达式。

2. 基于电四极子辐射模型后向投影算法的有效性验证

为验证基于电四极子辐射模型的后向投影算法对多目标成像的有效性，分别对自由空间中多圆柱、多球的成像问题进行仿真。

【算例 7.4】 对于多金属柱体、球体类目标，入射波方向为正 $\tau = 25\Delta t$ 方向，入射脉冲为高斯脉冲，采样数据为信号的幅度形式，其他参数设置同算例 7.2、算例 7.3 的参数设置，成像结果如图 7.12 ~ 图 7.15 所示。仿真结果表明：基于电四极子辐射模型的后向投影算法的改进效果比较明显，能够清晰地分辨出空间中目标的数量和基本位置，这是基于电四极子辐射模型的后向投影算法是基于近场成像模型，考虑了耦合作用对成像结果的影响，因而无论是对空间中的多柱体目标进行成像，还是对空间的多球体目标进行成像，都可以明显地分辨出有目标位于成像区域中，通过所成图像幅值的大小，进而可以基本的确定出柱体所在的位置，目标间耦合作用对成像结果的影响得到大幅度的减弱，但是成像略显模糊，存在分叉，成像的幅度中心有偏移，需要进一步的进行改进。

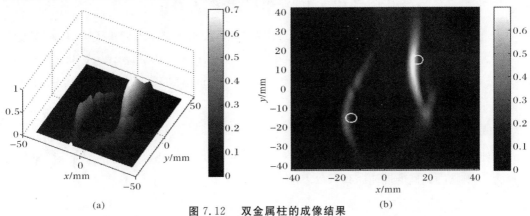

(a)　　　　　　　　　　　　　　　　(b)

图 7.12　双金属柱的成像结果

(a) 三维成像结果；(b) 二维投影图

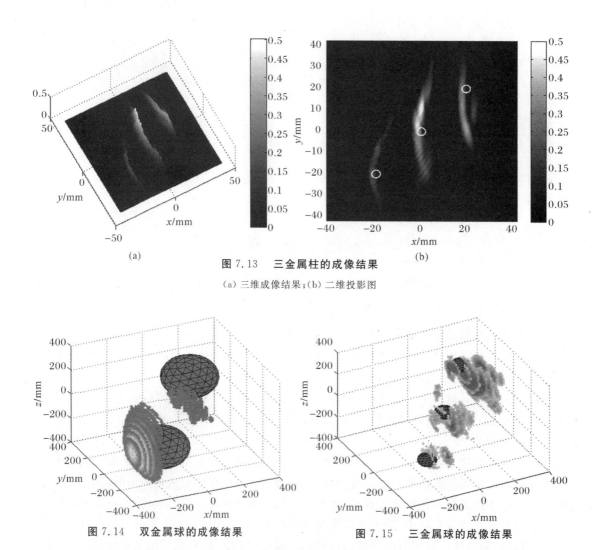

图 7.13　三金属柱的成像结果

(a) 三维成像结果；(b) 二维投影图

图 7.14　双金属球的成像结果

图 7.15　三金属球的成像结果

7.2.3　混沌信号应用于改进后向投影算法

为进一步减弱目标间耦合作用对成像结果的影响，提出了基于电四极子辐射理论、混沌信号作为激励源的改进后向投影算法（Modified Back Projection Algorithm Based on the Electric Quadrupole Radiation Theory and Chaotic Signal，BPQC），应用于多目标的成像实验。

1. 混沌信号的产生

混沌信号为混沌幅度调制高斯脉冲序列，即脉冲幅度由 Chebyshev 混沌调制，混沌参数选择为 4，则脉冲调制的混沌序列可以表示为

$$s(t) = \sum_{n=0}^{N-1} c_n E_i(t - n\tau) \tag{7.16}$$

式中:c_n 为混沌序列;N 为最大迭代时间步。调制后的混沌信号波形如图 7.16 所示。

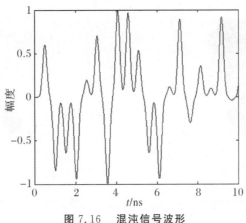

图 7.16　混沌信号波形

2. BPQC 的有效性验证

为验证基于电四极子辐射理论、混沌信号作为激励源的改进后向投影算法(BPQC)对多目标成像的有效性,分别对自由空间中多圆柱、多球的成像问题进行仿真。

【算例 7.5】　对于多金属柱体、球体类目标,入射波为混沌信号,方向为正 x 方向,采样数据为信号的能量形式,其他参数设置同算例 7.2、算例 7.3 的参数设置,成像结果如图 7.17 ~ 图 7.20 所示。仿真结果表明:激励源改为混沌信号后,基于电四极子辐射模型的改进后向投影算法成像后的改进效果非常明显,能够清晰地分辨出空间中目标的数量和基本位置,图像中没有分叉现象,不会造成误判,而且无论是对空间中的多柱体目标进行成像,还是对空间的多球体目标进行成像,都可以明显地分辨出有目标位于成像区域中,通过所成图像幅值的大小,进而可以准确地确定出柱体所在的位置,目标间耦合作用对成像结果的影响得到大幅度的减弱,但是成像清晰,可以明显地分辨出成像区域中目标的数量,通过所成图像幅值的大小,进而可以准确地确定出柱体所在的位置。

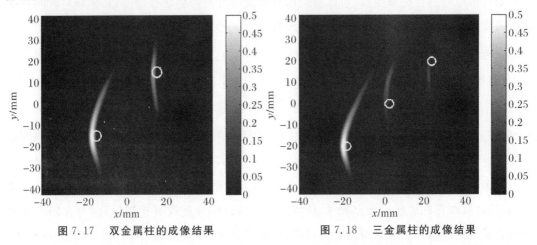

图 7.17　双金属柱的成像结果　　　　图 7.18　三金属柱的成像结果

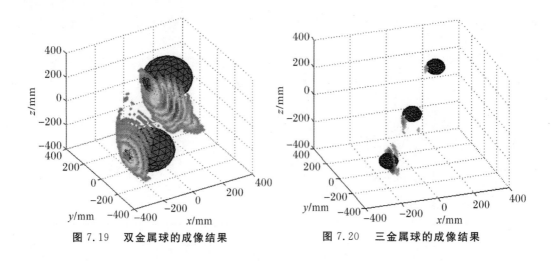

图 7.19　双金属球的成像结果　　　图 7.20　三金属球的成像结果

7.2.4　色散介质的电磁成像

在实际的各种成像研究中,由于目标本身可能是色散介质,因此在成像过程中必须考虑到色散介质本身的一些特性,一般的成像算法不能应用于针对色散介质的成像问题。本节应用时频分析中解析信号理论对采样信号进行进一步地处理,并应用于色散介质的电磁成像中。

1. 解析信号

实际测量中所得到的信号,大多是实信号。在进行时频分析之前,一般需要根据实信号 $x(t)$ 采用希尔伯特(Hilbert)变换定义一个与实信号相关的复信号 $z(t)$:

$$z(t) = x(t) + \mathrm{j} H_\mathrm{T}[x(t)] \tag{7.17}$$

式中: $H_\mathrm{T}[x(t)]$ 就是实信号 $x(t)$ 的希尔伯特变换。希尔伯特变换定义为

$$H_\mathrm{T}[x(t)] = \lim_{\delta \to 0} \left[\int_{-\infty}^{-\delta} \frac{x(t-u)}{u} \mathrm{d}u + \int_{\delta}^{+\infty} \frac{x(t-u)}{u} \mathrm{d}u \right] \tag{7.18}$$

对解析信号进行时频变换,可以得到信号能量的时间频率联合密度,在频域对时间频率联合密度进行积分,得到信号能量的时域函数。

2. 色散介质成像的有效性验证

【算例 7.6】　色散介质球的成像。对于色散介质球半径 $r = 100$ mm,入射波的方向为正 x 方向,且采样平面垂直于入射波方向。参数采用二阶 Debye 模型,其中 $\varepsilon_\mathrm{s} = 28, \varepsilon_\infty = 4, t_0 = 6.9$ ps, $\sigma = 0.014$ s/m,成像区域位于 $[-100, 100] \times [-100, 100] \times [-100, 100]$ mm³ 范围内,时间步长为 $\Delta t = 0.003\,264$ ns,高斯脉冲的特征参数 $\tau = 25\Delta t, t_0 = 4\tau$,成像结果如图 7.21 所示。

由图 7.21 中的成像结果可以看出:BPQC 对未处理采样信号的成像结果不能正确地分辨出目标,且在目标的前后都出现像,且像的形状同目标外形没有相似处;而对变换后采样信号进行成像的结果能清晰地分辨出目标,且通过成像结果能够基本判明目标的具体形状。

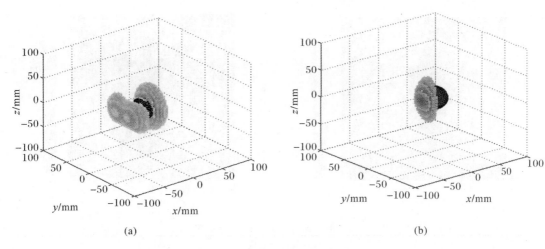

(a) (b)

图 7.21   色散介质球的成像结果

(a) 采样信号未处理;(b) 采样信号变换后

7.3   目标近场成像的影响因素分析

7.3.1   目标结构对成像的影响

电磁波照射的目标表面(照射面)主要以三种形式存在,如图 7.22 所示,即凸面、凹面、平面。因此对不同照射面进行成像分析能更进一步了解目标成像。后向投影算法及其改进算法是基于目标反射信号反向投影到成像区域,因而采样信号的波前对成像结果的影响很大,而影响采样信号波前最重要的因素是照射面的几何特性,与阴影面的关系不大。

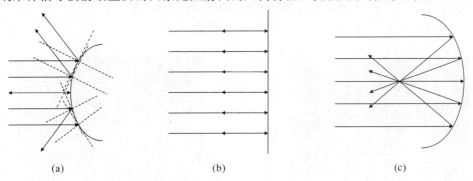

(a) (b) (c)

图 7.22   不同照射面的电磁波反射

(a) 照射面为凸面;(b) 照射面为平面图;(c) 照射面为凹面

根据上述分析,以下分别采用 BP 和 BPQC 对空气中照射面分别为凸面、平面、凹面的目标的成像问题进行仿真验证。

【算例 7.7】   不同形状照射面的成像。对于照射面不同的金属柱体的成像仿真,成像截面区域位于 $[-40,40] \times [-40,40]$ mm^2 范围内,时间步长为 $\Delta t = 0.796$ ps,高斯脉冲的特征参数 $\tau = 35\Delta t, t_0 = 4\tau$,成像结果如图 7.23 ~ 图 7.27 所示。

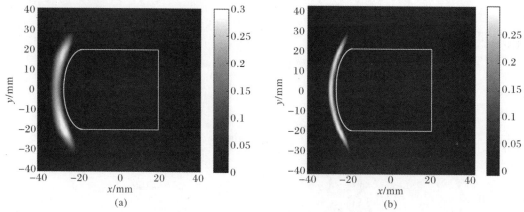

图 7.23　照射面为凸面目标 1 的成像结果
（a）BP；（b）BPQC

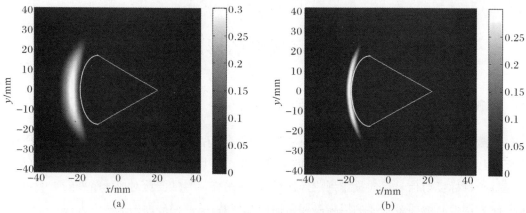

图 7.24　照射面为凸面目标 2 的成像结果
（a）BP；（b）BPQC

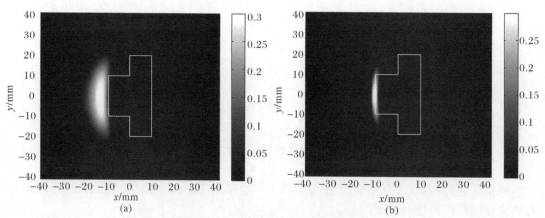

图 7.25　T 字形金属柱体 1 的成像结果
（a）BP；（b）BPQC

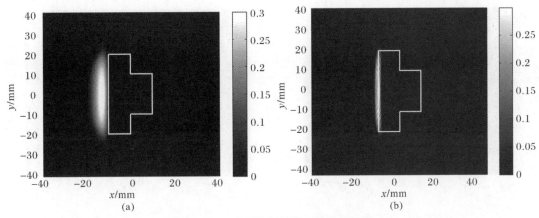

图 7.26　T 字形金属柱体 2 的成像结果
(a)BP；(b)BPQC

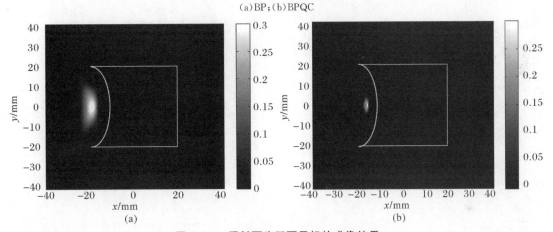

图 7.27　照射面为凹面目标的成像结果
(a)BP；(b)BPQC

　　从图 7.23～图 7.26 的仿真结果可以看出：对于照射面为凸面、平面的目标，无论是 BP 还是 BPQC 都能对目标进行准确成像，且阴影面的结构对成像结果的影响很小，可以忽略，且 BPQC 对于表现照射面的外形特性优于传统的 BP 算法；从图 7.27 的仿真结果可以看出，对于照射面为凹面的目标，BP 和 BPQC 都难以精确的描述目标照射面的形状特性，只能近似的知道目标的基本位置，不能对目标进行有效成像，这是因为对于照射面为凹面的目标，照射面上的反射波在凹面的焦点处形成一个强散射点，这就等效于接收天线的接收信号是由该焦点处发射出，因而采用 BP 和 BPQC 算法的成像结果只能判断凹面焦点的位置，不能对凹面形状进行成像。

7.3.2　噪声干扰对成像的影响

　　【算例 7.8】　噪声分析。为分析 BPQC 算法的抗噪声干扰能力，考虑噪声对成像结果的影响，对典型体目标（金属柱体）进行仿真成像。对于单金属柱体，目标截面的圆心分别位于 $(0,0)$，半径 $R=0.5$ m，成像区域位于 $[-2,2]\times[-2,2]$ m^2 范围内，时间步长为 $\Delta t=7.937$ ps，高斯脉冲的特征参数 $\tau=35\Delta t,t_0=4\tau$，成像结果如图 7.28 所示。

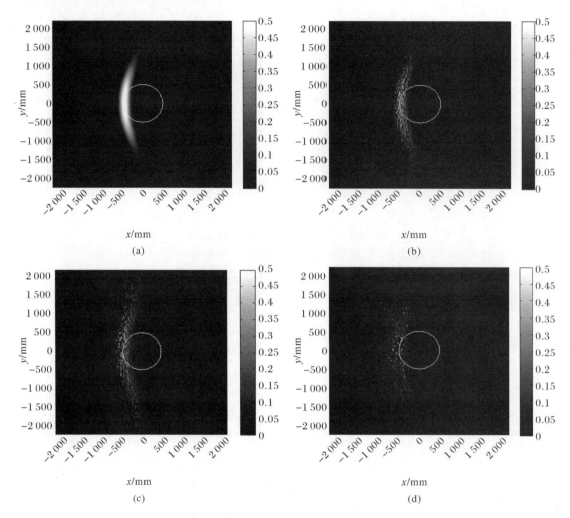

图7.28　单金属柱体成像

（a）无噪声；（b）5％高斯白噪声；（c）10％高斯白噪声；（d）20％高斯白噪声

成像结果表明：对于无噪声采样数据，BPQC能准确判明目标的数量及位置，且能基本判定目标的形状；对于加入5％高斯白噪声后的采样数据，成像结果变差，但是仍能清楚地分辨出目标，随着噪声的增强，成像效果逐渐变差，在高斯白噪声达到20％后，已经不能正确地识别目标。

7.4　目标−环境近场复合散射的逆合成孔经雷达成像仿真与实验

7.4.1　逆合成孔经雷达成像理论

逆合成孔经雷达（Inverse Synthetic Aperture Radar，ISAR）的基本原理是对运动目标在距离多普勒域成像。ISAR图像分为距离向和方位向，雷达观测目标的视线方向就是距离向，方位向就是垂直于目标视线（距离向）的方向。ISAR像包含了目标散射中心的分布信息,因而常用于识别领域。二维 ISAR 像的重建就是基于目标在不同视线角下的散射场,再进行多普勒处理得到的。

假定目标由 N 个散射点组成,每个散射点位于 x_n 处,则在远场近似条件下,目标的散射场可以表示为

$$E^s(k) \approx \sum_{n=1}^{N} A_n e^{-j2kx_n} \tag{7.19}$$

式中: A_n 是 x_n 处散射点的后向散射强度; k 是波数。设定成像场景的相位中心位于坐标原点,则对式(7.19)做一维逆傅里叶变换即可得到目标的距离像为

$$
\begin{aligned}
E^s(x) &= F^{-1}[E^s(k)] = \int_{-\infty}^{+\infty} \Big[\sum_{n=1}^{N} A_n \exp(-j2kx_n) \Big] \exp(j2kx) \, dk \\
&= \sum_{n=1}^{N} A_n \int_{-\infty}^{+\infty} \exp[j2k(x-x_n)] \, dk
\end{aligned}
\tag{7.20}
$$

式中对频率的无穷大积分线难以实际操作,因而将需要重新限制 k 的积分范围,将式(7.20)改写为

$$
\begin{aligned}
E^s(x) &= \sum_{n=1}^{N} A_n \int_{-k_B/2}^{k_B/2} \exp[j2k(x-x_n)] \, dk \\
&= \sum_{n=1}^{N} A_n \frac{\exp[j2k_B(x-x_n)] - \exp[-j2k_B(x-x_n)]}{2(x-x_n)} \\
&= jk_B \sum_{n=1}^{N} A_n \mathrm{sinc}[k_B(x-x_n)]
\end{aligned}
\tag{7.21}
$$

式中: $k_B = 2\pi B/c$, B 为信号带宽。又因为距离像分辨率满足 $k_B \delta_r = \pi$,因此可表示为

$$\delta_r = \frac{\pi}{k_B} = \frac{c}{2B} \tag{7.22}$$

即 ISAR 图像的距离向分辨率与采用的信号带宽成反比。距离像的获取需要采集目标不同频点下的散射信息,而方位像的重建则基于目标在不同视角下的回波信号。假定目标由 N 个散射点组成,每个散射点的坐标为 (x_n, y_n) , x_n 和 y_n 分别代表距离向和方位向坐标。在远场近似条件下,目标在不同观测角度下的散射电场可以表示为

$$
\begin{aligned}
E^s(\theta) &\approx \sum_{n=1}^{N} A_n \exp(-j2\boldsymbol{k} \cdot \boldsymbol{r}_n) \\
&= \sum_{n=1}^{N} A_n \exp(-j2k\cos\theta x_n) \exp(-j2k\sin\theta y_n)
\end{aligned}
\tag{7.23}
$$

式中: A_n 是 (x_n, y_n) 处散射点的后向散射强度; $\boldsymbol{r}_n$ 是目标几何中心到散射点的矢量; $\boldsymbol{k}$ 是相对入射方向的波数矢量。远场条件下,小转角时有近似 $\cos\theta \approx 1$, $\sin\theta \approx \theta$,此时式(7.23)可近似为

$$E^s(\theta) \approx \sum_{n=1}^{N} A_n \exp(-j2kx_n) \exp(-j2k\theta y_n) = \sum_{n=1}^{N} B_n \exp(-j2k\theta y_n) \tag{7.24}$$

对式(7.24)做一维逆傅里叶变换,即可得到 y_n 的分布为

$$
\begin{aligned}
E^s(y) &= F^{-1}[E^s(\theta)] = \int_{-\infty}^{+\infty} \Big[\sum_{n=1}^{N} B_n \exp(-j2k\theta y_n) \Big] \exp(j2k\theta y) \, d\theta \\
&= \sum_{n=1}^{N} B_n \int_{-\infty}^{+\infty} \exp[j2k\theta(y-y_n)] \, d\theta
\end{aligned}
\tag{7.25}
$$

又由于转角无穷大的不可操作性，需要对其加以限制。假定数据采集累计时间内，目标相对观测雷达转动的角度为 ψ，则有

$$
\begin{aligned}
E^s(y) &= \sum_{n=1}^{N} B_n \int_{-\psi/2}^{\psi/2} \exp[j2k\theta(y-y_n)]d\theta \\
&= \sum_{n=1}^{N} B_n \frac{\exp[j\psi k(y-y_n)] - \exp[-j\psi k(y-y_n)]}{2k(y-y_n)} \\
&= j\psi \sum_{n=1}^{N} B_n \mathrm{sinc}[\psi k(y-y_n)]
\end{aligned}
\tag{7.26}
$$

又因为距离像分辨率满足 $\psi k \delta_a = \pi$，因此可表示为

$$
\delta_a = \frac{\pi}{\psi k} = \frac{\lambda}{2\psi} \tag{7.27}
$$

即 ISAR 图像的方位向分辨率与成像累计时间内目标相对观测雷达转动的角度成反比。

重构目标的 ISAR 图像，则需要采集不同频率、不同视角下的散射场。假定目标由 N 个散射点 (x_n, y_n) 组成，以坐标原点为相位中心。在远场近似条件下，目标的散射电场可以表示为

$$
\begin{aligned}
E^s(k,\theta) &\approx \sum_{n=1}^{N} A_n \exp(-j2\boldsymbol{k}\cdot\boldsymbol{r}_n) \\
&= \sum_{n=1}^{N} A_n \exp(-j2k\cos\theta x_n)\exp(-j2k\sin\theta y_n)
\end{aligned}
\tag{7.28}
$$

对其做二维逆傅里叶变换以重构二维 ISAR，则有

$$
\begin{aligned}
E^s(x,y) &= F^{-2}[E^s(k,\theta)] \\
&= \sum_{n=1}^{N} A_n F^{-1}[\exp(-j2k\cos\theta x_n)]F^{-1}[\exp(-j2k\sin\theta y_n)] \\
&= \sum_{n=1}^{N} A_n \int_{-\infty}^{+\infty}\exp[j2k\cos\theta(x-x_n)]dk \int_{-\infty}^{+\infty}\exp[j2k\sin\theta(y-y_n)]d\theta
\end{aligned}
\tag{7.29}
$$

对于小转角小带宽情况，即 B 和 ψ 都比较小的条件下，有近似 $k \approx k_c = 2\pi/\lambda$，$\cos\theta \approx 1$，$\sin\theta \approx \theta$，则式（7.29）简化为

$$
\begin{aligned}
E^s(x,y) &= \sum_{n=1}^{N} A_n \int_{-\infty}^{+\infty}\exp[j2k_c(x-x_n)]dk \int_{-\infty}^{+\infty}\exp[j2k_c\theta(y-y_n)]d\theta \\
&= \sum_{n=1}^{N} A_n \delta(x-x_n, y-y_n)
\end{aligned}
\tag{7.30}
$$

式（7.30）即为二维 ISAR 图像重构的表达式。其距离向和方位向的分辨率分别为

$$
\begin{aligned}
\delta_r &= \pi/k_B = c/(2B) \\
\delta_a &= \pi/(\psi k_c) = \lambda_c/(2\psi)
\end{aligned}
\tag{7.31}
$$

7.4.2 海面目标 ISAR 成像仿真与试验

对某导弹目标进行 2D-ISAR 成像。该模型三维拓展长度分别长为 5.58 m、宽为 2.49 m 和高为 1.06 m。中心频率为 10 GHz 的电磁波从 $\theta_i = 45°$，$\phi_i = 45°$ 方向照射目标。设定成像场景中距离维和方位维的长度分别为 $X_{max} = 6$ m 和 $Y_{max} = 6$ m，分辨率分别为 $\delta_r = 0.15$ m

和 $\delta_a = 0.15$ m,则距离和方位向各需要的采样次数为 $N_r = X_{max}/\delta_r = 40, N_a = Y_{max}/\delta_a = 40$。工作带宽 $B = c/(2\delta_r) = 1$ GHz,转角 $\Psi = \lambda_c/(2\delta_a) \approx 5.73°$。加窗滤波后得到两种极化下的导弹形目标 ISAR 像如图 7.29 所示。

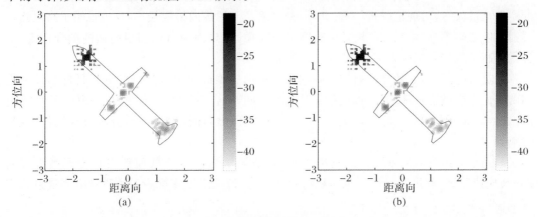

图 7.29　某导弹形目标的 ISAR 像

(a)HH 极化;(b)VV 极化

由于目标弹头是球面结构,因此发生了较强的垂直镜面反射,弹翼和尾翼的平面结构和棱边绕射也有较强的散射产生,但弱于弹头的散射。下面仿真掠海目标的 ISAR 像,讨论多径对 ISAR 成像的影响。目标模型与上述相同,距海面高度 3 m。海面上方风速 3 m/s,风向为 0°。中心频率为 10 GHz 的电磁波从 $\theta_i = 45°$,$\phi_i = 0°$ 方向照射目标。设定成像场景中距离维和方位维的长度分别为 $X_{max} = 18$ m 和 $Y_{max} = 6$ m,分辨率分别为 $\delta_r = 0.15$ m 和 $\delta_a = 0.2$ m,则距离和方位向各需要的采样次数为 $N_r = X_{max}/\delta_r = 120, N_a = Y_{max}/\delta_a = 30$。工作带宽 $B = c/(2\delta_r) = 1$ GHz,转角 $\psi = \lambda_c/(2\delta_a) \approx 4.30°$。加窗滤波后得到掠海目标 ISAR 成像如图 7.30 所示。

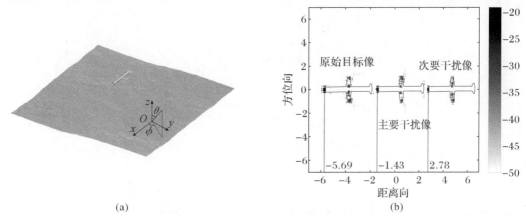

图 7.30　掠海某导弹形目标的 ISAR 像

(a) 掠海目标几何模型;(b) 掠海目标 ISAR 像

图 7.30(b) 中除了原始的目标像外,还有两个干扰像。可以看到,相对于来自目标直接散射的像,来自经海面反射后散射回波的像会产生一个位移,这主要是因为各条路径传播距离的不同导致的。图 7.30(b) 中来自弹头的三个强散射点的坐标分别为 -5.69 m、-1.43 m

和 2.78 m,相距分别为 4.27 m 和 4.21 m,这与目标及其镜像 45° 投影后的理论位移约为 4.24 m 相符合。由于路径 2 和路径 3 具有相同的路程延迟,所以它们产生的干扰像重叠。来自路径 2 和路径 3 的散射回波相干叠加构成了主要干扰像。路径 4 的路程延迟最长,因而像的位移也最大,这与理论分析一致。此外,来自路径 4 的像的幅度最小,这也说明了高次路径反射可以忽略不计。多径 ISAR 像的轮廓更为模糊,这是因为目标与粗糙面的耦合作用。多径像不利于真实目标的识别,也会对雷达测角造成极大干扰。

通过目标-粗糙面复合散射的扫描向及距离向二维成像可以进一步分析目标与环境之间的多径高次散射机理。通常按出射点位置的不同,复合散射可分为两类:① 从目标处出射的散射,该部分对制导跟踪的影响较小;② 从粗糙面出射的散射,该部分将形成镜像干扰,影响较大。

采用近场竖直向 ISAR 成像测量系统,在造波水池内对典型超低空目标开展竖直向 ISAR 成像测试,利用造波池模拟粗糙海面,以及造波池上方横梁带动宽带散射测量系统实现成像扫描。

将目标通过塔吊进行装定,近场竖直向成像测量系统固定于横梁上,通过调节横梁高度实现不同观测角下的成像测量。造波池上方目标成像示意图如图 7.31 所示。竖直向成像测量采用准单基方法,利用一维扫描架带动天线沿竖直向进行匀速直线运动,匀速过程中通过触发方式每一定间隔对目标进行一次宽带扫频测量,同时实时调节天线的照射角度,保证持续照射目标中心位置。通过收发天线运动形成有效合成孔径获取测量对象竖直向高分辨,通过发射步进扫频连续波宽带信号获取距离向高分辨,从而实现目标以及多径回波的高分辨成像。

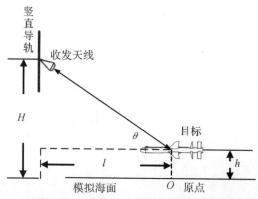

图 7.31　造波池上方目标成像示意图

在图 7.31 中,擦地角为 θ,即

$$\tan\theta = \frac{H-h}{l} \tag{7.32}$$

式中:H 为导轨中心距水面高度;h 为目标中心距水面高度;l 为导轨距目标中心水平距离。

根据观测天线波束宽度的不同,按 ISAR 成像以及窄波束扫描成像两种方式进行分析,其中 ISAR 成像对应宽波束天线,目标及周围粗糙面被全照射,但不满足远场近似条件;窄波束扫描成像对应窄波束天线,目标及周围粗糙面被局部照射。造波池测试场景如图 7.32 所示,具体试验状态及要求如下:$l = 20$ m,$h = 1$ m,$\theta = 5°$,$H = 8$ m,测试频率为 Ku 波段,极化形式为 VV 极化。

图 7.32　造波池测试场景

图 7.33 为造波池内导弹目标竖直向 ISAR 图像,其中标号为 1 处为导弹头部强散射中心,标号为 2 处为目标头部与水面 2 次散射产生的耦合散射中心,标号为 3 处为导弹飞翼对应散射中心,标号为 4 处为导弹尾翼对应散射中心,标号为 5、6 处两处为吊挂装置处强散射中心。图中导弹头部强散射中心距尾翼强散射中心约为 5.6 m,导弹目标模型长为 5.6 m,二者相同。头部散射中心距飞翼前缘散射中心为 2.5 m,飞翼散射中心相距为 0.56 m,均与模型几何尺寸相对应。尾翼两个散射中心相距为 0.3 m,模型尾翼宽为 0.29 m,二者相同。

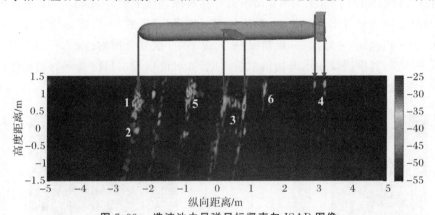

图 7.33　造波池内导弹目标竖直向 ISAR 图像

基于 ISAR 成像原理,对某巡航弹与背景面分别进行不同风速下方位向、俯仰向二维散射成像仿真,获取某巡航弹与背景面的二维复合散射图像。扫频范围为 10 ~ 11 GHz,测试距离为 1 km(选取目标中心为原点),目标距背景面高度为 5 m,方位向、俯仰向扫描范围为 $-1.6°$ ~ $1.6°$,采用近场校正成像处理方法,对某巡航弹与背景面复合成像测试数据进行成像处理。

图 7.34 所示为海面风速为 0.5 m/s 时某巡航弹与海面复合散射成像结果。其中,图 7.34(a)为方位向复合散射成像结果,在 $Y = 0$ m 附近存在目标直接散射外,在 $Y = 10$ m 附近还存在目标的镜像源,可清晰看出目标轮廓,对应传播了路径为"天线 → 目标 → 粗糙面 → 目标 → 天线""天线 → 粗糙面 → 目标 → 粗糙面 → 天线"的 3 次复合散射。图 7.34(b)为俯仰向复合散射成像结果,其中斜线表示海面的散射贡献,并可清晰看出目标头部与粗糙面的 2 次复合散射源,其在垂直于入射方向是展宽的。

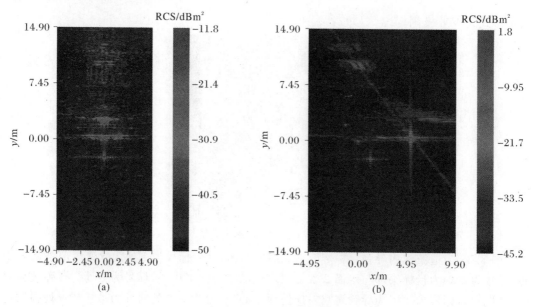

图 7.34　风速为 0.5 m/s 时复合散射成像

(a) 方位向；(b) 俯仰向

　　图 7.35 所示为海面风速为 1.5 m/s 时某巡航弹与海面复合散射成像结果,其中图 7.35(a) 为方位向复合散射成像结果,在 $Y = 0$ m 附近存在目标直接散射外,在 $Y = 10$ m 附近还存在目标的镜像源,可清晰看出目标轮廓,对应传播了路径为"天线 → 目标 → 粗糙面 → 目标 → 天线""天线 → 粗糙面 → 目标 → 粗糙面 → 天线"的 3 次复合散射。图 7.35(b) 为俯仰向复合散射成像结果,其中斜线表示海面的散射贡献,并可清晰看出目标头部与粗糙面的 2 次复合散射源。

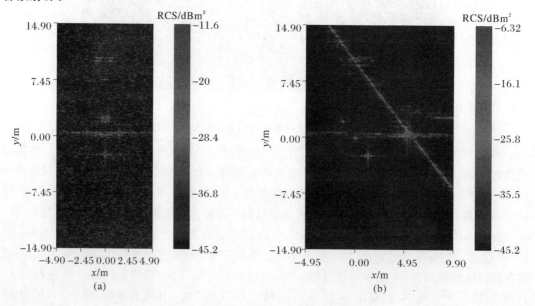

图 7.35　风速为 1.5 m/s 时复合散射成像

(a) 方位向；(b) 俯仰向

　　图7.36所示为海面风速为3.0 m/s时某巡航弹与海面复合散射成像结果,其中图7.36(a)为方位向复合散射成像结果,在$Y = 0$ m附近存在目标直接散射外,在$Y = 10$ m附近还存在目标的镜像源,基本可看出目标轮廓,对应传播了路径为"天线 → 目标 → 粗糙面 → 目标 → 天线""天线 → 粗糙面 → 目标 → 粗糙面 → 天线"的3次复合散射。图7.36(b)为俯仰向复合散射成像结果,其中斜线表示海面的散射贡献,其散射更强,目标头部与粗糙面的2次复合散射源呈扩散状态,强度变弱,目标的镜像源已基本不可见。

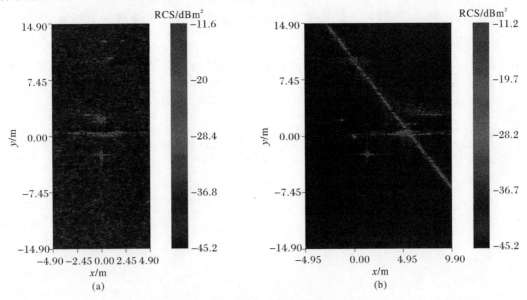

图7.36　风速为3.0 m/s时复合散射成像

(a)方位向;(b)俯仰向

　　由此可见,某巡航弹与粗糙面复合散射源主要来源于两部分:头部与粗糙面的2次散射源、某巡航弹的镜像源(对应复合3次散射);随着背景面粗糙度的增加,两者2次复合散射源逐步扩散,而镜像源逐渐减弱。可见,通过俯仰向成像,可方便分离目标及其镜像散射源。

参 考 文 献

[1] 毛勇,阮成礼.机动目标ISAR成像的相对运动补偿[J].系统工程与电子技术,2007,29(1):9 - 11.

[2] 王洋,陈建文,刘中.多运动目标ISAR成像方法研究[J].宇航学报,2005,26(4):450 - 454.

[3] 费智婷.机动目标的逆合成孔径雷达成像研究[D].成都:电子科技大学,2006.

[4] 王天.机载雷达对海面目标SAR/ISAR成像方法[D].成都:电子科技大学,2019.

[5] ZHANG J,LIAO G S,ZHU S Q,et al. An efficient ISAR imaging method for non-uniformly rotating targets based on multiple geometry-aided parameters estimation[J]. IEEE Sensors Journal,2019,19(6):2191 - 2204.

［6］ LI Y,WU R,XING M,et al. Inverse synthetic aperture radar imaging of ship target with complex motion［J］. IET Radar Sonar Navigation,2008,2(6):395 - 403.

［7］ MARTORELLAM,ACITON,BERIZZIF. Statistical CLEAN Technique for ISAR imaging ［J］. IEEE Trans Geosci Remote Sensi,2007,45(11):3552 - 3560.

［8］ BERIZZIF. ISAR imaging of targets at low elevation angles［J］. IEEE Transactions on Aerospace and Electronic Systems,2001,37(2):419 - 435.

［9］ 高建军,宿富林,徐国栋. ISAR 成像中多径效应的消除［J］.系统仿真学报,2008,20(12):3233 - 3236.

［10］ 高建军,宿富林,孙华东,等.海杂波对 ISAR 成像的影响［J］.系统工程与电子技术,2009,31(8):1851 - 1855.

第8章 分层介质中目标成像技术

在雷达近场成像中,目前研究较多是穿墙成像[1-8]和地下目标成像[9-16],这两者都可以归为分层介质中目标的成像问题,只是介质的层数不同及对应的时延补偿不同。分层介质中目标成像就是利用电磁波在媒质电磁特性不连续处产生的反射和散射实现对非金属覆盖区域内目标的定位和成像,进而辨识探测区域的电磁特性变化以及目标的位置、电磁特性等。对于穿墙成像,就是通过超宽带穿墙雷达发射超宽带脉冲信号,对墙壁后面的探测区域进行扫描,获得该区域的回波信号,利用后向投影等成像算法对回波信号进行处理,实现对隐藏在墙后各种状态(静止、运动等)的目标进行非入侵式地探测成像;对于地下目标成像,是指利用一个二维或三维的成像系统产生地下目标的图像来对地下目标回波进行解释说明,再现目标的形状和材料特性(比如介电常数等)。对于分层介质中目标的成像问题,利用时域有限差分法进行电磁建模获得采样数据,采用BP算法及第7章中提出的BPQC算法对墙后目标、地下目标进行成像研究。

8.1 穿墙成像技术

8.1.1 墙体模型

电磁波能够穿透绝大多数非金属介质,一般的墙体由砖、水泥、沙、石、木材等组成,有的还用钢筋进行了加固,具体的介电特性见表8.1。一般来说,墙体都是两面平行,内部均匀的实体,可建立如图8.1所示的墙体模型[17],墙面为无限大、墙体厚度为d的均匀介质,其介电常数为$\varepsilon_0\varepsilon_r$,磁导率为$\mu_0\mu_r$,电导率为$\sigma$,如图8.1所示,电磁波从空气射入墙体,入射角、反射角、折射角分别为θ_i、θ_r、θ_t,则电磁波在墙中的传播速度为

$$v = \left\{ \frac{\mu_0\mu_r\varepsilon_0\varepsilon_r}{2}\left[\sqrt{1.0 + \left(\frac{\sigma}{\omega\varepsilon_0\varepsilon_r}\right)^2} + 1.0\right] \right\}^{-\frac{1}{2}} \tag{8.1}$$

由折射定律可知,折射率可以表示为

$$n = \frac{\sin\theta_t}{\sin\theta_i} = \sqrt{\frac{1}{\mu_r\left(\varepsilon_r - j\dfrac{\sigma}{\varepsilon_0\omega}\right)}} \tag{8.2}$$

表 8.1   部分墙体媒质的相对介电常数和电导率

媒 质	相对介电常数	电导率
干土	$2.0 \sim 6.0$	$1.1 \times 10^{-5} \sim 2.0 \times 10^{-3}$
干沙	$4.0 \sim 6.0$	$1.0 \times 10^{-4} \sim 1.0$
花岗岩	5.0	1.0×10^{-5}
石灰石	$7.0 \sim 9.0$	1.0×10^{-6}
水泥	$4.0 \sim 6.0$	
干木	$2.0 \sim 6.0$	
层板	$2.0 \sim 2.6$	
石膏	$1.8 \sim 2.5$	
湿木	$10 \sim 30$	

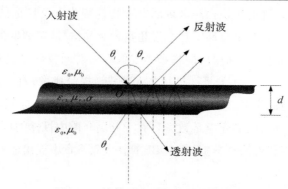

图 8.1   墙体对电磁波的反射和折射

根据式(8.1)可知,墙体中的这些参数大于空气中的参数,墙体中电磁波的传播速度变慢,如果电导率不为零,各频率电磁波传播速度不同,会发生色散现象。电磁波射出空气时同样存在反射和折射,而反射波在墙体内传播并继续发射反射和折射。一般而言,墙体媒质的相对磁导率 $\mu_r \approx 1$,且电磁波在墙体内传播的速度随频率变化很小,折射时色散很不明显。当墙体干燥时,电导率很小,墙体厚度很薄(20 cm 左右),远小于探测距离,可以近似为零。因而本章进行穿墙研究时只考虑墙体模型中的相对介电参数参数 ε_r 和厚度 d。在此条件下,电磁波的传播速度和折射率可以分别表示为

$$v = \frac{c}{\sqrt{\varepsilon_r}} \tag{8.3}$$

$$n = \frac{\sin\theta_t}{\sin\theta_i} = \sqrt{\frac{1}{\varepsilon_r}} \tag{8.4}$$

8.1.2   时延补偿

在穿墙成像时,墙体对电磁波的折射会引起传播路径的变化,电磁波在墙体中传播速度也会改变,这导致目标回波到达时间的差异,对这个时间差异进行补偿是成像算法的关键。如果时延计算不正确,则成像图中目标位置会有偏差,还会引起散焦,图像质量下降。因此建

立如图 8.2 所示的穿墙成像时延补偿的计算模型[17]，假设墙体厚度为 d，介电常数为 ε_r，位于 (x_l, y_l, z_l) 的发射天线发射电磁波，经墙体折射后照射到目标上的 (x_n, y_m, z_p) 点，然后被目标反射后，再经过墙体的折射，被采样天线采样。考虑墙体的影响后的回波延迟 $\tau'_{l,nmp}$ 可以表示为

$$\tau'_{l,nmp} = \frac{l_3 + l_7}{v} + \frac{l_4 + l_5 + l_6 + l_8}{c} \tag{8.5}$$

式中：$v = c/\sqrt{\varepsilon_r}$ 为电磁波在墙壁中的传播速度；l_4、l_5、l_6、l_8 为电磁波在自由空间中的传播距离；l_3、l_7 为电磁波在墙体中的传播距离。由于由发射天线到目标的路径分析及由目标到接收天线的分析是相同的，因而本书只对目标到接收天线的路径 l_3、l_4、l_5 进行分析。由折射定律及相关物理性质得到

$$n_0 \sin\theta_1 = n_1 \sin\theta_2 \tag{8.6}$$

式中：n_0、n_1 是空气和介质墙中的折射率。

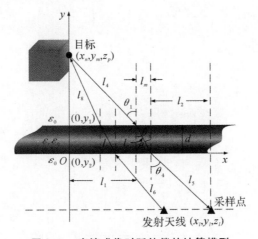

图 8.2　穿墙成像时延补偿的计算模型

介质墙是非磁性的，即 $\mu_r = 1$，则

$$\sin\theta_1 = \sqrt{\varepsilon_r} \sin\theta_2 \tag{8.7}$$

同理可得

$$\sin\theta_4 = \sqrt{\varepsilon_r} \sin\theta_3 \tag{8.8}$$

令 l_1、l_m、l_2 为射线传播路径 l_4，l_3，l_5 在 x-z 平面上的投影，有

$$l_1 + l_m + l_2 = \sqrt{(x_l - x_n)^2 + (z_l - z_p)^2} = D \tag{8.9}$$

则

$$\frac{\sin\theta_1}{\sin\theta_2} = \sqrt{\varepsilon_r} = \frac{l_1}{\sqrt{l_1^2 + (y_m - d)^2}} \frac{\sqrt{l_m^2 + d^2}}{l_m} \tag{8.10}$$

$$\frac{\sin\theta_4}{\sin\theta_3} = \sqrt{\varepsilon_r} = \frac{l_2}{\sqrt{l_2^2 + y_l^2}} \frac{\sqrt{l_m^2 + d^2}}{l_m} \tag{8.11}$$

方程式（8.10）可以重新表示为

$$l_m^2 [l_1^2 + (y_m - d)^2] \varepsilon_r = l_1^2 (l_m^2 + d^2) \tag{8.12}$$

则

$$l_1 = \frac{y_m - d}{\sqrt{\dfrac{1}{\varepsilon_r} + \dfrac{d^2}{l_m^2 \varepsilon_r} - 1}} \tag{8.13}$$

同理,式(8.11)可以表示为

$$l_2 = \frac{-y_l}{\sqrt{\dfrac{1}{\varepsilon_r} + \dfrac{d^2}{l_m^2 \varepsilon_r} - 1}} \tag{8.14}$$

联立方程式(8.9)、式(8.13)、式(8.14)可得

$$\frac{y_m - d}{\sqrt{\dfrac{1}{\varepsilon_r} + \dfrac{d^2}{l_m^2 \varepsilon_r} - 1}} + \frac{-y_l}{\sqrt{\dfrac{1}{\varepsilon_r} + \dfrac{d^2}{l_m^2 \varepsilon_r} - 1}} + l_m = \sqrt{(x_l - x_n)^2 + (z_l - z_p)^2} = D \tag{8.15}$$

式(8.15)可以简化为

$$l_m^4 - 2Dl_m^3 + \left(\frac{-Y\varepsilon_r + d^2}{1 - \varepsilon_r} + D^2\right)l_m^2 + \left(\frac{-2Dd^2}{1 - \varepsilon_r}\right)l_m + \frac{D^2 d^2}{1 - \varepsilon_r} = 0 \tag{8.16}$$

式中:$Y = (-y_l + y_m - d)^2$。

令

$$\left.\begin{aligned} a &= -2D \\ b &= \frac{-Y\varepsilon_r + d^2}{1 - \varepsilon_r} + D^2 \\ c &= \frac{-2Dd^2}{1 - \varepsilon_r} \\ d &= \frac{D^2 d^2}{1 - \varepsilon_r} \end{aligned}\right\} \tag{8.17}$$

则方程式(8.16)简化为

$$l_m^4 + al_m^3 + bl_m^2 + cl_m + d = 0 \tag{8.18}$$

因此方程式(8.16)可以归纳为四阶方程的求解,本书采用费拉里求解方法求得 l_m。对于介质墙问题,则电磁波传播路径 l_4、l_3、l_5 可以表示为

$$l_3 = \sqrt{l_m^2 + d^2} \tag{8.19}$$

$$l_4 = \sqrt{l_1^2 + (y_m - d)^2} \tag{8.20}$$

$$l_5 = \sqrt{l_2^2 + y_l^2} \tag{8.21}$$

8.1.3 穿墙成像的有效性验证

为了验证 BPQC 算法能够对墙后目标进行有效地成像,本书对墙后的单金属球体进行成像分析。

【算例 8.1】 时延补偿验证。

墙体厚度 $d = 250$ mm,相对介电参数 $\varepsilon_r = 6$,金属球球心距离墙为 145 mm,半径为 80 mm,成像区域位于 $[-200, 200] \times [-200, 200] \times [-200, 200]$ mm³ 范围内,时间步长为 $\Delta t = 2.565$ ps,高斯脉冲的特征参数 $\tau = 25\Delta t$,$t_0 = 4\tau$,采用 BPQC 的成像结果如图 8.3 所示。图 8.3(a) 中目标的成像结果较其真实位置发生距离徙动,其原因是采用直线的方法计

算电磁波传播路径,忽略了墙体折射对时延的影响;这种现象在图 8.3(b) 中得到了校正,即将介质墙模型引入到合成数据和 BPQC 成像算法中,修正后的成像结果在位置方面基本同目标的真实位置相同,表明 BPQC 算法对墙后目标成像的有效性。

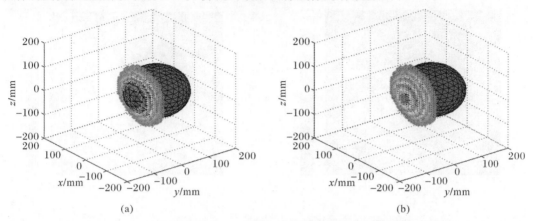

图 8.3 单球体的成像结果
(a) 未进行时延补偿;(b) 进行时延补偿

8.1.4 成像精度分析

超宽带穿墙雷达的使用效能主要取决于成像精度。本书采用仿真计算的方式来考察成像精度,研究墙体介电常数的改变、厚度值的改变对成像精度的影响,仿真模型如图 8.4 所示。图 8.4(a) 为 FDTD 仿真模型,图 8.4(b) 为仿真模型的截面图,同时也是成像截面。

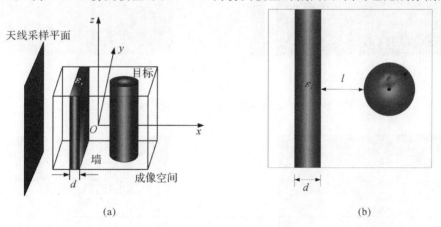

图 8.4 穿墙雷达成像仿真模型
(a)FDTD 仿真模型;(b) 截面图

1. 墙体厚度对成像精度的影响

【算例 8.2】 选取墙体为最常见的水泥墙,相对介电参数 $\varepsilon_r = 4.0$,待成像目标半径 $r = 0.5$ m,成像区域位于 $[-2,2] \times [-2,2]$ m^2 范围内,时间步长为 $\Delta t = 4.861$ ps,高斯脉冲参数 $\tau = 25\Delta t, t_0 = 4\tau$,分别采用 BP 算法和 BPQC 对不同墙体厚度值 d 后的目标进行仿真成像,不进行时延补偿,成像结果如图 8.5 ~ 图 8.8 所示。

　　成像结果表明:当墙体相对介电参数 ε_r 不变,墙体厚度 d 逐渐增加时,BP 算法的成像结果中墙体折射造成的距离徙动不明显,而 BPQC 算法的成像结果中墙体折射造成的距离徙动随墙体厚度变化明显,这主要是由成像模型不同造成的。

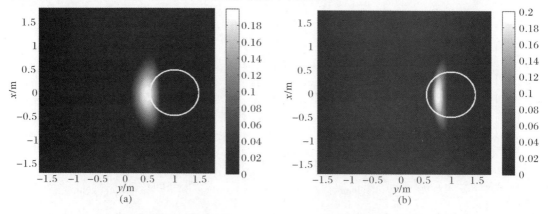

图 8.5　墙体厚度 $d = 0.125$ m 时的成像结果

(a)BP;(b)BPQC

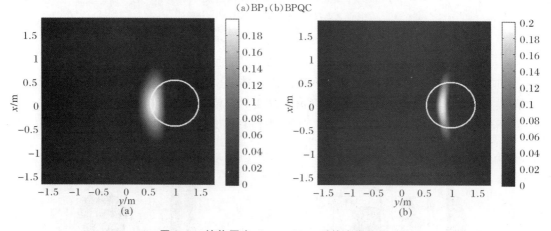

图 8.6　墙体厚度 $d = 0.25$ m 时的成像结果

(a)BP;(b)BPQC

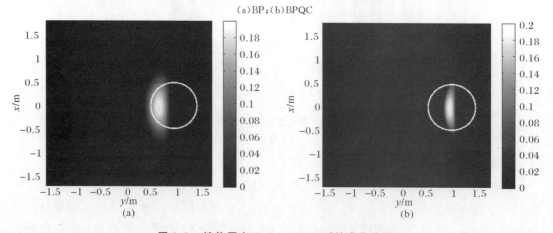

图 8.7　墙体厚度 $d = 0.375$ m 时的成像结果

(a)BP;(b)BPQC

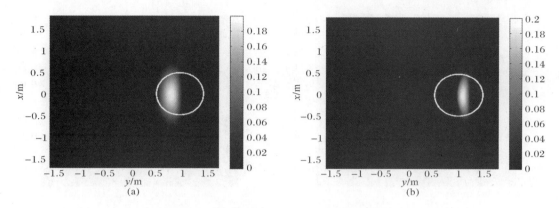

图 8.8　墙体厚度 $d = 0.5$ m 时的成像结果

(a)BP；(b)BPQC

2. 墙体相对介电常数对成像精度的影响

【算例 8.3】　选取 8.1.1 节中常见材料构成墙体的参数作为仿真系统的介电参数，墙体厚度 $d = 0.125$ m，待成像目标半径 $r = 0.5$ m，成像区域位于 $[-2, 2] \times [-2, 2]$ m^2 范围内，时间步长随目标的材质变化，高斯脉冲特征参数 $\tau = 25\Delta t$，$t_0 = 4\tau$，分别采用 BP 算法和 BPQC 算法对墙体不同相对介电参数 ε_r 的目标进行仿真成像，成像算法不进行时延补偿，成像结果如图 8.9 ~ 图 8.14 所示。

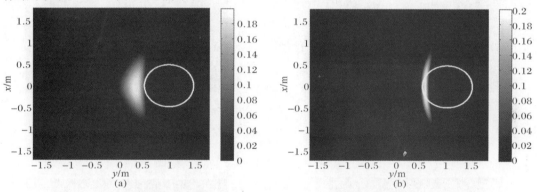

图 8.9　墙体相对介电参数 $\varepsilon_r = 2.0$ 时的成像结果

(a)BP；(b)BPQC

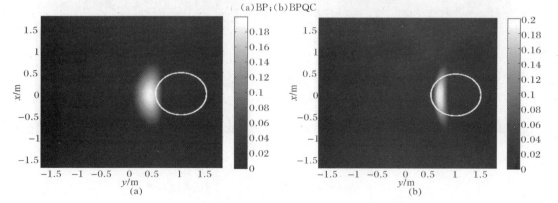

图 8.10　墙体相对介电参数 $\varepsilon_r = 3.0$ 时的成像结果

(a)BP；(b)BPQC

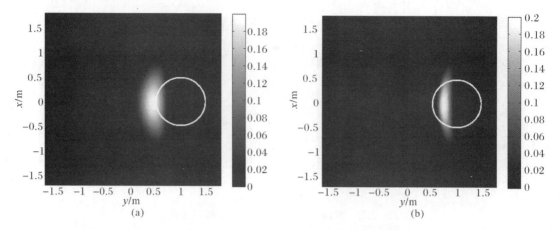

图 8.11 墙体相对介电参数 $\varepsilon_r = 4.0$ 时的成像结果

(a)BP；(b)BPQC

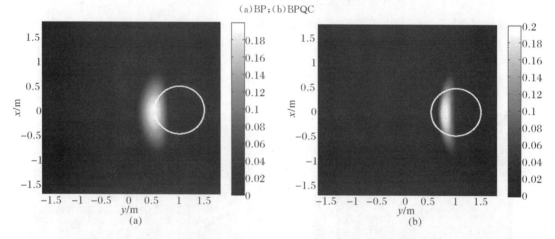

图 8.12 墙体相对介电参数 $\varepsilon_r = 5.0$ 时的成像结果

(a)BP；(b)BPQC

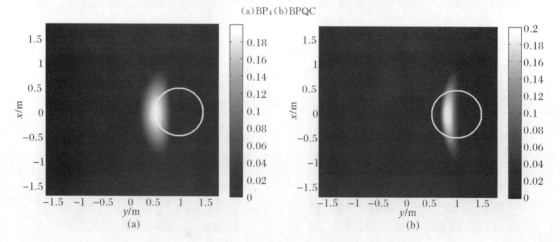

图 8.13 墙体相对介电参数 $\varepsilon_r = 6.0$ 时的成像结果

(a)BP；(b)BPQC

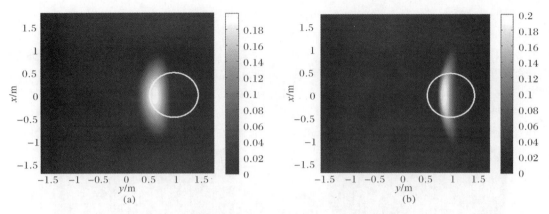

图 8.14 墙体相对介电参数 $\varepsilon_r = 8.0$ 时的成像结果

（a）BP；（b）BPQC

从算例 8.2、算例 8.3 的仿真结果提取峰值点，同实际位置的偏差如图 8.15、图 8.16 所示，可以看出：

（1）当墙体相对介电常数值不变，墙体厚度逐渐变大时，成像结果同目标真实位置间的偏差变大，相对成像精度变差；当墙体厚度不变时，墙体相对介电常数越大时，同样成像结果同目标真实位置间的偏差变大，相对成像精度变差。

（2）在实际的成像应用中，可能会因为对这两个参数的错误估计造成成像质量的衰减，需要进行参数估计。

（3）BP 算法的成像结果中由于墙体折射造成的位置偏差比 BPQC 算法的成像结果中由于墙体折射造成的偏差小，这主要是因为 BP 算法的理论基础是基于远区场的，因而对近场中环境的细小变化不敏感；而 BPQC 算法的成像结果中由于墙体折射造成的距离徙动随墙体参数变化显著，这主要是因为 BPQC 算法是基于近场成像模型，能够精确的描述近场成像中成像模型的细小变化情况。这说明，BPQC 算法能对近场成像中的目标进行更为精确的描述，成像效果更为细致。

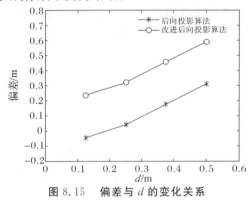

图 8.15 偏差与 d 的变化关系

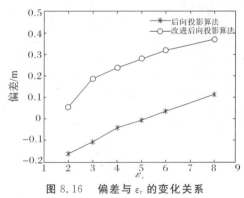

图 8.16 偏差与 ε_r 的变化关系

8.1.5 穿墙成像技术的应用

1. 多目标成像

【算例 8.4】 双金属管道的成像。

图 8.17 给出了墙后两根金属管道切面的成像结果。成像模型中,墙体厚度 $d = 0.25$ m,相对介电常数 $\varepsilon_r = 4$,待成像两根金属管道分别距离墙 0.8 m 和 2.2 m,半径为 0.25 m。图 8.17(a) 为 BP 算法的成像结果,图中只识别出一根管道,成像失败,其原因是由于两根金属管道间的耦合作用造成 BP 算法的成像结果难以识别目标,且 BP 算法的理论基础是基于远区场,对于多目标的近场成像的效果不好;图 8.17(b) 为 BPQC 算法的成像结果,由于 BPQC 算法采用的是近场成像模型,考虑了耦合作用对成像结果的影响,可以明显地分辨出有两个目标位于成像区域中,通过所成图像幅值的大小,进而可以准确地确定出两根金属管道所在的位置。

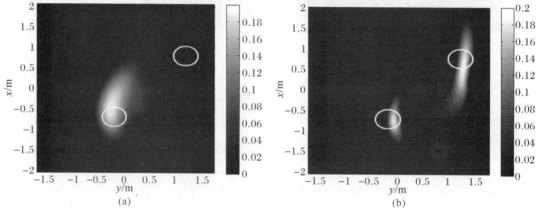

图 8.17　双金属柱体成像

(a) BP;(b) BPQC

【算例 8.5】　双金属球体的成像。

图 8.18 给出了采用 BPQC 算法的成像结果。成像模型中,墙体厚度 $d = 25$ mm,相对介电常数 $\varepsilon_r = 4$,待成像双金属球分别距离墙 50 mm 和 200 mm,半径为 25 mm。图 8.18(a) 未对电磁波传播路径进行校正,成像结果发生偏移;图 8.18(b) 对电磁波传播路径进行校正,能基本的确定目标的准确位置。

成像结果表明:对于墙后的多目标成像问题,无论是金属管道,还是房间中的体目标,采用对电磁波传播路径进行校正后的 BPQC 算法都能进行准确成像,且比 BP 算法更适用于多目标的探测与成像。

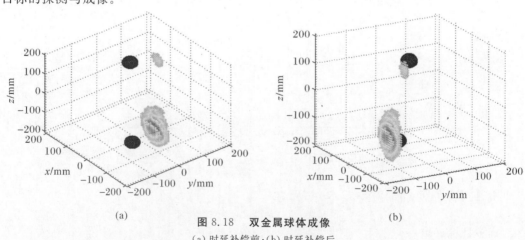

图 8.18　双金属球体成像

(a) 时延补偿前;(b) 时延补偿后

2. 墙内目标的成像

对于墙内目标的电磁成像,电磁波传播的时延补偿计算略有不同,因而根据本章 8.1.2 节建立的电磁波穿透介质墙模型做出改进,建立如图 8.19 所示的墙内目标的时延补偿计算模型,则墙内目标的时延可以表示为

$$\tau''_{l,mnp} = \frac{l_2 + l_3}{v} + \frac{l_1 + l_4}{c} \tag{8.22}$$

式中:参数的求解方法同 8.1.2 节相同。

利用 BPQC 算法对墙体内的金属管道和金属球进行成像,验证成像算法对墙内目标成像的有效性及时延补偿计算的正确性。

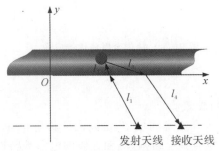

图 8.19　墙内目标的时延补偿计算模型

【算例 8.6】　墙内金属管道的成像。

墙内有一根金属管道,墙体厚度为 280 mm,相对介电参数 $\varepsilon_r = 6.0$,管道半径为 30 mm,采用 BPQC 算法对管道进行成像,成像结果如图 8.20 所示。

成像结果表明:BPQC 算法能对墙内柱体类目标进行准确成像,且时延补偿后能准确地探明目标的位置。

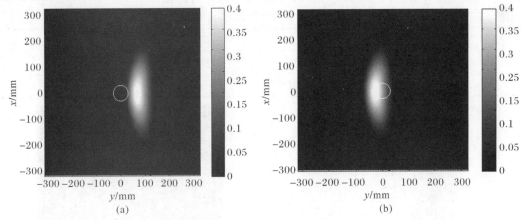

图 8.20　墙内金属管道的成像

(a) 时延补偿前;(b) 时延补偿后

【算例 8.7】　墙内金属球体的成像。

墙内有一金属球体。墙体厚度为 280 mm,相对介电参数 $\varepsilon_r = 6.0$,球半径为 50 mm,采用 BPQC 算法对目标进行成像,成像结果如图 8.21 所示。

成像结果表明:BPQC 算法能对墙内球体类目标进行准确成像,且时延补偿后能准确地探明目标的位置。

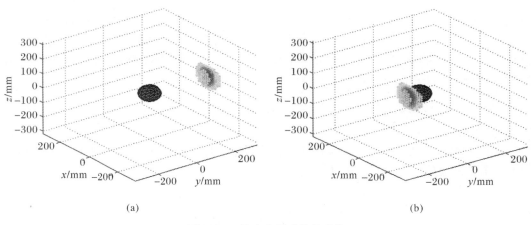

(a)　　　　　　　　　　　　　　(b)

图 8.21　墙内金属球体的成像

(a) 时延补偿前;(b) 时延补偿后

3. 人体的成像探测

【算例 8.8】　屋内单人的成像。

建立如图 8.22 所示的单人在空房间模型,房间内部长为 6 m,宽为 6 m,高为 4 m,墙体垂直于 x 轴,厚度为 0.25 m,为混凝土结构,墙和人体的电参数特性见表 8.2,人体由皮肤和各内脏器官组成,电参数特性为各组织器官的平均值,成像算法采用 BPQC 算法。图 8.23 是直接采用天线采样信号进行成像的结果,从图中可以看出,人目标被清晰地显现出来,但是人体的成像位置同模型中人体的位置不符合,这是由于墙体的折射导致成像位置同人体的真实位置之间存在偏移。考虑墙的折射作用,进行时延补偿后的成像结果如图 8.24 所示。从图 8.24(a) 中人体的三维成像结果,可以清晰地显现出人体的位置、身高特性;从图 8.24(b) 中可以看出时延补偿后的成像结果能精确地显现出人体的位置。

表 8.2　模型目标材料、尺寸和电参数特性

目标	材料	尺寸	电参数特性
墙	混凝土	厚度 0.25 m	$\varepsilon_r = 4.0$
人	皮肤和内脏器官	0.2 m×1.65 m(躯干半径×身高)	$\varepsilon_r = 45.0$

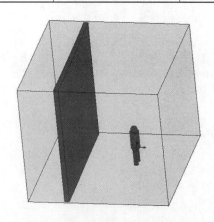

图 8.22　单人在房间的三维仿真模型

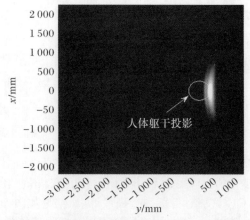

图 8.23　采样信号未进行时延补偿的成像结果

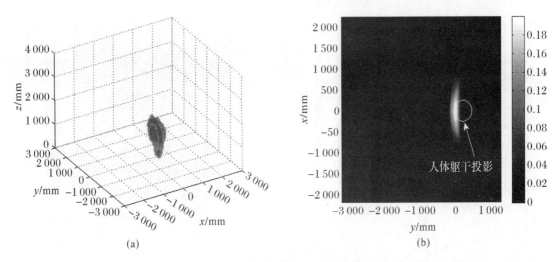

图 8.24　采样信号进行时延补偿后的成像结果

(a) 人体的三维像;(b) 二维投影

4. 分层墙后目标成像

【算例 8.9】　分层墙后目标成像。

考虑更为复杂的墙体环境,建立如图 8.25 所示的成像模型。墙体由三层不同的媒质组成,分别由 L_1、L_2、L_3 表示,厚度均为 10 cm,墙体为均匀媒质,管道中心位于 $(0,0)$,管道半径为 250 mm,成像算法采用 BPQC 算法。由于多层墙体时延补偿涉及多层介质的折射计算,因而成像算法中未进行时延校正。分别对墙体参数 $\varepsilon_r(L_1) = 4.0, \varepsilon_r(L_2) = 4.5, \varepsilon_r(L_3) = 5.0$ 和 $\varepsilon_r(L_1) = 5.0, \varepsilon_r(L_2) = 4.0, \varepsilon_r(L_3) = 4.5$ 两种情况进行成像,成像结果如图 8.26 所示。

成像结果表明:BPQC 算法能对两种墙体下的目标进行准确成像,由于未进行时延补偿,成像结果存在偏移。

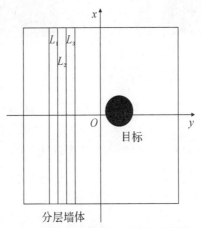

图 8.25　多层墙体下成像仿真模型

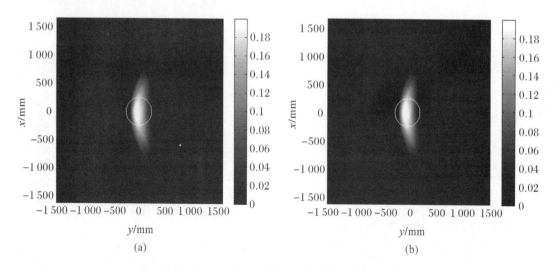

图 8.26　多层墙体后单根管道的成像结果

$(a)\varepsilon_r(L_1)=4.0,\varepsilon_r(L_2)=4.5,\varepsilon_r(L_3)=5.0;(b)\varepsilon_r(L_1)=5.0,\varepsilon_r(L_2)=4.0,\varepsilon_r(L_3)=4.5$

图 8.27 是分别采用 BP 算法和 BPQC 算法对多层墙体后双管道进行成像的结果，管道中心分别位于(500 mm,500 mm)和(−250 mm,−750 mm)，半径为 100 mm。同单层墙体后多目标的成像结果相同，BP 算法不能正确的识别出目标的数量及位置，而 BPQC 算法的成像结果较好，能准确的分辨出目标的数量及基本位置。

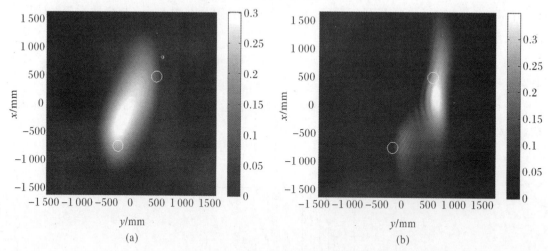

图 8.27　多层墙体后双管道的成像结果

(a)BP;(b)BPQC

图 8.28 是 BPQC 算法对对多层墙体后双金属球进行成像的结果，球中心分别位于(500 mm,750 mm,750 mm)和(−250 mm,−500 mm,−500 mm)，半径为 100 mm。

成像结果表明：对于多层墙体后的三维球体目标，BPQC 算法同样能够准确成像，能判明目标的数量和基本位置。

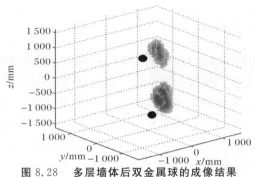

图 8.28 多层墙体后双金属球的成像结果

8.1.6 噪声干扰对穿墙成像的影响

【算例 8.10】 噪声分析。

墙体厚度均为 30 cm,相对介电参数 $\varepsilon_r = 6.0$,管道中心位于(250 mm,0),管道半径为 250 mm,成像算法采用 BPQC 算法,对受噪声干扰后的数据进行时延校正后成像结果如图 8.29 所示。

成像结果表明:对于无噪声采样数据,BPQC 能准确判明目标的数量及位置,且能基本判定目标的形状;对于加入 5% 高斯白噪声后的采样数据,成像结果变差,但是仍能清楚地分辨出目标,随着噪声的增强,成像效果逐渐变差,在高斯白噪声达到 20% 后,已经不能正确的识别目标。

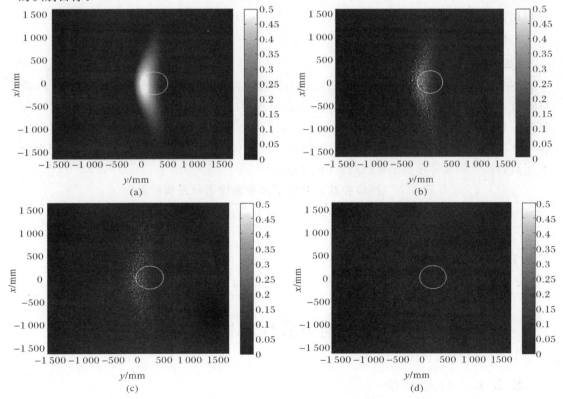

图 8.29 墙后单金属柱体成像

(a) 无噪声;(b)5% 高斯白噪声;(c)10% 高斯白噪声;(d)20% 高斯白噪声

8.1.7　墙体参数的测量

当穿墙雷达实际应用到城市巷战、反恐斗争、公安防暴、灾害救援等领域时,墙体参数是不可能事先知道的,就需要进行估计和测量。对墙体参数的误差估计会影响到穿墙目标的定位和成像误差。参考文献[18]研究了墙体厚度和介电常数的测量方法,通过参数估计误差模型,定量分析了这两个参数值的估计误差对成像方位向位置和距离向位置的影响,但是该方法采用的是类似穷举法的方法进行计算,从中找到最优点,不具有通用性,本书在此方法的基础上采用第3章提出的混合粒子群算法反演墙体的厚度和介电常数。

1. 墙体参数的反演模型

假设单目标(金属圆柱)的最强散射点位于(x_{true}, y_{true}),成像后的峰值点位于(x_{imag}, y_{imag}),则目标函数可以表示为

$$f = \mid x_{true} - x_{imag} \mid + \mid y_{true} - y_{imag} \mid \tag{8.23}$$

反演算法同第3章提出的混合粒子群算法相同,只是操作时略有两点差别:

一是初始化时分3种情况:墙体厚度已知,墙体的相对介电常数未知;墙体厚度未知,墙体的相对介电常数已知;墙体厚度、墙体的相对介电常数均未知。对于前两种情况属于单参数反演,实际应用中较少出现。而第三种情况是比较普遍,很适于实际应用。

二是在计算适应度值时需要对每个粒子的参数进行成像,然后提取成像图像的峰值点,并根据目标函数计算适应度值。

2. 仿真实验

【算例8.11】　墙体参数的反演。

本书进行的仿真实验同参考文献[18]进行的仿真实验设置相同,即成像区域$4 \times 4 \ m^2$,墙体厚度$d = 0.24 \ m$,相对介电常数$\varepsilon_r = 9.0$,点目标(目标只占一个网格)位于$(1.0 \ m, 0)$。分别对三种情况进行反演,反演结果见表8.3。从反演结果可以看出:采用混合粒子群算法反演墙体参数反演精度较高,能得到正确的墙体厚度值和墙体的相对介电参数。表明采用混合粒子群算法反演墙体参数是可行的,且具有通用性。

表 8.3　墙体参数反演的仿真参数设置及反演结果

待反演参数	真 值	取值范围	参考文献[108]反演值	本书反演值
d	0.24 m	[0.1 m, 0.4 m]	0.242 0 m	0.238 4 m
ε_r	9.0 m	[5.0 m, 15.0 m]	9.0 m	9.062 3 m
(d, ε_r)	(0.24 m, 9.0 m)	[5.0 m, 15.0 m]	(0.24 m, 9.0 m)	(0.241 8 m, 8.962 5 m)

8.2　地下目标成像技术

8.2.1　时延补偿

在地下目标成像时,地下介质对电磁波的折射会引起传播路径的变化,电磁波在地下介

质中传播速度也会改变,这导致目标回波到达时间的差异,对这个时间差异进行补偿是成像算法的关键。如果时延计算不正确,则成像图中目标位置会有偏差,还会引起散焦,图像质量下降。因而建立如图 8.30 所示的地下目标时延补偿模型[104],假设地下介质的相对介电常数为 ε_r,位于 (x_l, y_l, z_l) 的发射天线发射电磁波,经墙体折射后照射到目标上的 (x_n, y_m, z_p) 点,然后被目标反射后,再经过地层的折射,被采样天线采样。考虑地层的影响后的回波延迟 $\tau'_{l,nmp}$ 可以表示为

$$\tau'_{l,nmp} = \frac{l_3 + l_2}{v} + \frac{l_4 + l_1}{c} \tag{8.24}$$

式中:$v = c / \sqrt{\varepsilon_r}$ 为电磁波在地下介质中的传播速度。由于由发射天线到目标的路径分析及由目标到接收天线的分析是相同的,因此本书只对发射天线到目标的路径 l_1、l_2 进行分析。由折射定律及相关物理性质得到

$$n_0 \sin\theta_1 = n_1 \sin\theta_2 \tag{8.25}$$

式中:n_0、n_1 是空气和介质墙中的折射率。假设介质墙是非磁性的,即 $\mu_r = 1$,则

$$\sin\theta_1 = \sqrt{\varepsilon_r} \sin\theta_2 \tag{8.26}$$

令 l_1、l_2 为射线传播路径,l_m 为射线传播路径 l_2 在 xOz 平面上的投影,令

$$\sqrt{(x_l - x_n)^2 + (z_l - z_p)^2} = D \tag{8.27}$$

则

$$\frac{\sin\theta_1}{\sin\theta_2} = \sqrt{\varepsilon_r} = \frac{D - l_m}{\sqrt{(D - l_m)^2 + y_l^2}} \frac{\sqrt{l_m^2 + y_m^2}}{l_m} \tag{8.28}$$

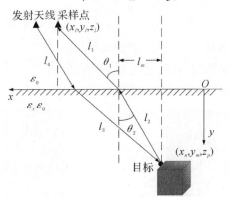

图 8.30　地下目标时延补偿模型

式(8.28)两边同乘以 $l_m \sqrt{(D - l_m)^2 + y_l^2}$,则

$$\sqrt{\varepsilon_r} \, l_m \sqrt{(D - l_m)^2 + y_l^2} = (D - l_m) \sqrt{l_m^2 + y_m^2} \tag{8.29}$$

式(8.29)两边二次方,得

$$\varepsilon_r l_m^2 [(D - l_m)^2 + y_l^2] = (D - l_m)^2 (l_m^2 + y_m^2) \tag{8.30}$$

对方程(8.28)进行扩展,得到关于 l_m 的四次方程如下

$$(\varepsilon_r - 1)l_m^4 - 2(\varepsilon_r - 1)Dl_m^3 + [(\varepsilon_r - 1)D^2 - y_m^2 + \varepsilon_r y_l^2]l_m^2 + 2y_m^2 D l_m - y_m^2 D^2 = 0 \tag{8.31}$$

当 $\varepsilon_r \neq 1$ 时,式(8.31)简化为

$$l_m^4 - 2Dl_m^3 + \left(D^2 + \frac{\varepsilon_r y_l^2 - y_m^2}{\varepsilon_r - 1}\right)l_m^2 + \frac{2y_m^2 D}{\varepsilon_r - 1}l_m - \frac{y_m^2 D^2}{\varepsilon_r - 1} = 0 \tag{8.32}$$

令

$$a = -2D$$

$$b = D^2 + \frac{\varepsilon_r y_l^2 - y_m^2}{\varepsilon_r - 1}$$

$$c = \frac{2y_m^2 D}{\varepsilon_r - 1}$$

$$d = -\frac{y_m^2 D^2}{\varepsilon_r - 1} \tag{8.33}$$

方程(8.31)可以表示为

$$l_m^4 + a l_m^3 + b l_m^2 + c l_m + d = 0 \tag{8.34}$$

因此方程(8.34)可以归纳为四阶方程的求解,采用参考文献[18]中描述的费拉里求解方法进行求解,可以求得 l_m,则射线传播路径 l_1、l_2 可以表示为

$$l_1 = \sqrt{(D - l_m)^2 + y_l^2} \tag{8.35}$$

$$l_2 = \sqrt{l_m^2 + y_m^2} \tag{8.36}$$

8.2.2 地下目标成像的有效性验证

为了验证 BPQC 算法能够对目标进行有效地成像及时延补偿的正确性,本节先对典型地下目标进行成像验证。

【算例 8.12】 时延补偿的有效性验证。

管道位于地下 1.5 m 处,半径为 0.5 m,材质为金属,管道埋藏于混凝土中,混凝土的相对介电常数为 6.0,电导率为 0.005 S/m,成像区域位于 $[-1.7, 1.7] \times [-1.7, 1.7]$ m² 范围内,时间步长为 $\Delta t = 3.973$ ps,高斯脉冲参数 $\tau = 25\Delta t$,$t_0 = 4\tau$,成像结果如图 8.31 所示,图 8.31(a) 是未进行时延补偿的成像结果,图 8.31(b) 是时延补偿后的成像结果。

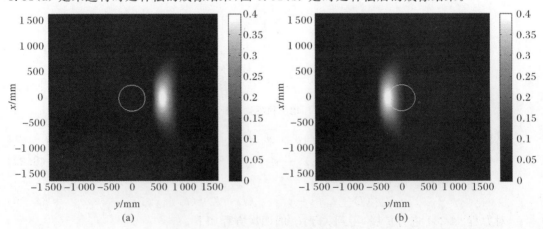

图 8.31 单根地下金属管道的成像结果

(a) 时延补偿前;(b) 时延补偿后

成像结果表明:BPQC 算法能对地下管道进行有效成像,可以较为精确地判别出管道在地层中所处的位置,并能基本地辨别出目标照射面的集合特性;混凝土相对介电常数同空气

的差异造成目标的成像结果同真实位置存在偏移,但经时延补偿后的成像结果同目标的真实位置相一致,这说明时延补偿的正确性。

8.2.3　地下目标成像的应用

1.岩、土体中埋藏空洞的成像

【算例 8.13】　矩形空洞的成像。

矩形空洞的地电模型可以描述为:矩形空洞大小为 0.5×1 m²,位于水平方向的中心位置,距离混凝土表面 1 m,介电特性同空气相同。混凝土的相对介电常数为 8.0,电导率为 0.015 S/m,成像算法采用 BPQC 算法,成像区域位于 $[-1.7, 1.7] \times [-1.7, 1.7]$ m² 范围内,时间步长为 $\Delta t = 2.575$ ps,高斯脉冲参数 $\tau = 25\Delta t$,$t_0 = 4\tau$,成像结果如图 8.32 所示。从图 8.32 的成像结果中可以看出,矩形空洞垂直方向的两个面都成出像,且成像结果清晰,这是因为电磁波从地面沿垂直方向传播至矩形空洞时,空洞内是空气,第一个面回波不明显,到达矩形空洞第二个面时,分界面发生突变,反射回波信号较大,而当第二个面的回波反射信号到达第一个面同样分界面时发生突变,发射回波信号同样比较明显,且矩形空洞垂直方向的两个面都为平面,根据第 4 章分析的目标结构对成像结果的影响,矩形空洞这两个面都能成像,且成像效果较好。

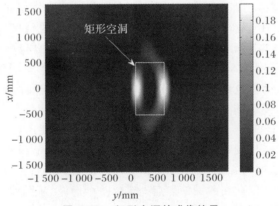

图 8.32　矩形空洞的成像结果

【算例 8.14】　拱形空洞的成像。

拱形空洞的地电模型可以描述为:拱形空洞大小为 1×1.25 m²,其中拱高为 0.25 m,位于水平方向的中心位置,距离混凝土表面 0.75 m,介电特性同空气相同。混凝土的相对介电常数为 8.0,电导率为 0.015 S/m,成像算法采用 BPQC 算法,成像区域位于 $[-1.7, 1.7] \times [-1.7, 1.7]$ m² 范围内,时间步长为 $\Delta t = 2.575$ ps,高斯脉冲参数 $\tau = 25\Delta t$,$t_0 = 4\tau$,成像结果如图 8.33 所示。从图 8.33(a) 的成像结果中可以看出,拱形空洞垂直方向的底面成像结果清晰,而拱形部分没有正确成像,这是因为电磁波从地面沿垂直方向传播至矩形空洞时,空洞内是空气,第一个面回波不明显,到达矩形空洞第二个面时,分界面发生突变,反射回波信号较大,而当第二个面的回波反射信号到达第一个面同样分界面时发生突变,发射回波信号同样比较明显,但是此时照射面是凹面,根据第 4 章分析的目标结构对成像结果的影响可知,不能对照射面为凹面的目标进行正确成像,由于散射的能量都汇聚于凹面的焦点处,因而在凹面的焦点处成出一个虚像。通过阈值限制，将图像阈值设置为 0.1 时，成像结果如图 8.33(b) 所示，清晰显示出拱形空洞的底面的位置。

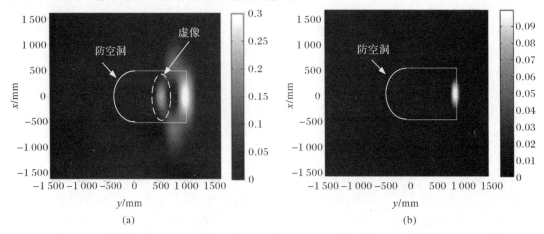

图 8.33 拱形空洞的成像结果

(a) 阈值为 0.3；(b) 阈值为 0.1

【算例 8.15】 椭圆形空洞的成像。

椭圆形空洞的成像模型可以描述为：椭圆形空洞长轴为 1.0 mm，短轴为 0.5 mm，位于水平方向的中心位置，距离混凝土表面 0.75 m，介电特性同空气相同。混凝土的相对介电常数为 8.0，电导率为 0.015 S/m，成像算法采用 BPQC 算法，成像区域位于 $[-1.7, 1.7] \times [-1.7, 1.7]$ m² 范围内，时间步长为 $\Delta t = 2.575$ ps，高斯脉冲参数 $\tau = 25\Delta t, t_0 = 4\tau$，成像结果如图 8.34 所示。从图 8.34 的成像结果中可以看出，椭圆形空洞垂直方向的两个面成像都没有正确成像，这是因为电磁波从地面沿垂直方向传播至椭圆形空洞时，空洞内是空气，第一个面回波不明显，到达椭圆形空洞第二个面时，分界面发生突变，反射回波信号较大，但此时分界面（照射面）是凹面，而当第二个面的回波反射信号到达第一个面同样分界面发生突变，发射回波信号同样比较明显，此时分界面（照射面）同样是凹面，根据第 4 章分析的目标结构对成像结果的影响可知，不能对照射面为凹面的目标进行正确成像，由于散射的能量都汇聚于凹面的焦点处，因此在凹面的焦点处成出一个虚像。从图像中能基本判定椭圆形空洞的基本位置，但是难以获得其他关于空洞的相关信息。

图 8.34 椭圆形空洞的成像

【算例 8.16】 三维空洞的成像。

三维空洞的地电模型可以描述为:模型大小为 $4 \times 4 \times 4$ m³,正方体空洞大小为 $0.4 \times 0.4 \times 0.4$ m³,正方体空洞中心位于 $(0.7$ m$,0.7$ m$,0.7$ m$)$,距离混凝土表面 1.5 m,锥台空洞底面为圆心位于 $(-0.15$ m$,0$ m$,-1$ m$)$、半径为 0.25 m 的圆,锥台空洞上表面为圆心位于 $(0.1$ m$,0$ m$,-1$ m$)$、半径为 0.05 m 的圆,锥台高度为 0.25 m,距离混凝土表面 0.9 m,空洞介电特性同空气相同。混凝土的相对介电常数为 8.0,电导率为 0.015 S/m,成像算法采用 BPQC 算法,时间步长为 $\Delta t = 2.575$ ps,高斯脉冲参数 $\tau = 25\Delta t$,$t_0 = 4\tau$,成像结果如图 8.35 所示。从图 8.35 的成像结果中可以看出,BPQC 算法能够对地下的三维空洞进行较为准确的成像,能准确的判明空洞的基本位置。

通过对不同的地下空洞成像,可以更加全面而细致地了解空洞的准确信息,加深对空洞特征的认识,克服二维雷达探测通常只能探测地质体的存在与否,但难于对探测对象提供更为准确信息的局限性,提高雷达探测图谱解释的可靠性和准确性,为三维探地雷达探测与解释技术的开展打下基础,并可根据缺陷的分布位置及大小评估衬砌内空洞病害的危害程度。

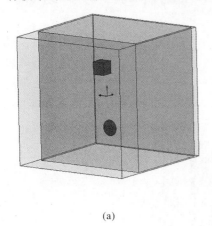
(a)

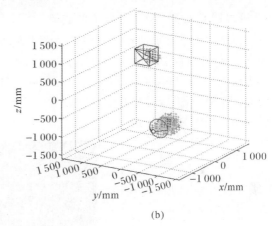
(b)

图 8.35　三维空洞的成像
(a) 空洞地电模型示意图;(b) 三维空洞的成像结果

2. 地雷的成像

【算例 8.17】 双金属地雷的成像。

三维双金属地雷的地电模型可以描述为:模型大小为 $4 \times 4 \times 4$ m³,两个金属地雷半径为 0.1 m,金属地雷中心分别位于 $(0.25$ m$,0.5$ m$,0.5$ m$)$ 和 $(-0.25$ m$,0.75$ m$,1$ m$)$,分别距离岩土表面 0.75 m 和 1.25 m,岩土的相对介电常数为 8.0,电导率为 0.012 S/m,成像算法采用 BPQC 算法,时间步长为 $\Delta t = 2.575$ ps,高斯脉冲参数 $\tau = 25\Delta t$,$t_0 = 4\tau$,成像结果如图 8.36 所示。从图 8.36 的成像结果中可以看出,对于多个金属地雷的成像,BPQC 算法法能够进行准确的成像,从图像中能准确的判明地雷的数量和基本的位置信息。

从算例 8.17 中可以看出,对于地下金属地雷的探测问题,本书的 BPQC 算法所给出的图像对于排雷具有很好的指导作用,能较为精确地判定出埋藏于地下地雷的数量和基本位置。

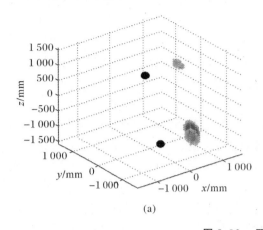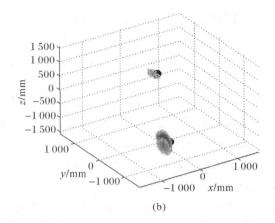

(a)   (b)

图 8.36   双金属地雷的成像

(a) 时延补偿前;(b) 时延补偿后

3. 城市地下管道的成像

【算例 8.18】 双地下管道的成像。

三维双地下管道的地电模型可以描述为:模型大小为 $3 \times 3 \ \text{m}^2$,两根地下金属管道半径为 $0.1 \ \text{m}$,管道截面中心点分别位于 $(0.25 \ \text{m}, 0.25 \ \text{m})$ 和 $(-0.5 \ \text{m}, -0.5 \ \text{m})$,分别距离岩土表面 $1.25 \ \text{m}$ 和 $0.5 \ \text{m}$,岩土的相对介电常数为 8.0,电导率为 $0.012 \ \text{S/m}$,成像算法采用 BPQC 算法,不进行时延补偿,时间步长为 $\Delta t = 2.575 \ \text{ps}$,高斯脉冲参数 $\tau = 25 \Delta t$,$t_0 = 4\tau$,成像结果如图 8.37 所示。

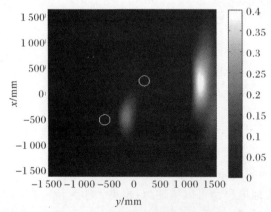

图 8.37   双地下金属管道的成像

从图 8.37 的成像结果中可以看出,对于多根地下金属管道的成像问题,BPQC 算法能够进行准确的成像,从图像中能准确地判断出管道的数量,且能基本判断出距离地面近管道的位置,未进行时延补偿的成像结果同管道的真实位置存在一定的偏移。这说明:在城市地下管道施工前,采用 BPQC 算法进行成像进而判断地下管道的基本位置时,当不知道地层的介电特性时且多根管道并存时,对于越往下的管道施工越需要注意。

【算例 8.19】 起伏地面下地下管道的成像。

二维起伏地面下地下管道的地电模型如图 8.38 所示,可以描述为:模型大小为 $4 \times 4 \ \text{m}^2$,地下金属管道半径为 $0.2 \ \text{m}$,管道截面中心位于 $(0, 0.5 \ \text{m})$,起伏地面最高起伏度为 $0.25 \ \text{m}$,

岩土的相对介电常数为 4.0,电导率为 0.012 S/m,成像算法采用 BPQC 算法,成像区域位于 $[-1.7,1.7] \times [-1.7,1.7]$ m² 范围内,时间步长为 $\Delta t = 0.75$ ps,高斯脉冲参数 $\tau = 25\Delta t$,$t_0 = 4\tau$,由于地面起伏使电磁波存在漫反射,因而时延校正不再适用。成像结果如图 8.39 所示。从图 8.39 的成像结果中可以看出,对于起伏地面下地下管道的成像问题,BPQC 算法能够进行成像,从图像中能准确的判断出管道的数量及基本位置,但是管道的成像结果同真实位置存在一定的偏移:纵向偏移 ∂y,这主要是空气与地层的介质突变造成的;横向偏移 ∂x,这主要是地面的起伏(不平坦)造成的。这说明:在城市地下管道施工前,采用本书算法进行成像进而判断地下管道的基本位置时,应尽量使地面平坦;如果是在起伏地面的情况下进行成像,管道施工时需要注意管道实际位置同成像位置的偏移。

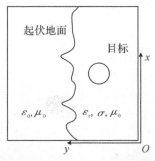

图 8.38　起伏地面下地下管道的成像模型

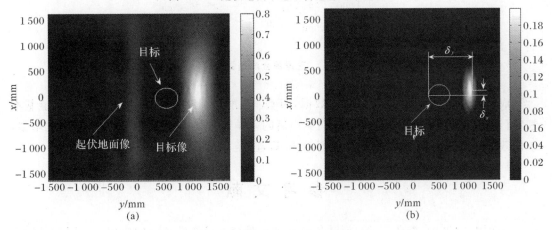

图 8.39　起伏地面下地下管道的成像

(a) 阈值 0.8;(b) 阈值 0.2

8.2.4　噪声干扰对地下目标成像的影响

【算例 8.20】　噪声分析。

三维单金属地雷的地电模型可以描述为:模型大小为 $4 \times 4 \times 4$ m³,金属地雷半径为 0.25 m,金属地雷中心位于 $(0,0,0)$,距离岩土表面 0.75 m,岩土的相对介电常数为 8.0,电导率为 0.012 S/m,成像算法采用 BPQC 算法,成像区域位于 $[-1.7,1.7] \times [-1.7,1.7] \times [-1.7,1.7]$ m³ 范围内,时间步长为 $\Delta t = 2.575$ ps,高斯脉冲参数 $\tau = 25\Delta t,t_0 = 4\tau$,对受噪声干扰后的数据进行时延校正后成像结果如图 8.40 所示。

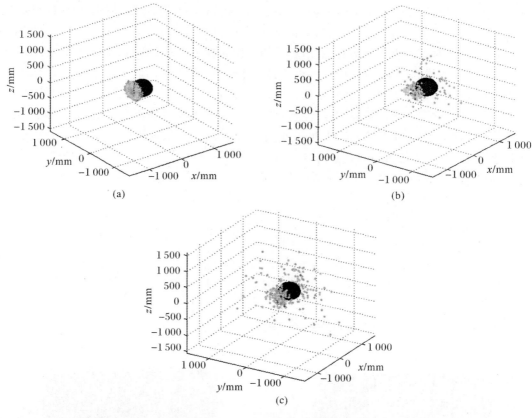

图 8.40　三维单金属地雷的成像

(a) 无噪声；(b)5% 高斯白噪声；(c)10% 高斯白噪声

　　成像结果表明：对于无噪声采样数据，BPQC 能准确判明目标的数量及位置，且能基本判定目标的形状；对于加入 5% 高斯白噪声后的采样数据，成像结果变差，随着噪声的增强，成像效果逐渐变差，在高斯白噪声达到 10% 后，已经不能正确的识别目标。

参 考 文 献

[1] 刘培国,刘继斌,李高升,等.混沌信号在超宽带穿墙成像雷达中的应用[J].国防科技大学学报,2007,27(3):85-88.

[2] 谭覃燕,HENRY L,宋耀良.基于混沌调频信号的超宽带穿墙 SAR 成像[J].电子与信息学报,2011,33(2):388-394.

[3] YU C,YUAN M Q,LIU Q H. Active microwave imaging Ⅱ:3-D system prototype and image reconstruction from experimental data[J]. IEEE Transaction on Microwave Theory and Techniques,2008,56(4):991-1001.

[4] BEERI A,DAISY R. High-resolution through wall imaging[J]. Proc SPIE, 2006 (6201):62010J.

[5] HUNT A R. Image formation through walls using a distributed radar sensor array[J].

Applied Imagery Pattern Recognition Workshop,2003;232 - 237.

[6] CUI G L,KONG L J,YANG J Y. A back-projection algorithm to stepped-frequency synthetic aperture through-the-wall radar imaging[C]. Process of 1st Asian and Pacific Conferenceon Synthetic Aperture Radar,2007;123 - 126.

[7] ULANDER L M H, HELLSTEN H, STENSTROM G. Synthetic-aperture radar processing using fast factorized back-projection[J]. IEEE Transactions on Aerospace and Electronic Systems,2003,39(3);760 - 776.

[8] ZHONG W,TONG C,XIN L,et al. A novel near field imaging approach for through-wall imaging[C]. 2011 Cross Strait Quad-Regional Radio Science and Wireless Technology Conference,2011;164 - 167.

[9] 方广有,张忠治,汪文秉.地下三维目标电磁散射特性研究[J].微波学报,1997(1);8 - 14.

[10] SULLIVAN A,DAMARLA R,GENG N,et al. Ultrawide-band synthetic aperture radar for detection of unexploded ordnance;modeling and measurements[J]. IEEE Transactions on Antennas and Propagation,2000,48(9);1306 - 1315.

[11] BO Y,RAPPAPORT C. Response of realistic soil for GPR applications with 2-D FDTD[J]. IEEE Transactions on Geoscience and Remote Sensing,2001,39(6);1198 - 1205.

[12] UDUWAWALA D,GUNAWARDENA A. A fully three-dimensional simulation of a ground-penetrating radar over lossy and dispersive grounds[C]. Industrial and Information Systems,First International Conference on,2006;143 - 146.

[13] 鲁晶津.地球电磁三维数值模拟的多重网格法及应用研究[D].合肥:中国科学技术大学,2010.

[14] 屈乐乐,方广有,杨天虹.压缩感知理论在频率步进探地雷达偏移成像中的应用[J].电子与信息学报,2011,33(1);22 - 26.

[15] CAI J L,TONG C M,ZHONG W J. Reconstruction of dielectric cylinder by multi-output least square surport vector machine[C]. 2011 Cross Strait Quad-Regional Radio Science and Wireless Technology Conference,2011;160 - 164.

[16] CAI J L,TONG C M,ZHONG W J. 3D Imaging method for stepped frequency ground penetrating radar based on compressive sensing[J]. Progress In Electromagnetics Reasearch M,2012(23);153 - 165.

[17] CAI L X. Ultra-wide-band model-based synthetic aperture radar imaging through complex media[D]. Columbus;The Ohio State University,2000.

[18] 黄渝璐.穿墙成像的参数影响分析及测量[D].成都:电子科技大学,2008.

第9章 丛林环境中目标成像技术

在近几年的几场局部战争中,南联盟和伊拉克军队在力量与美军悬殊的情况下,把坦克、火箭炮、战术弹道导弹、机动型地空导弹发射车等车辆或武器系统隐藏在丛林中或以树林为掩体快速机动。这些简单却行之有效的方法多次骗过了拥有高技术侦察手段的美军,既保存了己方一定的军事实力,又消耗了美军的战斗力,令美军大伤脑筋。因此,进行丛林等复杂多散射环境中隐蔽目标的探测研究具有重要的军事意义。丛林等环境中的成像雷达的研究工作是未来雷达发展的主要方向之一,而开发复杂环境下的目标定位和识别算法以提高丛林探测雷达的侦察能力是研究的重点。

对于电磁波来说,丛林属于典型的复杂多散射传播环境[1-3],电磁波在传播过程中,将经历多次反射、折射和绕射等。复杂的传播环境使得丛林中的场分布也变得相当复杂。丛林中电波传播相关研究常用的方法主要有三种:第一种是实际测量的方法,即通过实际测量得到大量数据,并对所得数据进行分析,最后得出树林对电波传播统计模型;第二种是等效处理的方法,即将树林或植被等效为一种介质,采用电波在不同媒质分界面处的传播理论进行求解;第三种是利用散射场的分析方法求解,即将树林看作随机离散的介质进行处理。目前关于丛林中电磁研究和应用仅限于丛林多散射环境中通信电波信号的传播建模,而且都是基于一定的统计模型,对于丛林中隐蔽目标的探测和成像基本上还属空白,树木等构成的多散射环境使得电磁波产生多径效应,信道衰落非常严重,接收的目标回波信号会非常微弱(信噪比很小),并且杂乱无章,传统的阵列信号处理方法和雷达成像算法的性能将大大降低,有的甚至是完全失去作用。本书采用时域有限差分法对丛林环境中电磁波的传播进行全波仿真,并进行初步的成像研究。

9.1 丛林环境中的成像模型

鉴于多散射环境中严重的多径传播效应和传统信号处理和成像算法在探测中的不足,本章将初步探讨 BP 算法及 BPQC 算法在这一领域的应用。

9.1.1 探测环境模型

丛林环境中对隐蔽目标的探测模型如图9.1所示,天线阵列发射微波信号,同时接收目标的回波信息,通过一定信号处理算法,对目标的位置进行确定。

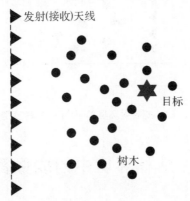

图9.1 丛林环境中隐藏目标的探测模型

丛林环境属于典型的复杂多散射环境,电磁波在传播的过程中,经历多次的反射、折射和绕射等。图9.1上圆圈代表丛林中随机生长的树木,目标被树木完全遮挡。从图上可以看出,信号从发射天线到达接收天线的路径杂乱无章,接收天线的信号完全要来自于散射场的贡献。在丛林探测中,低频探测脉冲虽然具有很好的穿透性,但是成像的分辨率又会很低,丛林环境本身就很复杂,分辨率太低会导致最终无法对目标进行定位。因此在本书的丛林探测模型中采用脉冲信号。在高频电磁散射问题中,电磁波具有显著的局部特性。高频散射主要包括7种散射机理,这些机理的共同组合形成了目标的回波信号,这些机理包括:镜面反射;表面不连续性的散射,如边缘、拐角和尖端;表面导数不连续性的散射;爬行波或阴影边界的散射;行波散射;凹形区域的散射,如腔体、二面角和三面角;相互作用散射,如多路径叠加或并排散射中心之间的多次散射。为了快速有效地对目标进行定位,在参考文献[106]的丛林探测模型中,仅考虑了目标散射中的镜面反射、绕射和相互作用散射三种主要的贡献,并采用几何绕射理论计算多散射环境下的电磁特性。由于采用射线方法求解实际问题时,需要解决"射线求迹"和"电磁计算"两部分问题,比较复杂且需高频近似,因此本书采用间接 Z 变换时域有限差分法对丛林环境模型进行全波电磁仿真,充分考虑目标与树木、树木与树木间的耦合作用。

9.1.2 丛林环境中的仿真模型

建立丛林环境中基于间接 Z 变换时域有限差分法的探测模型的切面如图9.2所示。最外面的矩形为 FDTD 仿真区域,丛林切面区域位于 $[x_{min}, x_{max}] \times [y_{min}, y_{max}]$ 内,在该区域内的树木位置服从均匀随机分布,目标位于丛林区域内,采样天线(同时也是发射天线)位于丛林的左侧。

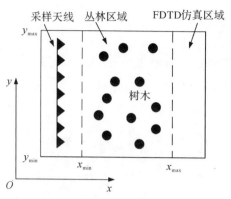

图 9.2　多散射环境的 FDTD 仿真模型

9.2　丛林环境中的成像算法

本章分别采用 BP 算法及第 4 章中提出的 BPQC 算法对丛林环境中的目标进行成像,并分析算法的优缺点。尝试小范围丛林多散射环境下实现目标成像。采用的仿真模型为 9.1.2 节中多散射环境中的仿真模型,仿真环境与图 9.2 描述的一致。采用 48 根半径为 50 mm 的圆柱体近似模拟多散射环境,分布区域为 $[-1,1]\times[-2,2]$ m² 之间,随机分布的位置采用蒙特卡洛法随机产生,树木的的相对介电常数设置为 8.0。

【算例 9.1】　单金属柱体成像。

单金属柱体位于丛林中,圆心位于 (750 mm,0 mm),半径为 250 mm,分别采用 BP 算法和 BPQC 算法对目标进行成像,成像结果如图 9.3 所示。

成像结果表明:后向投影算法的成像结果同目标的真实位置存在偏移,受丛林环境的影响较大;而 BPQC 算法受丛林环境的影响较小,能准确判明目标的位置。

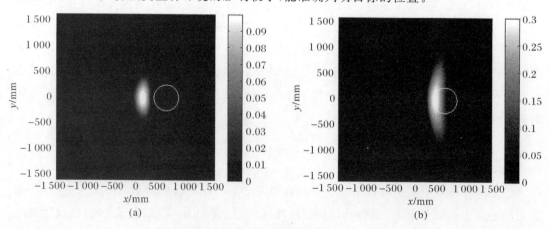

图 9.3　单金属柱体成像

(a)BP;(b)BPQC

【算例 9.2】　双金属柱体成像。

双金属柱体位于丛林中,圆心分别位于 $(-500\ \text{mm},-500\ \text{mm})$ 和 $(250\ \text{mm},500\ \text{mm})$,半径为 150 mm,分别采用 BP 算法和 BPQC 对目标进行成像,且采用 BP 算法进行成像时发射信号为高斯脉冲。成像结果如图 9.4 所示,多散射环境中采集的信号如图 9.5 所示。

成像结果表明:BP 算法不能正确地判别目标的数量和位置,对目标的成像失败,即 BP 算法不能应用于丛林环境中的多目标成像;而 BPQC 受丛林环境的影响较小,能比较准确判明目标的数量和基本位置,成像效果较好。

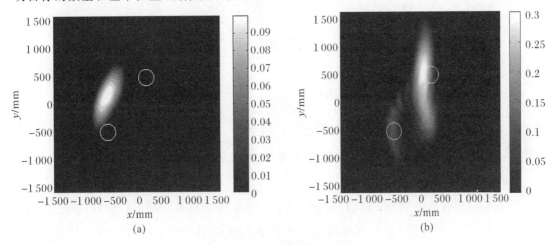

图 9.4　双金属柱体成像

(a)BP;(b)BPQC

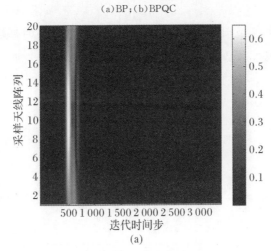

图 9.5　多散射环境中采集的信号

(a) 多散射环境中采样散射场;(b) 第 5 个采样天线;(c) 第 10 个采样天线

【算例 9.3】　双金属球成像。

考虑丛林环境中多目标的成像问题,将双金属球置于丛林中,球心分别位于 $(-1\ 050\ \text{mm},-1\ 000\ \text{mm},-1\ 000\ \text{mm})$ 和 $(950\ \text{mm},1\ 500\ \text{mm},1\ 000\ \text{mm})$,半径为 300 mm,采用 BPQC 对目标进行成像,成像结果如图 9.6 所示。

成像结果表明:BPQC 算法能比较准确判明目标的数量,能基本判明目标所在的位置。虽然成像位置同目标真实位置略有偏移,但对于多散射环境中在没有进行任何修正的情况下,成像结果是比较好的。

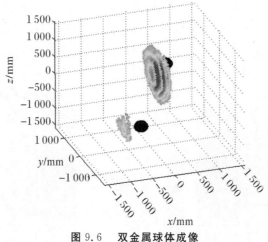

图 9.6　双金属球体成像

【算例 9.4】　噪声分析。

为研究丛林环境中更加实际目标的成像问题,考虑噪声对成像结果的影响,验证 BPQC 算法对典型体目标(球体)进行成像的有效性。单金属球位于丛林中,球心位于(-600 mm,100 mm,0 mm),半径为 500 mm,采用 BPQC 算法对目标进行成像,发射信号为高斯脉冲,成像结果如图 9.5 所示。

成像结果表明:对于无噪声采样数据,BPQC 能比较准确判明目标的数量,但成像位置同目标真实位置略有偏移,这是受到丛林环境的影响造成的;对于加入 5% 高斯白噪声后的采样数据,成像结果变差,但是仍能清楚地分辨出目标,随着噪声的增强,成像效果逐渐变差,在高斯白噪声达到 20% 后,已经不能正确地识别目标。

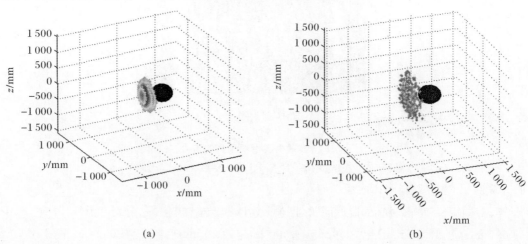

(a)　　　　　　　　　　　　　　　　　(b)

图 9.7　单金属球成像

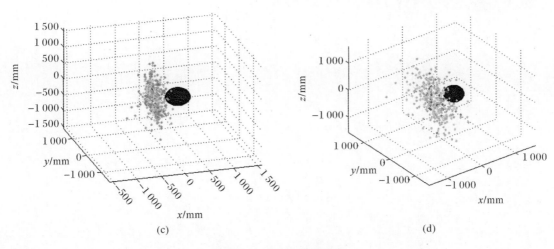

续图 9.7 单金属球成像

(a)无噪声;(b)5%高斯白噪声;(c)10%高斯白噪声;(d)20%高斯白噪声

参 考 文 献

[1] Altman,F. Seker,S. Schneider,A. Lang,R. H. LANG R H,SEKER S. UHF radiowave Propagation through forests[J]. CyberCom technical report,1985,CTR - 115 - 2.

[2] BAL G, PINAUD O. Time-reversal-based detection in random media[J]. Inverse Problems,2005,21(5):1593 - 1619.

[3] BAL,RYZHIK L. Time reversal and refocusing in random media[J]. SIAM Journal on Applied Mathematics,2003,63(5):1475 - 149.

第 3 篇　机载 SAR 微动目标检测及微多普勒提取

第 10 章　单基单通道 SAR 微多普勒

针对地面简谐振动和匀速旋转两类常见微动目标,在不考虑地杂波和系统噪声影响的情况下,首先建立了不同微动目标在单基单通道机载 SAR 成像体制下的方位向回波信号模型,详细推导了相应的微多普勒参数化表述,并从信号采样角度阐述了采用高分辨时频变换方法提取微多普勒时的限制条件。针对受微动目标距离单元徙动消除(Range Cell Migration,RCM)影响无法由单一距离单元内的方位向回波提取完整微多普勒谱的问题,提出了一种无需距离单元徙动(Range Sell Migration,RCMC)的微多普勒提取方法 ——"算术平均时频变换法"。

10.1　振动目标的微多普勒效应分析

10.1.1　方位向回波信号模型

假设载机以速度 v 沿方位向 X 轴作匀速直线飞行,载机平台高度为 h,如图 10.1 所示,同时雷达以固定的脉冲重复频率(Pulse Repeatition Frequency,PRF)向正侧视方向发射线性调频信号。通常而言,SAR 都工作在较高频段,雷达波长远小于目标尺寸,此时目标散射特性满足光学区假设,其雷达散射截面积可由多散射中心模型近似[1],故在本书中采用了目标的散射点模型来建立微动目标的回波信号。

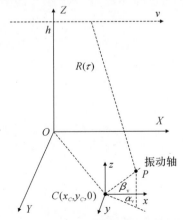

图 10.1　机载 SAR 振动目标几何示意图

假设在坐标系 $OXYZ$ 中有一个散射点 P 以位于地平面 XOY 内的固定散射点 $C(x_C, y_C,$ $0)$ 为中心做正弦形式的简谐振动，其振动幅度为 A_v，频率为 f_v，初时相位为 θ_v。为便于描述散射点 P 的振动方向，建立局部坐标系 xyz，其中夹角 α_v 和 β_v 表示振动轴线的方位角和俯仰角。

假设在方位向慢时间 τ 时刻，载机的坐标为 $(v\tau, 0, h)$，振动散射点的坐标为

$$\left. \begin{array}{l} x(\tau) = x_C + A_v \cos(\omega_v \tau + \theta_v) \cos\beta_v \cos\alpha_v \\ y(\tau) = y_C - A_v \cos(\omega_v \tau + \theta_v) \cos\beta_v \sin\alpha_v \\ z(\tau) = A_v \cos(\omega_v \tau + \theta_v) \sin\beta_v \end{array} \right\} \tag{10.1}$$

式中：$\omega_v = 2\pi f_v$ 为振动角速度。

此时载机到散射点 P 的斜距 $R(\tau)$ 可写为

$$R(\tau) = \sqrt{(v\tau - x(\tau))^2 + y(\tau)^2 + (h - z(\tau))^2} \tag{10.2}$$

为简化后续分析，取初时相位 $\theta_v = 0$，并假设目标在高度方向的振动分量为 0，即 $\beta_v = 0$。取目标振动中心 C 与航迹的最近距离为 $R_0 = \sqrt{h^2 + y_C^2}$，考虑远场条件并忽略高次项，可得

$$R(\tau) \approx R_0 + \frac{1}{2R_0}(v\tau - x(\tau))^2 - A_v \cos(\omega_v \tau) \sin\alpha_v \tag{10.3}$$

假设雷达发射线性调频信号，即

$$p(t) = \text{rect}\left(\frac{t}{T_p}\right) \exp\left(j2\pi\left(f_c t + \frac{1}{2}\mu t^2\right)\right) \tag{10.4}$$

$$\text{rect}(t) = \begin{cases} 1 & \left(-\frac{1}{2} \leqslant t \leqslant \frac{1}{2}\right) \\ 0 & （其他） \end{cases} \tag{10.5}$$

式中：f_c 是载频；T_p 是脉冲宽度；μ 是调频率；t 表示距离向快时间。忽略收发天线增益，则相干检波去载频后的回波信号为

$$s(t, \tau) = \sigma_v \text{rect}\left(t - \frac{2R(\tau)}{c}\right) \exp\left(-j\frac{4\pi R(\tau)}{\lambda} + \pi\mu\left(t - \frac{2R(\tau)}{c}\right)^2\right) \tag{10.6}$$

式中：σ_v 表示目标 P 的后向散射系数。为获得目标的方位向回波信号，接下来对 $s(t, \tau)$ 作距离向压缩处理，所采用的系统匹配滤波函数为

$$s_r(t) = \exp(-j\pi\mu t^2) \tag{10.7}$$

实际中，为提高运算效率，快时间域的匹配滤波一般在频域进行，在时域和频域之间的转换采用快速傅里叶变换（FFT）和其逆变换（IFFT）来实现，从而可以得到匹配滤波输出为

$$s(t, \tau) = \sigma_v \text{sinc}\left[B_r\left(t - \frac{2R(\tau)}{c}\right)\right] \exp\left[-j\frac{4\pi R(\tau)}{\lambda}\right] \tag{10.8}$$

式中：B_r 为 LFM 信号的带宽；sinc 函数定义为 $\text{sinc}\alpha = \sin(\pi\alpha)/(\pi\alpha)$，即表明匹配滤波输出的峰值出现在 $t = 2R(\tau)/c$ 处。

忽略信号包络的缓慢变化，则振动目标的方位向回波信号可表示为

$$s(\tau) = \sigma_v \exp\left[-j\frac{4\pi R(\tau)}{\lambda}\right] \tag{10.9}$$

10.1.2　微多普勒参数化表述

由式(10.9)可得,目标回波相位为

$$\phi(\tau) = -\frac{4\pi R(\tau)}{\lambda} \tag{10.10}$$

将式(10.3)代入式(10.10),并对慢时间 τ 求导数,可得回波信号的瞬时多普勒频率为

$$
\begin{aligned}
f(\tau) &= \frac{1}{2\pi}\frac{\mathrm{d}\phi(\tau)}{\mathrm{d}\tau} \\
&= -\frac{2}{\lambda R_0}\left\{ \frac{v^2\tau + v\tau\omega_v A_v \sin(\omega_v\tau)\cos\alpha_v - (v + \omega_v A_v \sin(\omega_v\tau)\cos\alpha_v)}{(x_C + A_v \cos(\omega_v\tau)\cos\alpha_v)} \right\} - \\
&\quad \frac{2}{\lambda}\omega_v A_v \sin(\omega_v\tau)\sin\alpha_v
\end{aligned}
\tag{10.11}
$$

考虑到振动目标幅度一般在厘米量级($R_0 \gg A_v$),则在远场情况下($R_0 \gg x_C$)式(10.11)可进一步简化为

$$f(\tau) = -\frac{2v^2\tau}{\lambda R_0} + \frac{2vx_C}{\lambda R_0} - \frac{2}{\lambda R_0}v\tau\omega_v A_v \sin(\omega_v\tau)\cos\alpha_v - \frac{2}{\lambda}\omega_v A_v \sin(\omega_v\tau)\sin\alpha_v \tag{10.12}$$

式(10.12)中右边第一项表示由雷达运动产生的多普勒频率,可见其线性调频率为 $k_a = -2v^2/(\lambda R_0)$;第二项表示位于振动中心的散射点随雷达运动产生的多普勒频率;第三项是由目标振动产生的非周期性微多普勒频移;第四项是由目标振动产生的周期性微多普勒频移。通常将后三项统称为目标的微多普勒频率,即

$$f_{\mathrm{mD}}(\tau) = \frac{2vx_C}{\lambda R_0} - \frac{2}{\lambda R_0}v\tau\omega_v A_v \sin(\omega_v\tau)\cos\alpha_v - \frac{2}{\lambda}\omega_v A_v \sin(\omega_v\tau)\sin\alpha_v \tag{10.13}$$

式(10.13)表明:目标的微多普勒频率除随慢时间按周期性或非周期性函数规律变化外,整体上还沿频率轴有一个平移量 $\Delta f_{\mathrm{mD}} = 2vx_C/(\lambda R_0)$,而且此平移量与微动中心的方位向坐标成正比。为统一起见,本书中将此平移量称为微多普勒中心频率。

按照方位角 α_v 的取值,对式(10.13)作如下进一步讨论:

(1)若 $\alpha_v = 0$ rad,即目标沿方位向(或沿平行于 X 轴方向)振动,则式(10.13)可简化为

$$f_{\mathrm{mD}}(\tau) = \frac{2vx_C}{\lambda R_0} - \frac{2}{\lambda R_0}v\tau\omega_v A_v \sin(\omega_v\tau) \tag{10.14}$$

此时,目标的微多普勒频率呈非周期性变化特征,且在载机接近目标时微多普勒幅值越小,反之越大。一般说来,受距离项 R_0 的影响,目标振动产生的非周期性微多普勒都很微弱,某些情况下是可以忽略的。例如:当波长在厘米波段、振动幅度在毫米量级、振动频率在赫兹量级时,非周期性微多普勒的最大值一般在 10^{-2} Hz 量级。

为便于直观理解,图 10.2 给出了在 $R_0 = 10$ km、$v = 100$ m/s、$x_C = 0$、$\lambda = 1$ cm、$A_v = 2$ mm、$f_v = 5$ Hz 时的非周期性微多普勒数值算例。

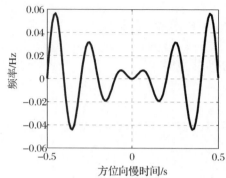

图 10.2　非周期性微多普勒数值算例

（2）若 $\alpha_v = \pi/2\ \text{rad}$，即目标沿距离向（或沿平行于 Y 轴方向）振动，则式（10.13）可简化为

$$f_{\text{mD}}(\tau) = \frac{2vx_C}{\lambda R_0} - \frac{2}{\lambda}\omega_v A_v \sin(\omega_v \tau) \tag{10.15}$$

式（10.15）表明，此时目标的微多普勒频移是以 ω_v 为周期随慢时间 τ 做正弦变化的周期性曲线形式。

同时可知微多普勒频率在频率轴所占的宽度，即微多普勒带宽为

$$B_{\text{mD}} = \frac{4}{\lambda}\omega_v A_v \tag{10.16}$$

式（10.16）表明：此类目标的微多普勒带宽与目标微动参数成正比，与载波波长成反比。

（3）若 $\alpha_v \in (0, \pi/2)\ \text{rad}$，此时称目标作斜向振动。若 α_v 取值满足

$$\frac{v|\cos\alpha_v|}{R_0} \ll |\sin\alpha_v| \tag{10.17}$$

则周期性微多普勒项将远大于非周期性微多普勒项，即式（10.13）可以简化为

$$f_{\text{mD}}(\tau) \approx \frac{2vx_C}{\lambda R_0} - \frac{2}{\lambda}\omega_v A_v \sin(\omega_v \tau)\sin\alpha_v \tag{10.18}$$

此时微多普勒调制函数同样是随慢时间变化的周期函数，且其微多普勒带宽为

$$B_{\text{mD}} = \frac{4}{\lambda}\omega_v A_v \sin\alpha_v \tag{10.19}$$

若式（10.17）不成立，则目标的微多普勒谱应该是非周期性与周期性微多普勒项的叠加，且在 $\alpha_v \to 0\ \text{rad}$ 时，非周期性微多普勒项将与周期性微多普勒项的数量级相当。

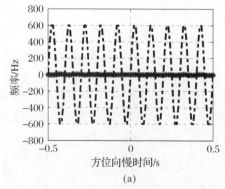
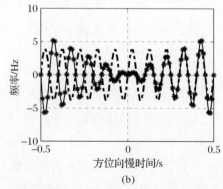

（a）　　　　　　　　　　　　　（b）

图 10.3　不同 α_v 取值下非周期性（星划线）和周期性（点划线）微多普勒项的数值比较

(a) $\alpha_v = \pi/6\ \text{rad}$；(b) $\alpha_v = \pi/1\,000\ \text{rad}$

为便于理解,图10.3给出了在 α_v 取值不同情况下的非周期性和周期性微多普勒项的数值比较,其他参数取值为 $R_0 = 10$ km、$v = 100$ m/s、$\lambda = 1$ mm、$A_v = 10$ mm、$f_v = 10$ Hz、$x_C = 0$。可见,在 $\alpha_v = \pi/6$ rad时,满足式(10.17),则周期性微多普勒项远大于非周期性微多普勒项,因此非周期性项通常可忽略不计;在 $\alpha_v = \pi/1\,000$ rad时,不再满足式(10.17),此时非周期性项与周期性项数量级相当,则目标总的微多普勒应视为两项的叠加。

10.2　旋转目标的微多普勒效应分析

对于旋转目标,建立如图10.4所示的SAR几何示意图。设在水平面内有一个散射点 P 以位于 $(x_C, y_C, 0)$ 处的固定散射点 C 为中心做正弦形式的匀速旋转运动,其旋转半径为 r_p,频率为 f_p,初时相位为 θ_p。

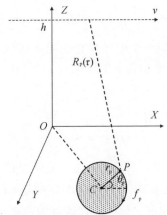

图 10.4　机载 SAR 旋转目标几何示意图

10.2.1　方位向回波信号模型

与上一节中的推导过程相似。假设在方位向慢时间 τ 时刻,旋转目标 P 的坐标为

$$\left.\begin{array}{l} x(\tau) = x_C + r_p\cos(\omega_p\tau + \theta_p) \\ y(\tau) = y_C - r_p\sin(\omega_p\tau + \theta_p) \\ z(\tau) = 0 \end{array}\right\} \tag{10.20}$$

其中,$\omega_p = 2\pi f_p$ 为旋转角速度。

同样考虑远场条件,由二阶泰勒展开式可得旋转散射点 P 与雷达之间的距离为

$$R_p(\tau) \approx R_0 + \frac{1}{2R_0}(v\tau - x(\tau))^2 - r_p\sin(\omega_p\tau + \theta_p) \tag{10.21}$$

则旋转目标的方位向回波信号可表示为

$$s(\tau) = \sigma_p\exp\left(-j\frac{4\pi R_p(\tau)}{\lambda}\right) \tag{10.22}$$

式中:σ_p 表示旋转目标 P 的后向散射系数。

10.2.2　微多普勒参数化表述

同样由旋转目标方位向回波相位对慢时间 τ 求导数,即可得目标的瞬时多普勒频率为

$$f(\tau) = -\frac{2v^2\tau}{\lambda R_0} + \frac{2vx_C}{\lambda R_0} + \frac{2\omega_p r_p}{\lambda}\cos(\omega_p\tau+\theta_p) - \frac{2v\tau\omega_p r_p}{\lambda R_0}\sin(\omega_p\tau+\theta_p) +$$

$$\frac{2vr_p}{\lambda R_0}\cos(\omega_p\tau+\theta_p) + \frac{2x_C\omega_p r_p}{\lambda R_0}\sin(\omega_p\tau+\theta_p) + \frac{\omega_p r_p^2}{\lambda R_0}\sin(2\omega_p\tau+2\theta_p) \quad (10.23)$$

类似地，第一项表示雷达运动产生的多普勒频率；第二项表示微多普勒中心频率；其他项之和表示目标旋转产生的周期性和非周期性微多普勒项的叠加。考虑到旋转目标半径一般在米量级，则在远场情况下$(R_0 \gg r_p, R_0 \gg x_C)$式(10.23)中第三项的数量级约为后四项之和的$10^4$倍，故式(10.23)可进一步简化为

$$f(\tau) \approx -\frac{2v^2\tau}{\lambda R_0} + \frac{2vx_C}{\lambda R_0} + \frac{2}{\lambda}\omega_p r_p\cos(\omega_p\tau+\theta_p) \quad (10.24)$$

通常取式(10.24)中的后两项作为目标的微多普勒频率，即

$$f_{mD}(\tau) = \frac{2vx_C}{\lambda R_0} + \frac{2}{\lambda}\omega_p r_p\cos(\omega_p\tau+\theta_p) \quad (10.25)$$

式(10.25)表明：由目标旋转产生的微多普勒频率可统一近似为随慢时间按余弦函数规律变化的周期性调制，且微多普勒频率整体也有一个与旋转中心方位向坐标成正比的频率平移量Δf_{mD}。

由式(10.25)可知，其微多普勒带宽为

$$B_{mD} = \frac{4}{\lambda}\omega_p r_p \quad (10.26)$$

根据奈奎斯特采样定理，对于有限带宽的连续基带复信号，为使采样能正确描述信号信息，采样率必须大于或等于信号带宽[2]。对于 SAR 系统而言，方位向采样率即为雷达系统PRF，因此为避免欠采样，PRF 须大于或等于微多普勒带宽，即

$$\mathrm{PRF} \geqslant B_{mD} \quad (10.27)$$

否则会出现微多普勒谱混叠现象，从而不利于微动信息提取。

需要说明的是，式(10.27)给出的是采用线性时频变换时的约束条件，如短时傅里叶变换、小波变换、Gabor 变换等；若采用二次型时频变换（非线性变换），如 Wigner-Ville 分布（WVD）、平滑伪 Wigner-Ville 分布（Smoothed Pseudo Wigner-Ville Distribution，SPWVD）等，则约束条件应变为[3]

$$\mathrm{PRF}/2 \geqslant B_{mD} \quad (10.28)$$

一般而言，对于大旋翼类目标较易发生微多普勒混叠现象，而对于振动目标发生的概率要小得多。若无特殊说明，本书中所指的微多普勒混叠现象，均是针对旋转目标而言的。

10.3 算术平均时频变换法提取微多普勒

10.3.1 算法原理分析

在地面静止目标的正侧视距离-多普勒成像算法中，可以将信号在$f_r - f_a$域乘以指数函数$\exp[\mathrm{j}(2\pi/c)R_0(f_a/f_{aM})^2 f_r]$来完成距离走动和弯曲，其中$f_{aM} = 2v/\lambda$，$f_a$为方位向频率，$f_r$为距离向频率。而对于微动目标，若采取同样的操作，虽然可以校正距离弯曲，但同时

会引入附加的距离走动分量,显然这对后续距离向压缩数据域的微多普勒提取未带来更加积极的影响。

对于振动目标来说,以正侧视工作 SAR 为例,若距离弯曲可以忽略,则微动目标信号在距离向压缩数据(Range-Compressed Data,RCD)域呈现为沿方位向的直线,对此直线所在距离单元的回波信号做时频变换即可得到整个合成孔径时间内的连续微多普勒谱。若距离弯曲不可忽略,即微动目标信号占据了多个距离单元,则对单一距离单元内的回波信号做时频分析,根据时频变换的局部聚集性只能得到间断不连续的微多普勒谱,显然这将不利于揭示目标的微动特征。

为提取完整连续的微多普勒时频谱,本书提出一种简单易行的方法,其详细实现步骤为:

步骤 1:确定 RCD 域微动目标方位向回波所占据的距离单元范围;

步骤 2:对每一个距离单元内的回波信号作时频变换,利用时频变换的局部聚焦性,得到不同慢时间采样点处的局部微多普勒谱;

步骤 3:为使不同慢时间采样点处的微多普勒谱强度相对均匀,将这些局部微多普勒谱叠加并求平均,就可以得到整个合成孔径时间内的连续微多普勒谱。

实际操作中为简化操作流程,可首先对这些距离单元范围内的回波信号求算术平均,然后作一次时频变换即可得到连续的微多普勒谱,在此将该方法简称为算术平均时频变换法。

这种方法对于线性时频变换很好理解,利用其线性叠加原理[4],可以将目标的方位向信号 $s(\tau)$ 看作是不同距离单元内方位向信号 $s_i(\tau)$ 的线性组合,则 $s(\tau)$ 的时频表示 $T_s(\tau,f)$ 就是每个信号分量时频表示的相同线性组合,即

$$s(\tau) = c_1 s_1(\tau) + c_2 s_2(\tau) \rightarrow T_s(\tau,f) = c_1 T_{s1}(\tau,f) + c_2 T_{s2}(\tau,f) \tag{10.29}$$

对于二次型时频变换,不再满足线性叠加原理,而是满足二次叠加原理。也就是说,信号 $s(\tau)$ 的时变功率谱分布 $P_s(\tau,\omega)$ 不仅包含各信号分量的自时频分布,而且还有各分量两两交叉组合的互时频分布,即

$$P_s(\tau,\omega) = |c_1|^2 P_{s1}(\tau,\omega) + |c_2|^2 P_{s2}(\tau,\omega) + c_1 c_2^* P_{s1,s2}(\tau,\omega) + c_2 c_1^* P_{s2,s1}(\tau,\omega) \tag{10.30}$$

由式(10.30)可见,信号分量越多,交叉项也就越严重,因此就需要选择交叉项抑制性能较好的二次型时频分布。

一般而言,对于振动目标,考虑到其振幅较小(厘米量级)、频率较大(10 Hz 量级),为有效提取其微多普勒谱,通常采用较高时频聚集性和交叉项抑制能力的分析方法,如 Cohen 类的 SPWVD 变换,通过选择合理的时间和频率平滑窗函数即可有效抑制多分量交叉项干扰,获得较高时频分辨力的时频谱。对于旋转目标,一般采用具有较高时频聚集性能的线性变换来提取微多普勒谱,这样可以适当放宽微多普勒模糊的限制条件,允许对更大旋转半径的目标进行分析,如不存在交叉项的伽柏(Gabor)变换。接下来对这两种时频变换作简单介绍。

1. Gabor 变换

Gabor 变换作为一种线性时频表示,它是采用时间和频率的联合函数来描述信号的频谱随时间变化的情况。信号 $s(t)$ 的 Gabor 展开定义为

$$s(t) = \sum_{m=-\infty}^{\infty} \sum_{n=-\infty}^{\infty} a_{mn} g_{mn}(t) \quad (m,n=0,\pm 1,\pm 2,\cdots) \tag{10.31}$$

式中：a_{mn} 称作 Gabor 展开系数；$g_{mn}(t)$ 称为 Gabor 基函数。

$$g_{mn}(t) = g(t - mT)\exp(j2\pi nFt) \qquad (10.32)$$

式中：$g(t)$ 是基函数的母函数；T 代表时间采样间隔；F 代表频率采样间隔。为在时频面内获得最好的时频聚集性，通常选择高斯窗为基函数。

Gabor 展开系数可以用下面的 Gabor 变换表示：

$$a_{mn} = \int_{-\infty}^{\infty} s(t)\gamma_{mn}^*(t)\mathrm{d}t \qquad (10.33)$$

式中：$\gamma_{mn}(t)$ 是 Gabor 基函数 $g_{mn}(t)$ 的辅助窗函数。根据 Gabor 变换理论，$g_{mn}(t)$ 与 $\gamma_{mn}(t)$ 应该满足双正交关系，即

$$\int g(t)\gamma^*(t - mT)\exp(-j2\pi nFt)\mathrm{d}t = \delta_m\delta_n \qquad (10.34)$$

因此，常称辅助函数 $\gamma(t)$ 为 $g(t)$ 的双正交函数。

实际中，为使双正交窗的计算数值保持稳定，通常的作法是：在一定程度上采用过采样 Gabor 展开（$TF < 1$）来提高 Gabor 系数的冗余度，以平滑双正交窗 $\gamma(t)$。

Gabor 变换属于"加窗傅里叶变换"，即以固定的滑动窗对信号进行分析，随着窗函数的滑动，可以表征信号的局部时频特性。对于选定窗长的基函数而言，它具有固定的时间采样间隔 T 和频率采样间隔 F，即 Gabor 变换在时频平面上各处的分辨率相同。要想取得较好的时间和频率分辨率，窗函数长度的选择至关重要。长度大的窗能够得到较好的频率分辨率，但是时间分辨率就会变差。

2. 平滑伪 Wigner-Ville 分布（SPWVD）

一个时频分布的优缺点主要由它的时频聚集性和交叉项抑制能力来决定。SPWVD 分布属于 Cohen 类函数中的双线性时频分析方法，它使用时间和频率的联合函数来描述信号的能量密度随时间的变化情况，通过时域和频域两个方向的独立加窗平滑操作，使其时频分布具有较高的时频聚集性和较强的多分量交叉项抑制能力，其表达式定义为

$$SPW(t,f) = \int_{-\infty}^{+\infty} h(\tau)\int_{-\infty}^{+\infty} g(u-t)s\left(u+\frac{\tau}{2}\right)s^*\left(u-\frac{\tau}{2}\right)\mathrm{d}u\exp^{j2\pi ft}\mathrm{d}\tau \qquad (10.35)$$

由于 SPWVD 在时域和频域两个方向进行了独立的平滑操作，交叉项可以得到有效抑制，但这是以牺牲时频分辨率为代价的，因此在实际应用中要对两者加以折中选择。通常来说，可供选择的平滑窗函数有 Hamming 窗、Gaussian 窗、Kaiser 窗等。

10.3.2 仿真验证

假设雷达正侧视工作，发射载频 $f_c = 10\ \mathrm{GHz}(\lambda = 3\ \mathrm{cm})$，带宽 $B_r = 200\ \mathrm{MHz}$，脉宽 $T_p = 1.2\ \mu\mathrm{s}$ 的线性调频信号；载机平台高度 $h = 3\ 600\ \mathrm{m}$，运动速度 $v = 150\ \mathrm{m/s}$，合成孔径时间为 $1.6\ \mathrm{s}$，系统 $PRF = 640\ \mathrm{Hz}$。

1. 振动散射点仿真

（1）目标沿距离向振动。目标振幅 $A_v = 15\ \mathrm{mm}$、频率 $f_v = 12\ \mathrm{Hz}$、振动中心坐标 $(-20, 2\ 700)\ \mathrm{m}$，其仿真结果如图 10.5 所示。

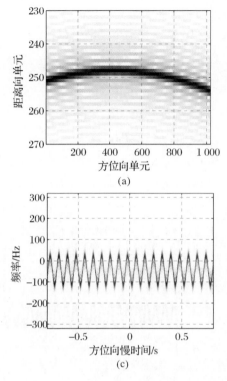

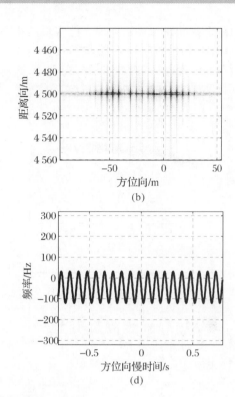

图 10.5 沿距离向振动散射点仿真

(a) 距离压缩后基带信号;(b) 成像结果;(c) 算术平均 SPWVD 变换结果;(d) 理论计算微多普勒谱

由图 10.5(a) 可见,受距离徙动影响,目标回波包络跨越了多个距离单元,位于第 (1 045,256) 个单元范围内。若由单一距离单元范围内的回波信号作时频变换,受时频变换局部聚集性的影响,则只能得到某些慢时间采样点上的微多普勒分布,如图 10.6 所示。

利用算术平均法分别得到了目标的 SPWVD 和 Gabor 时频谱,如图 10.5(c) 和图 10.7 所示,对比两图可以看出采用算术平均 SPWVD 变换不仅可以获取完整连续的微多普勒谱,而且其时频分辨率显然要高得多。另外,由于目标振动中心方位向坐标不为 0,故其微多普勒时频谱整体上沿频率轴有一平移量,通过 Hough 变换峰值检测[6] 可确定 $\Delta f_{\mathrm{mD}} \approx 44.9$ Hz,与图 10.5(d) 中的理论计算值 $2vx_C/(\lambda R_0) = 44.4$ Hz 相差不大,验证了理论分析的正确性。

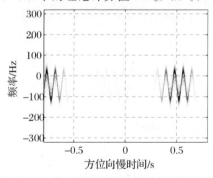

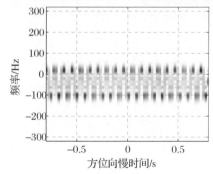

图 10.6 单一距离单元信号的 SPWVD 分布   **图 10.7 算术平均 Gabor 变换结果**

从成像结果上来看,此类目标在方位向呈现为成对像元[7],如图 10.5(b) 所示。从物理意义上来讲,由简谐振动引起的目标回波相当于对静止目标回波作余弦相位调制,故由正常的距离多普勒成像算法处理不能实现同相叠加,所以得到了很多成对的像元。

(2)目标沿斜向振动,方位角 $\alpha_v = \pi/4$ rad,满足式(10.17)。振动中心坐标(20,2 700) m,其余参数不变。具体仿真结果如图 10.8 所示。

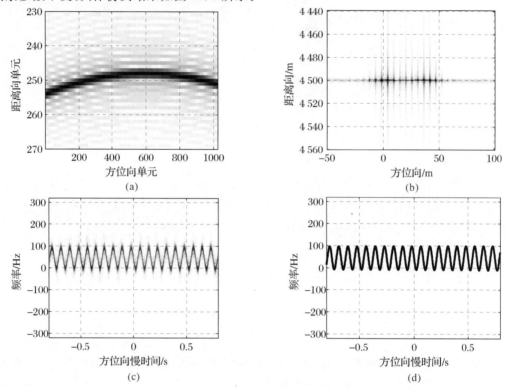

图 10.8　沿斜向振动散射点仿真

(a)距离压缩后基带信号;(b)成像结果;(c)算术平均 SPWVD 变换结果;(d)理论计算微多普勒谱

由图 10.8 可见,受距离徙动影响,回波包络同样占据多个距离单元;受目标斜振方位角 α_v 影响,该目标的微多普勒带宽明显要小于沿距离向振动目标的微多普勒带宽;成像结果仍然为对称分布的成对像元。

(3)目标沿方位向振动。目标振动中心坐标(0,2 700) m,其余参数不变。具体仿真结果如图 10.9 所示。

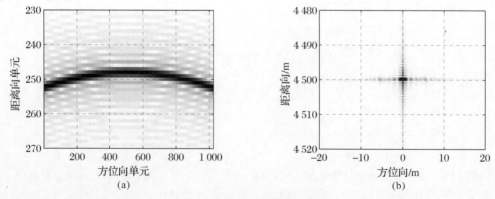

图 10.9　沿方位向振动散射点仿真
(a)距离压缩后基带信号;(b)成像结果

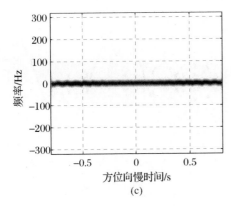

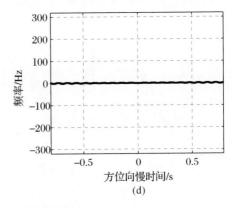

续图 10.9 沿方位向振动散射点仿真

(c)算术平均 SPWVD 变换结果;(d)理论计算微多普勒谱

由图 10.9(a)可以看出,受距离徙动影响,回波包络同样占据多个距离单元。由算术平均 SPWVD 变换可以得到其微多普勒谱,如图 10.9(c)所示。受目标振动方向的影响,时频谱近似为一条直线,只是在两侧有微弱的起伏现象(非周期性微多普勒频移),与理论计算值图 10.9(d)相吻合。由于目标非周期性微多普勒频移很小,故其在方位-距离域仍然呈聚焦像,如图 10.9(b)所示。

2.旋转散射点微多普勒仿真

对于旋转目标,其旋转频率一般在赫兹量级,而旋转半径的变化范围一般较大(从厘米量级到米量级)。在此以是否发生微多普勒混叠为标准,将其简单地划分为小旋翼类目标和大旋翼类目标。

(1)小旋翼类目标($r_p = 0.5$ m、$f_p = 1$ Hz、$\theta_p = \pi/4$ rad),旋转中心坐标(20,2 700) m。满足关系式(10.27),无微多普勒混叠现象,其仿真结果如图 10.10 所示。

由图 10.10(a)可见,尽管目标旋转频率只有 1 Hz,半径只有 0.5 m,但在距离向压缩数据域依然能看到距离徙动现象,回波包络基本上位于第(1 045,255)个距离单元范围内。采用算术平均 Gabor 变换可获得其微多普勒时频谱,如图 10.10(c)所示,其与理论计算值图 10.10(d)的分布相吻合。从图 10.10(b)可见,受其微动参数设置影响,其在距离-方位域呈现为直线型成像特征[8-9]。

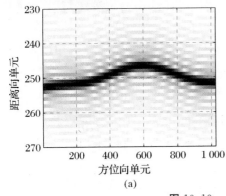

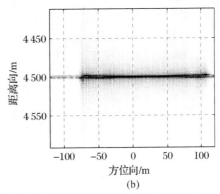

图 10.10 较小旋翼类目标仿真

(a)距离压缩后基带信号;(b)成像结果;

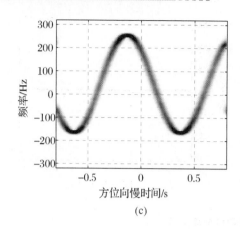

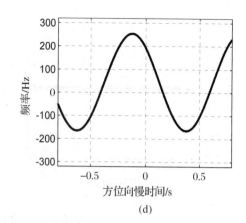

(c) (d)

续图 10.10 较小旋翼类目标仿真

(c) 算术平均 Gabor 变换谱；(d) 理论计算微多普勒谱

对于该目标，若采用算术平均 SPWVD 变换，在雷达系统参数不变的情况下，则会提前于 Gabor 谱发生微多普勒混叠现象，如图 10.11 所示。

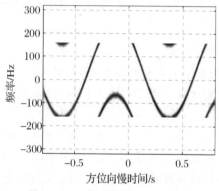

图 10.11 算术平均 SPWVD 谱

（2）大旋翼类目标（$r_p = 2\ \mathrm{m}$、$f_p = 1\ \mathrm{Hz}$、$\theta_p = 0\ \mathrm{rad}$），旋转中心坐标（0，2 700）m。关系式（10.27）不再满足，发生微多普勒混叠现象，其仿真结果如图 10.12 所示。

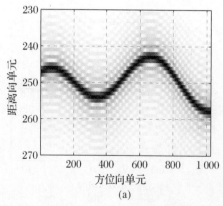

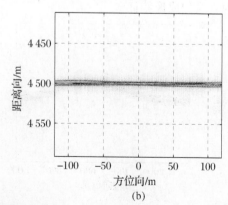

(a) (b)

图 10.12 较大旋翼类目标仿真

(a) 距离压缩后基带信号；(b) 成像结果

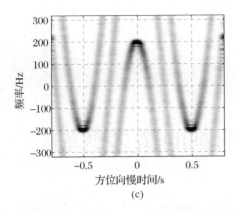
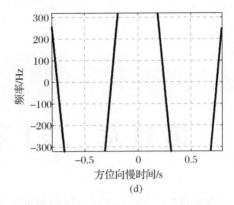

续图 10.12 较大旋翼类目标仿真

(c) 算术平均 Gabor 变换谱；(d) 理论计算微多普勒谱

由图 10.12(a) 可见，目标旋转半径增大，回波包络在距离压缩数据域所占据的距离单元范围随之变大，基本上位于第(1 040，260) 个单元内。由于其微多普勒带宽大于 PRF，发生了欠采样，因此图 10.12(c) 中存在明显的微多普勒混叠现象。若旋转半径进一步变大，则在时频面内将完全看不到规律性变化的微多普勒，这将严重制约微动参数的提取、微动目标的分类与识别。

从图 10.12(b) 可见，其成像结果已演变成直线条带型[8-9]，若目标旋转频率和半径更大，则旋转目标将在静止目标图像上形成范围较大的干扰条带，对 SAR 图像构成压制性干扰。

参 考 文 献

[1] 黄培康，殷红成，许小剑. 雷达目标特性[M]. 北京：电子工业出版社，2006.

[2] 胡广书. 数字信号处理：理论算法与实现[M]. 北京：清华大学出版社，2003.

[3] AUGER F，FLANDRIN P，GONCALVES P，et al. Time-frequency toolbox for use with MATLAB [EB/OL]. http://tftb. nongnu. org/，2005.

[4] 张贤达. 现代信号处理[M]. 北京：清华大学出版社，2007.

[5] 李开明，李长栋，李松，等. 基于 Gabor 变换的微动目标微多普勒分析与仿真[J]. 空军工程大学学报(自然科学版)，2010，11(2)：40 - 43.

[6] ZHANG Q，YEO T S，TAN H S，et al. Imaging of a moving target with rotating parts based on the Hough transform[J]. IEEE Trans on GRS，2008，46(1)：291 - 299.

[7] RüEGG M，MEIER E，NüESCH D. Vibration and rotation in millimeter-wave SAR [J]. IEEE Trans on GRS，2007，45(2)：293 - 304.

[8] 吴晓芳，刘阳，王雪松，等. 旋转微动目标的 SAR 成像特性分析[J]. 宇航学报，2010，31(4)：1181 - 1189.

[9] LI X，DENG B，QIN Y L，et al. The influence of target micromotion on SAR and GMTI[J]. IEEE Trans on GRS，2011，49(7)：2738 - 2751.

第11章 基于杂波抑制的微多普勒

众所周知,实际中微动目标回波通常会淹没在强地杂波背景中,给目标的微多普勒特征提取带来了很大困难,因此首要工作是采用合适的方法抑制地杂波、保留微动目标信号。然而,目前的 SAR/GMTI 研究都是以地面慢速运动目标为检测对象,尚未见以地面微动目标为研究对象的公开文献资料。本章将借鉴 SAR/GMTI 中的有关方法对强地杂波背景下的地面微动目标检测和微多普勒特征提取问题展开了深入研究。

11.1 SAR 微动目标检测

在 SAR/GMTI 系统中,多通道杂波抑制方法,通过增加雷达系统的空间维信息,综合利用空间和时间的二维信息提高了动目标检测性能,解决了单通道方法不能有效检测淹没在主瓣杂波谱内慢速运动目标的问题。

相位中心偏置天线(Displaced Phase Center Antenna,DPCA)技术和沿航迹干涉(ATI)技术是研究较多且已在工程上获得实用的两种多通道杂波抑制方法。本书将主要研究基于双通道 DPCA、ATI 杂波抑制的微动目标检测及微多普勒特征提取问题,并比较分析两种方法在检测性能和特征提取性能等方面上的差异。

11.1.1 SAR/DPCA 微动目标检测

DPCA 技术是多通道动目标检测的一个典型方法,20 世纪七八十年代就已经在机载预警雷达中得到了广泛应用[1-3]。

典型的 DPCA 方法采用二元检测模型[4],在相位中心间距、脉冲重复频率和载机飞行速度之间满足一定关系基础上,通过在空间同一位置以一定的时间间隔对地面进行两次数据采集,利用脉冲对消原理抑制地杂波,保留动目标信息。根据 DPCA 操作所在的不同域,大致可以分成距离多普勒域、复图像域检测等几种方案。从本质上说,微多普勒调制实际上是目标微动引起的回波相位调制在时频域的映射,因此为便于微多普勒特征提取,本书提出在距离向压缩数据域进行 DPCA 操作以检测微动目标。下面以振动目标为例对其原理作进一步分析。

图 11.1 给出了一个二维机载双通道 SAR/DPCA 微动目标检测的几何模型。双通道 DPCA 系统沿飞行轨迹放置两个天线 A_1 和 A_2,两天线以固定距离 d 分开,整个系统的脉冲重复周期为 T,每个通道的脉冲重复周期为 $2T$,即两通道交替发射和接收。假设场景内有目

标 P 以位于测绘中心处的静止散射点 O 为中心做正弦形式的简谐振动,振动方向与 X 轴夹角为 θ,振动频率和幅度分别为 f_{vib}、a_{vib}。

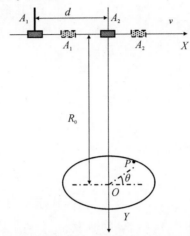

图 11.1　二维机载双通道机载 SAR/DPCA 微动目标检测的几何示意图

当天线相位中心间距 d 与载机速度 v,脉冲重复周期 T 之间满足下式所示关系时:

$$d = mvT \quad (m = 1,3,5,\cdots) \tag{11.1}$$

则天线 A_2 接收的第 1 个脉冲回波信号和天线 A_1 接收的第 $m+1$ 个脉冲回波信号的相位中心恰好重合,即这两路回波信号包含相同的静止目标信息,但是运动目标由于自身的运动而产生了额外的信息,所以二者包含的动目标信息不同。将两路回波信号相减,就能够消除静止目标信息,保留动目标信息。

1. 距离向压缩数据域回波信号

假设在方位向慢时间 τ 时刻,天线 A_2 的坐标为 $(v\tau,0)$,天线 A_1 的坐标为 $(v\tau-d,0)$。航迹到场景中心的最近距离为 R_0,则振动散射点的坐标为

$$\left. \begin{array}{l} x(\tau) = a_{\mathrm{vib}}\cos(\omega_{\mathrm{vib}}\tau)\cos\theta \\ y(\tau) = R_0 - a_{\mathrm{vib}}\cos(\omega_{\mathrm{vib}}\tau)\sin\theta \end{array} \right\} \tag{11.2}$$

式中: $\omega_{\mathrm{vib}} = 2\pi f_{\mathrm{vib}}$ 为振动角频率。此时天线 A_2 到振动散射点 P 的单程距离为

$$R_2(\tau) = \sqrt{[v\tau - x(\tau)]^2 + y^2(\tau)} \tag{11.3}$$

按照泰勒级数展开式(11.3)并忽略高次项,距离 $R_2(\tau)$ 可被重新表示为

$$R_2(\tau) \approx R_0 + \frac{1}{2R_0}[v\tau - x(\tau)]^2 - a_{\mathrm{vib}}\cos(\omega_{\mathrm{vib}}\tau)\sin\theta \tag{11.4}$$

同理可得在 $\tau + mT$ 时刻,天线 A_1 到振动散射点 P 的单程距离为

$$R_1(\tau + mT) \approx R_0 + \frac{1}{2R_0}[v(\tau+mT) - d - x(\tau+mT)]^2 -$$
$$a_{\mathrm{vib}}\cos[\omega_{\mathrm{vib}}(\tau+mT)]\sin\theta \tag{11.5}$$

雷达发射线性调频信号。忽略收发天线增益,则通道 A_1、A_2 所接收回波经相干检波和距离压缩后的基带信号分别为

$$s_1(t,\tau+mT) = \sigma\mathrm{sinc}\left\{B_r\left[t - \frac{2R_1(\tau+mT)}{c}\right]\right\}\exp\left[-\mathrm{j}\frac{4\pi R_1(\tau+mT)}{\lambda}\right] \tag{11.6}$$

$$s_2(t,\tau) = \sigma \mathrm{sinc}\left\{B_r\left[t - \frac{2R_2(\tau)}{c}\right]\right\}\exp\left[-\mathrm{j}\frac{4\pi R_2(\tau)}{\lambda}\right] \qquad (11.7)$$

式中:t 为距离向快时间。由式(11.6)和式(11.7)可以看出,两信号的峰值所对应的快时间点分别为

$$t_1 = \frac{2R_1(\tau + mT)}{c} \qquad (11.8)$$

$$t_2 = \frac{2R_2(\tau)}{c} \qquad (11.9)$$

如果目标静止,则可知 $t_1 = t_2$,即表明两基带信号位于相同的距离单元范围内;如果目标振动,考虑到其振动幅度远小于距离项 R_0,则对于任一方位向慢时间 τ_0 时刻,下述关系式是合理的:

$$|R_1(\tau_0 + mT) - R_2(\tau_0)| \approx \left|\begin{array}{c}\dfrac{[v\tau_0 - x(\tau_0 + mT)]^2 - [v\tau_0 - x(\tau_0)]^2}{2R_0}\\ + a_{\mathrm{vib}}\sin\theta[\cos(\omega_{\mathrm{vib}}\tau_0) - \cos(\omega_{\mathrm{vib}}(\tau_0 + mT))]\end{array}\right|$$
$$= \Delta\rho_r \qquad (11.10)$$

式中:$\Delta\rho_r$ 表示 SAR 系统的距离向分辨率,一般在米量级。例如:对于 $R_0 = 10$ km、$v = 100$ m/s、$PRF = 1\ 000$ Hz、$m = 5$、$a_{\mathrm{vib}} = 20$ mm、$f_{\mathrm{vib}} = 15$ Hz、$\theta = \pi/2$ rad,取合成孔径时间为 $\tau \in [-0.5\quad 0.5]$ s,则可得

$$\max[|R_1(\tau_0 + mT) - R_2(\tau_0)|] = 0.009\ 4\ \mathrm{m} = \Delta\rho_r \qquad (11.11)$$

式(11.11)表明:对于振动目标,两基带信号的峰值也几乎是位于同一距离向单元范围内,或者说位于同一距离向快时间点处。基于以上分析,则两通道 A_1、A_2 的方位向回波信号可分别表示为

$$s_1(\tau + mT) = \sigma\exp\left[-\mathrm{j}\frac{4\pi R_1(\tau + mT)}{\lambda}\right] \qquad (11.12)$$

$$s_2(\tau) = \sigma\exp\left[-\mathrm{j}\frac{4\pi R_2(\tau)}{\lambda}\right] \qquad (11.13)$$

式(11.12)即表示经时间校准的通道 A_1 的回波信号。

2. 双通道 DPCA 杂波抑制

为抑制地杂波,对两通道回波信号作 DPCA 对消,并取 $\phi_1 = 4\pi R_1(\tau + mT)/\lambda$、$\phi_2 = 4\pi R_2(\tau)/\lambda$,则

$$\begin{aligned}\Delta s(\tau) &= s_1(\tau + mT) - s_2(\tau)\\ &= \sigma\exp(-\mathrm{j}\phi_1) - \sigma\exp(-\mathrm{j}\phi_2)\\ &= -2\sigma\sin\left(\frac{\phi_1 - \phi_2}{2}\right)\exp\left[\mathrm{j}\left(\frac{\pi}{2} - \frac{\phi_1 + \phi_2}{2}\right)\right]\end{aligned} \qquad (11.14)$$

式(11.14)为杂波对消后方位向回波信号。结合式(11.4)、式(11.5)以及式(11.14),可得对消信号振幅调制因子为

$$\sin\left(\frac{\phi_1 - \phi_2}{2}\right) \approx \sin\left[\frac{4\pi a_{\mathrm{vib}}}{\lambda}\left(\frac{v\tau}{R_0}\cos\theta + \sin\theta\right)\sin(\pi f_{\mathrm{vib}}mT)\sin(\omega_{\mathrm{vib}}\tau + \pi f_{\mathrm{vib}}mT)\right] \qquad (11.15)$$

对消信号的相位为

$$\phi = \frac{\pi}{2} - \frac{\phi_1 + \phi_2}{2}$$

$$\approx \frac{\pi}{2} - \frac{4\pi}{\lambda}\left[R_0 + \frac{v^2\tau^2}{2R_0} - a_{vib}\left(\frac{v\tau\cos\theta}{R_0} + \sin\theta\right)\cos(\pi f_{vib}mT)\cos(\omega_{vib}\tau + \pi f_{vib}mT)\right] \quad (11.16)$$

从本质上讲,DPCA 操作是幅度对消。由式(11.15)可以看出,当目标静止时,即 ω_{vib} 和 a_{vib} 均为 0,则幅度调制因子等于 0,即对消信号 $\Delta s = 0$,也就是说由静止目标所产生的地杂波被对消掉了。

对于振动目标(ω_{vib} 和 a_{vib} 均不为 0),类似于第 2 章中的分析思路,按振动方向的不同作进一步讨论:

(1)沿距离向振动,即 $\theta = \pi/2$ rad,则式(11.15)和式(11.16)可分别简化为

$$\sin\left(\frac{\phi_1 - \phi_2}{2}\right) \approx \sin\left[\frac{4\pi a_{vib}}{\lambda}\sin(\pi f_{vib}mT)\sin(\omega_{vib}\tau + \pi f_{vib}mT)\right] \quad (11.17)$$

$$\phi \approx \frac{\pi}{2} - \frac{4\pi}{\lambda}\left[R_0 + \frac{v^2\tau^2}{2R_0} - a_{vib}\cos(\pi f_{vib}mT)\cos(\omega_{vib}\tau + \pi f_{vib}mT)\right] \quad (11.18)$$

由式(11.17)可以看出,此类目标的幅度调制因子是随慢时间作正弦变化的,且只有在部分慢时间采样点处满足 $(\phi_1 - \phi_2)/2 = n\pi(n = 0, \pm 1, \pm 2, \cdots)$ 时,幅度调制因子才等于 0,而在其他慢时间采样点则不为 0。也就是说,DPCA 操作使动目标回波信息在一些慢时间采样点处被保留了下来,这就为动目标检测提供了条件。

另外,如果 $\sin(\pi f_{vib}mT) = 0$,则对消信号幅度总是等于 0,此时对应的振动频率为

$$f_{vib} = \frac{l}{mT} \quad (l = 1, 2, 3, \cdots) \quad (11.19)$$

满足上述条件的频率称为振动目标 DPCA 检测的"盲频"。在实际雷达系统中,脉冲重复周期 T 一般在 10^{-3} s 数量级,而 m 的取值受载机飞行速度和基线长度的制约通常较小,因此盲频一般在 10^2 Hz 量级,显然常见目标的振动频率不可能这么高。因此,通常情况下认为 $\sin(\pi f_{vib}mT) \neq 0$。

(2)沿斜向振动。在第 2 章中,曾详细地讨论了这种情况下的进一步分类简化过程,即衡量 $v\cos\theta/R_0$ 与 $\sin\theta$ 之间的大小关系。为简单起见,在此约定沿斜向振动的目标均满足 $|v\cos\theta/R_0| \ll |\sin\theta|$,则沿斜向振动目标对消信号的幅度调制因子和相位可分别写为

$$\sin\left(\frac{\phi_1 - \phi_2}{2}\right) \approx \sin\left[\frac{4\pi a_{vib}}{\lambda}\sin\theta\sin(\pi f_{vib}mT)\sin(\omega_{vib}\tau + \pi f_{vib}mT)\right] \quad (11.20)$$

$$\phi \approx \frac{\pi}{2} - \frac{4\pi}{\lambda}\left[R_0 + \frac{v^2\tau^2}{2R_0} - a_{vib}\sin\theta\cos(\pi f_{vib}mT)\cos(\omega_{vib}\tau + \pi f_{vib}mT)\right] \quad (11.21)$$

特别地,当 $\theta = \pi/2$ rad 时,则式(11.20)和式(11.21)可分别简化为式(11.17)和式(11.18),也就是说沿距离向振动是斜向振动的一个特殊情况。同样地,此类目标的幅度调制因子也是随慢时间作正弦变化。

(3)沿方位向振动,即 $\theta = 0$ rad,则式(11.15)和式(11.16)可分别简化为

$$\sin\left(\frac{\phi_1 - \phi_2}{2}\right) \approx \sin\left[\frac{4\pi a_{vib}v}{\lambda R_0}\sin(\pi f_{vib}mT)\tau\sin(\omega_{vib}\tau + \pi f_{vib}mT)\right] \quad (11.22)$$

$$\phi \approx \frac{\pi}{2} - \frac{4\pi}{\lambda}\left[R_0 + \frac{v^2\tau^2}{2R_0} - \frac{va_{vib}}{R_0}\cos(\pi f_{vib}mT)\tau\cos(\omega_{vib}\tau + \pi f_{vib}mT)\right] \quad (11.23)$$

由式(11.22)可以看出,此时幅度调制因子是一个非周期性函数,且受距离项R_0影响其值会很小。

为便于理解,图11.2给出了在系统参数:$R_0 = 10$ km、$v = 100$ m/s、$PRF = 1\,000$ Hz、$\lambda = 0.03$ m、$\tau \in [-0.5, 0.5]$ s、$m = 5$;两个不同振动方向的目标参数:$a_{vib} = 20$ mm、$f_{vib} = 15$ Hz、$\theta_1 = \pi/3$ rad、$\theta_2 = 0$ rad 时,对应 DPCA 对消信号幅度调制因子的变化曲线比较。可以看出,沿斜向振动目标 DPCA 对消信号的幅度调制因子随慢时间变化呈现为周期性正弦曲线;沿方位向振动目标 DPCA 对消信号的幅度调制因子则随慢时间变化呈现为非周期曲线,且雷达越接近目标调制因子越小。从数量级上来看,前者的最大值约是后者最大值的10^2倍。

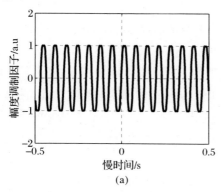 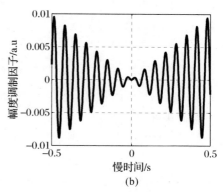

图11.2　不同振动方向目标 DPCA 对消信号的幅度调制因子比较

(a)斜振目标;(b)沿方位向振动目标

需要指出的是,实际上各通道中不仅包含地杂波和动目标信号,而且还有雷达系统噪声。由于噪声的随机性,在 DPCA 处理过程中不能被对消。在具体操作中,通常在两通道幅度对消后设定一个幅度门限对动目标进行检测。由于沿方位向振动目标对消信号的振幅很小,受随机噪声影响,采用设定的幅度门限可能不会检测到此类目标。

11.1.2　SAR/ATI 微动目标检测

双通道(Along Trach Interferometng,ATI)方法与 DPCA 方法很相似,同样要求沿航迹放置两个天线,两天线以固定的距离d分开,每个天线都有一个独立的接收通道。与 DPCA 的幅度对消原理不同,ATI 方法本质上讲是相位对消,即利用两路回波信号在数据域或复图像域经插值、配准和时间校准后由共轭相乘操作来获得干涉相位差。由于静止目标的干涉相位差为零,而动目标不为零,通过设置一定的判决相位门限,对干涉相位进行检测,就能确定动目标存在与否。具体地说:若干涉相位差接近于0,则认为目标是静止的;若干涉相位差不为0并高于判决相位门限,则认为是动目标。

同样在距离向压缩数据域对两通道信号做 ATI 操作以检测微动目标。

与3.2节的推导类似,在式(11.1)满足的条件下,对通道A_1、A_2的方位向回波信号式(11.12)和式(11.13)做共轭相乘,即

$$s_{ati} = s_1^*(\tau + mT)s_2(\tau) = \sigma^2 \exp(\mathrm{j}\phi_1 - \mathrm{j}\phi_2) \tag{11.24}$$

式中:符号上标"*"为取共轭操作。由式(11.24)所示,与 DPCA 信号幅度随慢时间对消不同,干涉信号振幅为单通道信号幅度的二次方。同时,可得干涉信号相位为

$$\phi_{ati} = \phi_1 - \phi_2 \qquad (11.25)$$

结合 DPCA 信号幅度调制因子式(11.15),易得

$$\phi_{ati} = \frac{8\pi a_{vib}}{\lambda}\sin(\pi f_{vib}mT)\left(\frac{v\tau}{R_0}\cos\theta + \sin\theta\right)\sin(\omega_{vib}\tau + \pi f_{vib}mT) \qquad (11.26)$$

类似于对幅度调制因子的讨论,对干涉相位差的讨论也可分以下几种情况讨论:

(1) 沿斜向振动,且满足关系式 $|v\cos\theta/R_0| = |\sin\theta|$,则式(11.26)可以简化为

$$\phi_{ati} \approx \frac{8\pi a_{vib}}{\lambda}\sin(\pi f_{vib}mT)\sin\theta\sin(\omega_{vib}\tau + \pi f_{vib}mT) \qquad (11.27)$$

可见干涉相位是关于慢时间的正弦周期性函数,且只有在以下慢时间采样点处为相位差 0,即

$$\tau = \frac{n}{2f} - \frac{mT}{2} \quad (n = 0, \pm 1, \pm 2, \cdots) \rightarrow \phi_{ati} = 0 \qquad (11.28)$$

而在其他慢时间采样点处不为 0,即振动目标信息得以保留。

特殊地,对于 $\theta = \pi/2$ rad,即目标沿距离向振动,则同样是在式(11.28)所示的慢时间采样点处以外的位置保留了振动目标的信息。

(2) 沿方位向振动,则式(11.26)可以简化为

$$\phi_{ati} \approx \frac{8\pi a_{vib}v}{\lambda R_0}\tau\sin(\pi f_{vib}mT)\sin(\omega_{vib}\tau + \pi f_{vib}mT) \qquad (11.29)$$

显而易见,类似于式(11.22),式(11.29)同样呈现非周期性变化特征,且受距离项影响,干涉相位差很小,近似于 0。在采用给定相位门限检测时,可能会检测不到该类目标。

综合上述分析,当目标沿斜向振动(含沿距离向振动)时,在单基双通道模式下,由 DCPA 幅度对消或 ATI 相位对消均可较为容易地检测到相关目标;而当目标沿方位向振动时,由于其 DPCA 对消信号幅度或 ATI 干涉相位差很小,则会使目标检测变得有些困难。

需要指出的是,实际中由于载机运动误差、系统稳定度不高等因素,天线相位中心间距 d 与载机速度 v,脉冲重复周期 T 之间往往不能满足式(11.1)的条件,所以就需要预先在距离向压缩数据域对单通道或两通道信号作插值或相位补偿来消除由于 $d \neq mvT$ 带来的相位误差,然后再做时间校准,否则受杂波残留影响将不能有效检测到微动目标弱信号。为解决运动误差导致的杂波残留对动目标检测造成的不利影响,参考文献[82,121-122]分别提出了一些有效的解决方法以提高检测性能。因运动误差补偿不是本书关注的重点,故在此跳过此环节,假设两通道回波数据已做精确配准处理。

11.2　基于杂波抑制的振动目标微多普勒提取

在前一节分析的基础上,本节主要推导基于单基双通道 DPCA 和 ATI 杂波抑制的振动目标微多普勒参数化表述。

11.2.1 SAR/DPCA 模式下的微多普勒

振动目标的瞬时频率即为回波相位对慢时间的导数,根据第 8.1.1 节的分析,按照不同振动方向讨论 SAR/DPCA 模式下微多普勒频率的参数化表述。

(1) 目标沿斜向振动,且满足关系式 $|v\cos\theta/R_0| = |\sin\theta|$,则由式(11.21)可得

$$
f = \frac{1}{2\pi}\frac{\mathrm{d}\phi}{\mathrm{d}\tau}
$$

$$
\approx -\frac{2v^2}{\lambda R_0}\tau - \frac{2}{\lambda}a_{\mathrm{vib}}\omega_{\mathrm{vib}}\sin\theta\cos(\pi f_{\mathrm{vib}}mT)\sin(\omega_{\mathrm{vib}}\tau + \pi f_{\mathrm{vib}}mT) \tag{11.30}
$$

其中右边第一项为由雷达运动产生的多普勒频率,第二项就是由散射点的振动而引入的微多普勒调制,即

$$
f_{\mathrm{mD\text{-}dpca}} = -\frac{2}{\lambda}a_{\mathrm{vib}}\omega_{\mathrm{vib}}\sin\theta\cos(\pi f_{\mathrm{vib}}mT)\sin(\omega_{\mathrm{vib}}\tau + \pi f_{\mathrm{vib}}mT) \tag{11.31}
$$

可见,此类目标对消信号的微多普勒调制是随慢时间变化的正弦函数。由式(11.31)可得,该模式下的微多普勒带宽为

$$
B_{\mathrm{mD\text{-}dpca}} = \frac{4}{\lambda}a_{\mathrm{vib}}\omega_{\mathrm{vib}}\cos(\pi f_{\mathrm{vib}}mT)\sin\theta \tag{11.32}
$$

与单通道模式下斜振目标的微多普勒带宽表达[式(2.19)]相比,式(11.32)不仅与该目标的微动参数、载波波长等相关,而且与两通道的相位中心间距等因素有关,两者的最大值相差一个余弦函数因子。

目标沿距离向振动是斜向振动的一种特殊情况,不再详细讨论。

(2) 目标沿方位向振动,则由式(11.23)可得

$$
f \approx -\frac{2v^2}{\lambda R_0}\tau - \frac{2va_{\mathrm{vib}}}{\lambda R_0}\cos(\pi f_{\mathrm{vib}}mT)\left[\omega_{\mathrm{vib}}\tau\sin(\omega_{\mathrm{vib}}\tau + \pi f_{\mathrm{vib}}mT - \cos)(\omega_{\mathrm{vib}}\tau + \pi f_{\mathrm{vib}}mT)\right] \tag{11.33}
$$

类似地,右边第一项为由雷达运动产生的多普勒频率;第二项就是由散射点的振动而引入的微多普勒调制,且该调制由非周期性微多普勒调制和周期性微多普勒调制叠加而成,即

$$
f_{\mathrm{mD\text{-}dpca}} = -\frac{2va_{\mathrm{vib}}}{\lambda R_0}\cos(\pi f_{\mathrm{vib}}mT)\left[\omega_{\mathrm{vib}}\tau\sin(\omega_{\mathrm{vib}}\tau + \pi f_{\mathrm{vib}}mT) - \cos(\omega_{\mathrm{vib}}\tau + \pi f_{\mathrm{vib}}mT)\right] \tag{11.34}
$$

为便于理解,图 11.3 给出了在雷达系统参数:$R_0 = 10$ km、$v = 100$ m/s、$PRF = 1\,000$ Hz、$\lambda = 0.03$ m、$\tau \in [-0.5, 0.5]$ s、$m = 5$;沿方位向振动目标参数:$a_{\mathrm{vib}} = 20$ mm、$f_{\mathrm{vib}} = 15$ Hz 时,非周期性和周期性微多普勒项的量化比较。

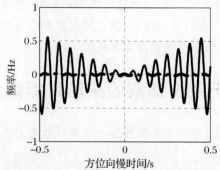

图 11.3　非周期性(实线)和周期性(虚线)微多普勒项数值比较

由图 11.3 可见，尽管非周期性和周期性微多普勒项的数值都很小，但是目标振动频率一般在 10 Hz 量级，故其非周期性项要远大于周期性项，即在此类目标的微多普勒调制中占据主导地位。

11.2.2　SAR/ATI 模式下的微多普勒

根据 8.1.2 节的分析，同样按照不同振动方向讨论 SAR/ATI 模式下微多普勒频率的参数化表述。

（1）目标沿斜向振动，且满足关系式 $|v\cos\theta/R_0| = |\sin\theta|$，则由式（11.27）可得此模式下的微多普勒频率为

$$f_{\text{mD-ati}} = \frac{1}{2\pi}\frac{\mathrm{d}\phi_{\text{ati}}(\tau)}{\mathrm{d}\tau}$$

$$\approx \frac{4a_{\text{vib}}\omega_{\text{vib}}}{\lambda}\sin(\pi f_{\text{vib}}mT)\sin\theta\cos(\omega_{\text{vib}}\tau + \pi f_{\text{vib}}mT) \tag{11.35}$$

与式（11.31）有所不同，式（11.35）中不再包含由雷达平动引起的多普勒频移项，而只有目标振动引入的微多普勒项，且为随慢时间变化的余弦周期性函数。

由式（11.35）可得，此类目标在 SAR/ATI 模式下的微多普勒带宽为

$$B_{\text{mD-ati}} \approx \frac{8a_{\text{vib}}\omega_{\text{vib}}}{\lambda}\sin(\pi f_{\text{vib}}mT)\sin\theta \tag{11.36}$$

与式（11.32）不同，该模式下的微多普勒带宽受正弦函数调制。

（2）目标沿方位向振动，则由式（11.29）可得其微多普勒频率为

$$f_{\text{mD-ati}} \approx \frac{4va_{\text{vib}}}{\lambda R_0}\sin(\pi f_{\text{vib}}mT)\left[\sin(\omega_{\text{vib}}\tau + \pi f_{\text{vib}}mT) + \omega_{\text{vib}}\tau\cos(\omega_{\text{vib}}\tau + \pi f_{\text{vib}}mT)\right]$$

$$\tag{11.37}$$

类似于式（11.33），该模式下此类目标的微多普勒调制仍然由非周期项和周期项函数叠加而成，且非周期性微多普勒项远大于周期性项，在整体微多普勒中占主导地位。

11.2.3　多普勒调频率估计与补偿

由前述分析可知，在单通道 SAR 以及双通道 DPCA 模式下，振动目标方位向回波的瞬时频率均是由雷达运动引起的多普勒瞬时频率和目标微动引起的微多普勒瞬时频率两部分叠加而成；在双通道 ATI 模式下，受相位差分处理影响，微动目标方位向回波的瞬时频率即为目标的微多普勒瞬时频率。

考察式（11.30）和式（11.33），可以看出 DPCA 对消信号实际上是由一个方位向调频率为 $k_a = -2v^2/\lambda R_0$ 的线性调频信号和附加微多普勒信号的叠加，在时频平面上即呈现为一条线性倾斜多普勒曲线和一条微多普勒曲线的叠加。线性多普勒斜率的存在给微多普勒特征提取主要带来了两个方面的影响：一是，微多普勒瞬时频率在频率轴所占的范围扩大，不便于微多普勒带宽等信息的获取；二是，如果 k_a 绝对值较大，则可能会发生微多普勒卷绕现象（实际上就是微多普勒混叠），如图 11.4(b) 所示。基于以上分析，在 SAR/DPCA 模式下对微动目标方位向对消信号作时频分析之前，需要补偿由雷达平动引起的线性多普勒斜率。

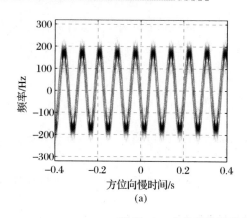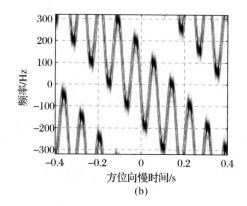

图 11.4　去多普勒斜率前后目标的 SPWVD 时频谱比较

(a) 去多普勒斜率的 SPWVD 谱分布；(b) 含多普勒斜率的 SPWVD 谱分布

目前，机载 SAR 的运动补偿主要有基于仪器仪表测量和基于回波数据信号处理两种方式。前一种方法主要依靠机载的惯性导航系统（Inertial Navigation System，INS）和全球定位系统（Global Positioning System，GPS）来估计多普勒调频率，这种方法较为简单，但对机载天线相位中心（Antenna Phase Center，APC）的位置和姿态信息要求足够准确和及时。INS/GPS 系统的精度和数据更新频率决定了系统的成本。为降低成本，实际上很多情况下都会采用较低精度和较低数据更新频率的 INS/GPS 系统。后一种方法不需要知道 APC 的精确位置信息，而是直接对接收回波数据作信号处理，可利用视错位法（Map Drift，MD）、相位梯度自聚焦法（phase gradient autofocus）、相位差分法或分数阶傅里叶变换（Fractional Fourier Fransform，FrFT）等算法来估计多普勒调频率。

考虑到 FrFT 非常适合于线性调频信号的检测和参数估计，且不需要很多的计算量，因此本书中采用了该方法来估计线性多普勒斜率，并在慢时间域对雷动平动作相位补偿。

作为傅里叶变换的一种广义形式，信号的 FrFT 可以理解为将信号的坐标轴在时频面上绕原点做逆时针旋转。如果将傅里叶变换看成是信号由时间轴上逆时针旋转 $\pi/2$ 后到频率轴上的表示，则可以将 FrFT 看成是信号在时间轴上逆时针旋转角度 α 到 u 轴上的表示，信号 $x(t)$ 的 FrFT 定义为

$$X_\alpha(u) = \mathrm{F}^p[x(t)] = \int_{-\infty}^{+\infty} x(t) K_\alpha(t,u) \mathrm{d}t \tag{11.38}$$

式中：p 为 FrFT 的阶数，可以为任意实数；$\alpha = p\pi/2$；$\mathrm{F}^p[\cdot]$ 为 FrFT 的算子符号；$K_\alpha(t,u)$ 为 FrFT 的核函数

$$K_\alpha(t,u) = \begin{cases} \delta(t-u) & (\alpha = 2n\pi) \\ \delta(t+u) & [\alpha = (2n\pm 1)\pi] \\ \sqrt{(1-\mathrm{j}\cot\alpha)/2\pi} \cdot \exp[\mathrm{j}(t^2+u^2)\cot\alpha/2 - \mathrm{j}tu\csc\alpha] & (\text{其他}) \end{cases} \tag{11.39}$$

对于双通道 DPCA 对消信号而言，可将其理解为一个 LFM 信号、微动信号以及高斯白噪声信号的叠加。一个有限长的 LFM 信号在时频平面上呈现为斜直线的背鳍形分布，而 FrFT 从本质上讲是对信号的"旋转"，选择合适的旋转角度对信号进行分数阶傅里叶变换，可使信号在某一特定的分数阶傅里叶域上呈现为能量的聚集，其幅度出现明显的峰值，如图 11.5 所示。而微动信号和白噪声在任何的分数阶博里叶域上均不会出现能量的聚集。

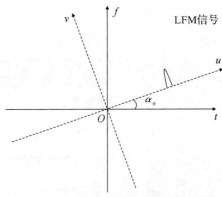

图 11.5　LFM 信号在时频域和分数阶的分布

利用这一特性,可实现 LFM 信号的检测与参数估计,其基本思路是以旋转角 α 为变量,以固定步长对观测信号连续进行分数阶傅里叶变换,形成信号能量在参数 (α,u) 平面上的二维分布,在此平面上按阈值进行峰值点的二维搜索即可实现信号的检测与调频率的估计。

若经搜索得知在旋转角度为 α_0 时得到分数阶域的能量峰值,则回波信号的多普勒调频率估计值为

$$k_{\mathrm{aes}} = \tan\left(\alpha_0 - \frac{\pi}{2}\right)/S^2 \tag{11.40}$$

式中:$S = \sqrt{T_\mathrm{s}/f_\mathrm{s}}$ 为离散数值化计算 FrFT 时引入的尺度因子。对于双通道 SAR 系统而言,T_s 为合成孔径时间长度,f_s 为每个通道的脉冲重复频率。

因此,雷达平动补偿后的 DPCA 对消信号可以表示为

$$\Delta s_\mathrm{c}(\tau) = \Delta s(\tau) \cdot \exp(-\mathrm{j}\pi k_{\mathrm{aes}}\tau^2) \tag{11.41}$$

对补偿后的方位向信号作时频分析即可得到去线性多普勒斜率的目标微多普勒谱。

11.2.4　仿真验证与讨论

根据前述分析,微多普勒频率与波长成反比,因此对于微动幅度在厘米量级的振动目标,采用毫米波段雷达更易提取其微动特征[5]。

在仿真实验中,雷达正侧视工作,发射载频 $f_\mathrm{c} = 94$ GHz$(\lambda = 3.2$ mm$)$,带宽 $B_\mathrm{r} = 200$ MHz、脉宽 $T_\mathrm{p} = 1.2$ μs 的线性调频信号;载机运动速度 $v = 75$ m/s,系统脉冲重复频率 $PRF = 2\,560$ Hz,载机航迹与场景中心的最近距离 $R_0 = 3\,000$ m;两天线相位中心间距 $d = 25vT$;系统的距离向和方位向分辨率分别为 $d_\mathrm{r} = 0.75$ m 和 $d_\mathrm{a} = 0.08$ m,经计算距离弯曲项 $R_\mathrm{q} = \lambda^2 R_0/(112d_\mathrm{a}{}^2) < d_\mathrm{r}/4$,因此可以将其忽略。

假设场景中有 14 个静止散射点和 3 个振动散射点,且各散射点的距离向坐标均不相同。静止散射点回波即为要抑制的地杂波,距离向压缩前各通道回波的信杂比(Signal Clutter Ratio,SCR)约为 -6.36 dB。振动散射点的参数设置见表 3.1。

表 3.1　振动散射点参数

序　号	振动幅度 /mm	振动频率 /Hz	振动方向 /rad	振动中心坐标 /m
P_1	4	12	$\pi/6$	$(0,2\,985)$
P_2	4	30	0	$(0,3\,015)$
P_3	60	12	0	$(0,3\,000)$

1. 基于 SAR /DPCA 的微多普勒提取

按照前述理论分析,为提取 SAR/DPCA 模式下的微多普勒,主要需要以下几个关键步骤:

(1)SAR/DPCA 地杂波对消。图 11.6(a) 为通道 A_1 所接收回波在 RCD 域的幅度图,图 11.6(b) 为两通道 DPCA 杂波对消后回波信号的幅度图。

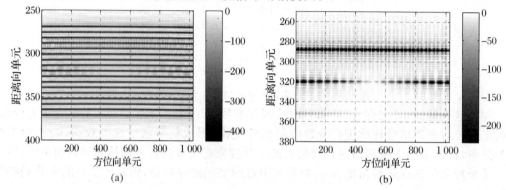

(a)　　　　　　　　　　　　　　　(b)

图 11.6　RCD 域 DPCA 对消前后信号分布

(a) 单通道回波信号幅度;(b) 双通道 DPCA 对消信号幅度

由图 11.6(a) 可见,通道 A_1 的回波信号中同时包含地杂波和微动目标信号,由于距离弯曲项可以忽略,故两类信号的包络都呈现为沿方位向的直线,不能分辨开来。经两通道 DPCA 对消处理后,图 11.6(b) 中仅包含微动目标信号,然而在第 340 ~ 360 个距离单元范围内的直线分量受非周期性幅度调制因子的影响,幅度很小、显得非常模糊,因此关键问题是如何检测和定位这些微弱直线分量。

(2)Radon 变换直线分量检测。Radon 变换[6] 是一种直线积分的投影变换,可用来检测二维平面上的直线分量。设 $f(x,y)$ 为二维平面 (x,y) 上的任一函数,则其 Radon 变换可表示为

$$R(\rho,\phi) = \iint f(x,y)\delta(\rho - x\cos\phi - y\sin\phi)\mathrm{d}x\mathrm{d}y \tag{11.42}$$

式中:$\delta(\cdot)$ 为狄拉克函数。

由于 $\delta(\cdot)$ 的作用,Radon 变换沿着直线 $y = ax + b$($a = -1/\tan\theta_0$,$b = -\rho_0/\sin\theta_0$)积分,如图 11.7 所示,其中 ρ_0 是二维平面 (x,y) 的原点到该直线的距离,θ_0 是直线与 x 轴之间的夹角,将二维平面 (x,y) 内的直线映射到 (ρ,θ) 平面内的一个峰点,其在沿角度 θ_0 的截面上表现为类似于图 11.7(c) 的形式。

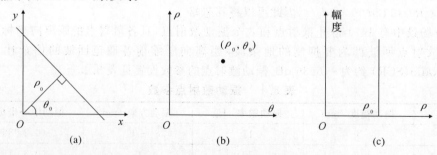

(a)　　　　　　　　　　(b)　　　　　　　　　　(c)

图 11.7　Radon 变换原理示意图

(a) 在 (x,y) 坐标系下的直线;(b) 直线在新坐标系下的投影;(c) 沿角度 θ_0 的截取结果

由于在 RCD 域振动目标表现为沿方位向的直线，所以对消信号的 Radon 变换在 $\theta_0 =$ 90° 截面上各个聚集的峰值就表示在原二维数据域中相应距离单元处有振动目标。图 11.8 即为对消信号的 Radon 变换在 $\theta_0 = 90°$ 截面上的分布。

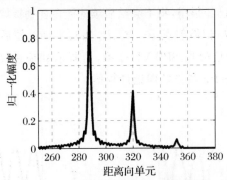

图 11.8　对消信号 Radon 变换结果

由图 11.8 可见，在 $\theta_0 = 90°$ 截面上有三个峰值，峰值中心分别位于第 288、320 和 352 个距离单元处，恰好对应散射点 P_1、P_3、P_2 的设定位置；可以看到沿斜向振动散射点 P_1 的峰值幅度最大、沿方位向振动散射点 P_3 的峰值幅度其次、沿方位向振动散射点 P_2 的峰值幅度最小。这主要是因为散射点 P_1 的幅度调制因子是正弦周期性的，而其他两个散射点的则是非周期性变化的。另外，从散射点 P_2 和 P_3 参数设置来看，对于沿方位向振动类目标，振动幅度对幅度调制因子的影响显然要比振动频率造成的影响更大，这也就是散射点 P_2 的峰值幅度非常小的原因。

（3）多普勒调频率估计与相位补偿。

首先，取散射点 P_1、P_2、P_3 在相应距离单元处的方位向回波信号，记作 $\Delta s_i(\tau)(i=1,2,3)$；

然后，取旋转角度 α 的范围为 $[0,\pi]$ rad，步长为 0.002 rad（步长越小，分数阶域峰值点位置估计越准确），对 $\Delta s_i(\tau)$ 作分数阶傅里叶变换；

最后，将各分数阶域信号能量投影到旋转角度 α 轴上，并在阶数域作一维峰值搜索，即可得到各峰值点对应的旋转角度，据此估计对应信号的多普勒调频率。

为简单起见，图 11.9 只给出了 $\Delta s_1(\tau)$ 的 FrFT 域信号在 α 轴上的投影分布，可知其峰值点对应的旋转角度 $\alpha_1 = 0.935$ rad，则多普勒调频率估计值 $k_{aes\,1} = -1\,182.9$ Hz/s。同理，可得其他两个对消信号的方位向调频率估计值分别为 $k_{aes\,2} = -1\,171.3$ Hz/s、$k_{aes\,3} = -1\,175.2$ Hz/s。

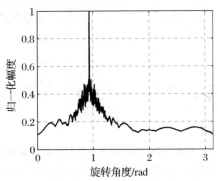

图 11.9　对消信号 $\Delta s_1(\tau)$ 的 FrFT 沿 α 轴的能量分布

接下来就要利用这些估计值作相位补偿处理,实际操作中,为减少运算量,提高运算效率,可首先对各多普勒调频率估计值求算术平均,然后以此平均值对两通道 DPCA 对消信号整体作相位补偿以完成去多普勒斜率操作。尽管这个方法不能完全补偿每个对消信号的多普勒调频率,但多普勒调频率余量已经很小,将不会给后续的微多普勒提取造成负面影响。

（4）微多普勒特征提取。记散射点 P_1、P_2、P_3 雷达平动补偿后的方位向回波信号分别为 $\Delta s_{ci}(\tau)(i=1,2,3)$；对每个信号作 SPWVD 变换,可提取相应的微多普勒特征,如图 11.10（a）～（f）分别给出了相应的微多普勒理论计算值。

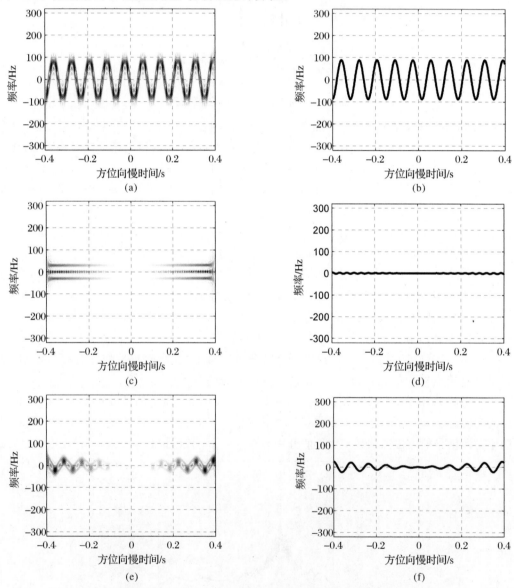

图 11.10　SAR/DPCA 模式下各散射点的微多普勒分布

（a）散射点 P_1 的 SPWVD 谱；（b）散射点 P_2 的 SPWVD 谱；（c）散射点 P_3 的 SPWVD 谱；
（d）散射点 P_1 的理论计算值；（e）散射点 P_2 的理论计算值；（f）散射点 P_3 的理论计算值

由图 11.10 可见,对于斜振目标 P_1,参数设定满足 $|v\cos\theta/R_0| = |\sin\theta|$,故其微多普勒谱呈现为正弦函数变化形式,与理论计算值相吻合。对于沿方位向振动目标 P_2,尽管其振幅与目标 P_1 的相同,且振动频率有所变大,但受距离项 R_0 的影响,从其 SPWVD 时频谱上很难获取其微多普勒特征。对于同样沿方位向振动的目标 P_3,尽管依然受到距离项 R_0 的调制,但由于其振动幅度较大,故该目标的微多普勒特征仍可由 SPWVD 提取到,呈现为非周期性变化特征,且在载机接近目标时微多普勒振幅变小,在载机远离目标时变大,这与理论分析结果相吻合。

综上所述,图 11.11 给出了在 RCD 域由 SAR/DPCA 技术检测微动目标及提取其微多普勒特征的相关操作流程。

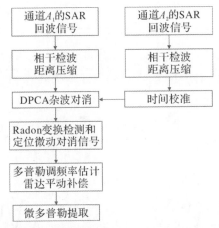

图 11.11　基于 SAR/DPCA 模式的微动目标检测及微多普勒提取流程

2.基于 SAR/ATI 的微多普勒提取

类似于上一节的分析过程,不同的是 SAR/ATI 模式是基于相位干涉处理,通过干涉相位差(或干涉信号虚部,在此假定干涉相位差不发生周期性缠绕现象)来检测微动目标,且不需要作雷达平动补偿。

(1)SAR/ATI 相位干涉处理。图 11.12 为两通道 ATI 干涉信号的虚部模值,可以看出地杂波已基本对消干净,微动目标干涉信号在 RCD 域中同样呈现为沿方位向的直线,且沿方位向振动目标的干涉信号十分微弱。

(2)Radon 变换检测微动目标。图 11.13 给出了干涉信号虚部模值在 $\theta_0 = 90°$ 截面上的 Radon 变换,其分布特征类似于图 11.8,同样有三个峰值分别位于第 288、320、352 个距离单元处,且散射点 P_2 的峰值幅度非常小;不同之处在于后两个峰值的归一化幅度要比图 11.8 中的略大一些,这主要是因为 ATI 操作使干涉信号幅度得到了增强,而不是相消。

(3) 微多普勒特征提取。在 SAR/ATI 模式下,两通道信号干涉处理直接得到是干涉相位差,或者说是干涉信号虚部。在前述仿真参数设置中,设定各散射点的距离向坐标不同且距离弯曲可以忽略,因此根据 Radon 变换确定了直线分量的位置后,实际上也就得到了复干涉信号。对各散射点的复干涉信号作时频分析,即可提取相应的微多普勒时频谱。

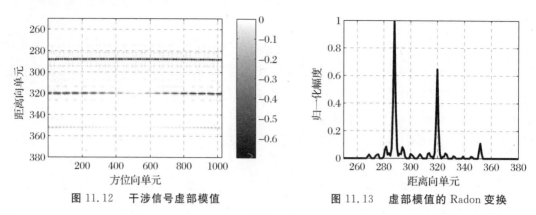

图 11.12　干涉信号虚部模值　　　　　图 11.13　虚部模值的 Radon 变换

　　然而,通常情况下地杂波信号与微动目标信号不是独立分布在各自的距离单元范围内,有可能出现叠加的情形。特别是,对于旋转目标,其微动幅度较大,在高分辨率 SAR 系统中不可避免地会发生 RCM 现象,其微动信号就会和地杂波交织在一起。在这些情况下,就需要重建微动目标干涉复信号。对于这个问题,将在下一节中予以重点研究,本节只考虑地杂波与微动目标信号独立分布的情况。

　　图 11.14 给出了各散射点干涉信号的 SPWVD 时频谱及其理论计算分布。

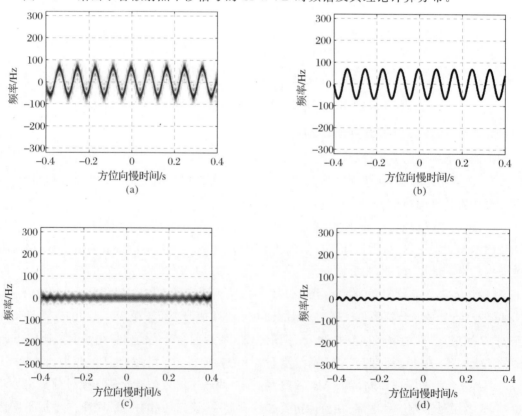

图 11.14　SAR/ATI 模式下各散射点的微多普勒分布

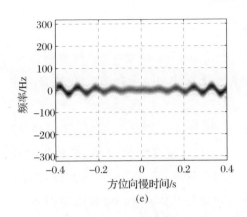
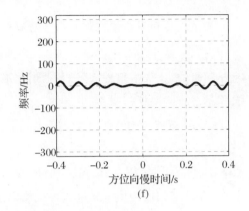

（e）　　　　　　　　　　　　　　　　　　　　　（f）

续图 11.14　SAR/ATI 模式下各散射点的微多普勒分布

(a) 散射点 P_1 的 SPWVD 谱；(b) 散射点 P_2 的 SPWVD 谱；(c) 散射点 P_3 的 SPWVD 谱；

(d) 散射点 P_1 的理论计算值；(e) 散射点 P_2 的理论计算值；(f) 散射点 P_3 的理论计算值

由图 11.14 可见,各散射点的时频谱与理论计算值均相吻合,印证了理论分析的正确性。需要特别指出的是,对比图 11.14 和图 11.10 可以发现,在 SAR/ATI 模式下,各振动散射点的微多普勒特征显然要比 SAR/DPCA 模式下的更完整、更清晰、分辨率更高。造成这种结果的主要原因是 DPCA 和 ATI 的杂波抑制原理不同,具体地说:DPCA 微动目标对消信号的幅度受到了正弦因子 $\sin[(\phi_1-\phi_2)/2]$ 的调制,而 ATI 微动目标干涉信号的幅度则是单通道信号幅度的平方,也就是说经 DPCA 操作微动目标信号能量有所减小,而经共轭相乘操作微动目标信号能量却得到了增强。考虑到 SPWVD 变换是用时间和频率的联合函数来描述信号的能量密度随时间变化的情况,因此基于 SAR/ATI 模式提取的 SPWVD 谱要比基于 SAR/DPCA 提取的谱图质量更高。

另外,实际上直接由 11.14(b) 难以估计目标的微动参数,主要原因是 SPWVD 的时频分辨率仍然不够高。若要更进一步揭示此类目标的微弱特征,可借鉴参考文献[106]提出的 Hibert-Huang 变换来提取此类目标的微多普勒。

综上所述,图 11.15 给出了在 RCD 域由 SAR/ATI 技术检测微动目标及提取微多普勒特征的操作流程,图中虚线框出部分将在第 11.4 节中予以具体分析。

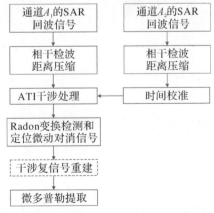

图 11.15　基于 SAR/ATI 模式的微动目标检测及微多普勒提取流程

3. 系统噪声对检测性能及微多普勒提取的影响

在以上两个小节中都没有考虑系统噪声的影响,然而实际中系统噪声是不可避免的,而且是随机的。不失一般性,考虑各通道回波信号不仅包含地杂波和微动目标信号,而且有来自雷达系统的高斯白噪声。

(1) 系统噪声对检测性能的影响。由于噪声的随机性,两通道的噪声信号是不同的,因此在 DPCA 对消或 ATI 干涉处理过程中,噪声信号是不能被抑制的,所以随着信噪比(SNR) 的降低,SAR/DPCA 和 SAR/ATI 的检测性能都会降低。特别是对于沿方位向振动目标,在设定幅度阈值或相位阈值检测的过程中,极有可能将其作为噪声处理而检测不到。图 11.16 给出了在 SAR/DPCA 模式下,单通道 SNR 分别为 5 dB、−5 dB 时的 DPCA 对消信号幅度及其 Radon 变换检测结果。

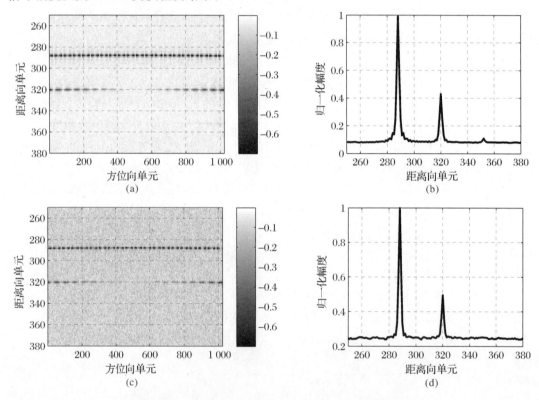

图 11.16 SAR/DPCA 模式下噪声对检测性能的影响

(a)DPCA 对消信号幅度(SNR = 5 dB);(b) 对消信号的 Radon 变换(SNR = 5 dB);

(c)DPCA 对消信号幅度(SNR =−5 dB);(d) 对消信号的 Radon 变换(SNR =−5 dB)

由图 11.16 可以看到,在 SNR = 5 dB 和 −5 dB 时,受噪声存在的影响已经检测不到沿方位向振动而振幅较小的目标 P_2,但借助于 Radon 变换仍可以检测到沿方位向振动而幅度较大的目标 P_3 以及斜向振动目标 P_1。

图 11.17 给出了在 SAR/ATI 模式下,各通道 SNR 分别为 5 dB、−5 dB 时的 ATI 处理

及 Radon 变换直线检测结果。

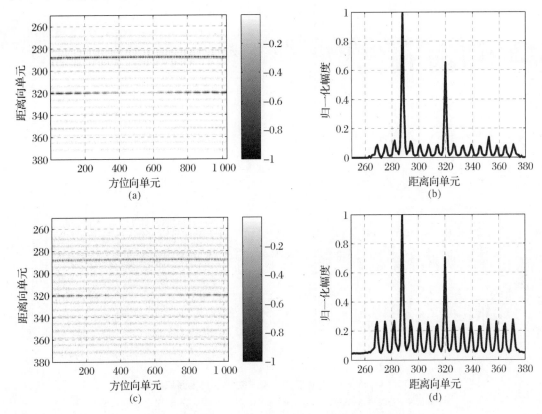

图 11.17　SAR/ATI 模式下噪声对检测性能的影响

(a)ATI 干涉信号虚部模值(SNR = 5 dB)；(b) 干涉信号的 Radon 变换(SNR = 5 dB)；

(c)ATI 干涉信号虚部模值(SNR = − 5 dB)；(d) 干涉信号的 Radon 变换(SNR = − 5 dB)

由图 11.17(a)(b) 可见，在 SNR = 5 dB 时，尽管噪声干涉相位已经严重干扰了 Radon 变换的目标检测效果，但目标 P_2 的干涉相位依然略大于噪声的干涉相位，若取归一化幅度阈值为 0.1，则还是能检测到该目标的；在 SNR = − 5 dB 时，目标 P_2 的干涉相位已经完全被噪声干涉相位所淹没，如图 11.17(c)(d) 所示。当然，对于干涉相位差较大的目标 P_1 和 P_3，借助于 Radon 变换仍然是能够检测并对其准确定位的。

对比图 11.16 和图 11.17，可以得到这样一个结论：在 SNR 较高时，SAR/ATI 的检测性能会更好一些。

(2) 系统噪声对微多普勒提取的影响。图 11.18 给出了 SAR/DPCA 模式下目标 P_1 和 P_3 在 SNR = − 5 dB、− 10 dB 时的 SPWVD 时频谱。

从图 11.18 可以看出，在给定 SNR 参数下，仍然可以获取两个目标的微多普勒，但受噪声影响在时频面上已出现了一些弥散干扰斑，且随着 SNR 的降低，弥散斑干扰的范围有所扩大、强度有所增强，使目标的微多普勒特征显得愈发模糊。

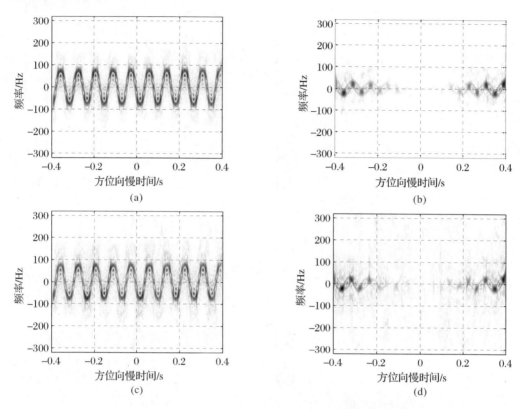

图 11.18 SAR/DPCA 模式下噪声对微多普勒提取的影响

(a) 散射点 P_1 的时频谱(SNR $=-5$ dB);(b) 散射点 P_3 的时频谱(SNR $=-5$ dB);

(c) 散射点 P_1 的时频谱(SNR $=-10$ dB);(d) 散射点 P_3 的时频谱(SNR $=-10$ dB)

图 11.19 给出了 SAR/ATI 模式下目标 P_1 和 P_3 在 SNR $=-10$ dB 时的 SPWVD 时频谱。

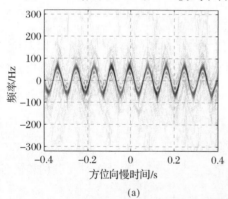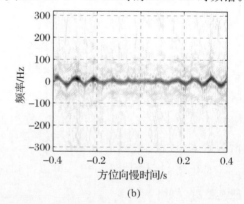

图 11.19 SAR/ATI 模式下噪声对微多普勒提取的影响

(a) 散射点 P_1 的时频谱(SNR $=-10$ dB);(b) 散射点 P_3 的时频谱(SNR $=-10$ dB)

　　由图 11.19 可见,受噪声影响在时频面上同样有弥散干扰斑,使目标的微多普勒特征变得有些模糊,但仍然比图 11.18(c)(d) 中所示谱图更完整、分辨率更高。

　　从而可以得到这样一个结论:在 SNR 相同的情况下,由 SAR/ATI 技术可以获取比 SAR/DPCA 技术更完整、更清晰、分辨率更高的微多普勒谱图。

4. 距离徙动对检测性能及微多普勒提取的影响

前述分析主要是针对距离弯曲可以忽略的情况,然而大多数情况下距离徙动和弯曲都是不可忽略的,此时微动目标信号就会占据多个距离单元,而不是单一的距离单元。实际上,Radon 变换不仅可以在距离弯曲忽略时由峰值检测来确定直线分量所在的单一距离单元,而且可以在 RCM 存在的情况下通过设定归一化幅度阈值来确定 RCD 域中微动目标信号所在的距离单元范围。

图 11.20 给出的是一个振动目标和一个旋转目标的 RCD 域信号及其相应的 Radon 变换检测结果。

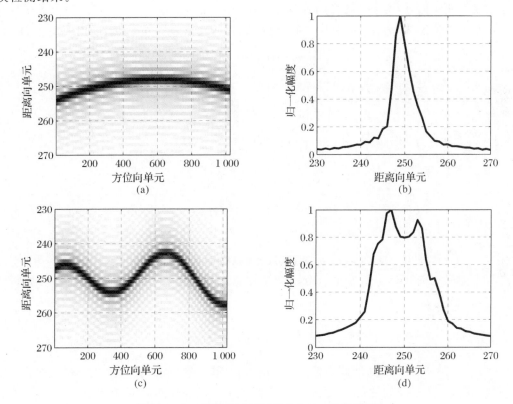

图 11.20　距离徙动情况下的 Radon 变换检测

(a) 振动目标的 RCD 域信号分布;(b)Radon 变换检测结果;

(c) 旋转目标的 RCD 域信号分布;(d)Radon 变换检测结果

由图 11.20(b)(d) 可见,取归一化幅度阈值为 0.2,即可确定信号主体分别位于第(245,255) 和第(240,260) 个距离单元范围内。与通过放大图 11.20(a)(c) 由肉眼来判断距离单元范围相比,所提方法要方便准确地多。

与前一节中对单一距离单元内的回波信号做时频变换即可提取目标的微多普勒不同,在 RCM 存在的情况下,由 Radon 变换确定相应的距离单元范围后,需要采用第 10 章中提出的算术平均时频变换法来提取目标的微多普勒特征。

11.3 基于杂波抑制的旋转目标微多普勒提取

前述几节中的原理分析是基于两通道交替发射和接收的系统配置方式,这种经典的二元构型比较简单,但对两通道发射接收转换开关的控制提出了更高的要求。在本节中,借鉴加拿大 RadarSat-2 的"主-从"式天线工作方式,即全孔径发射、两个子孔径同时接收的形式[7-8]。这种工作方式对系统的要求也相对简单,仅需要一台发射机,且由于是全孔径发射,天线增益较大,发射机功率可以相对降低,故具有很重要的应用价值。

取发射通道相位中心为原点建立坐标系,假设载机以速度 v 沿 X 轴方向飞行,天线全孔径发射线性调频信号,两个子孔径同时接收信号,全孔径的相位中心位于 A_0,两个子孔径的相位中心分别位于 A_1,A_2,子孔径中心间距为 $2d$,两回波信号构成干涉计。如图 11.21 所示。

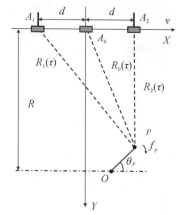

图 11.21 "主-从"式双通道机载 SAR 几何示意图

设有散射点 P 以固定散射点 $O(R,x_0)$ 为中心做匀速旋转运动,旋转半径为 r_p,旋转频率为 f_p,初相为 θ_p。

11.3.1 SAR/DPCA 模式下的微多普勒

类似于 SAR/DPCA 简谐振动目标的分析过程,首先给出在"主-从"式天线配置下自旋目标的 RCD 域方位向回波信号,分析两通道 DPCA 对消和检测原理;然后由对消信号推导自旋目标的微多普勒参数化表述,并对自旋中心予以定位。

1. RCD 域方位向回波信号

假设在方位向慢时间 τ 时刻,全孔径相位中心 A_0 的坐标为 $(v\tau,0)$,子孔径相位中心 A_1 和 A_2 的坐标分别为 $(v\tau-d,0)$ 和 $(v\tau+d,0)$,旋转散射点的坐标为

$$\left.\begin{aligned} x(\tau) &= x_0 + r_p\cos(\omega_p\tau + \theta_p)\\ y(\tau) &= R - r_p\sin(\omega_p\tau + \theta_p) \end{aligned}\right\} \tag{11.43}$$

式中:$\omega_p = 2\pi f_p$ 为旋转角速度。此时 A_0 到散射点 P 的斜距 $R_0(\tau)$ 为

$$R_0(\tau) = \sqrt{[v\tau - x(\tau)]^2 + y(\tau)^2} \tag{11.44}$$

按照泰勒级数展开式(11.44)并忽略高次项,可得

$$R_0(\tau) \approx R + \frac{1}{2R} \left[v\tau - x(\tau) \right]^2 - r_p \sin(\omega_p \tau + \theta_p) \tag{11.45}$$

同理，子孔径相位中心 A_1 和 A_2 到目标 P 的斜距 $R_1(\tau)$ 和 $R_2(\tau)$ 分别为

$$R_1(\tau) \approx R + \frac{1}{2R} \left[v\tau - d - x(\tau) \right]^2 - r_p \sin(\omega_p \tau + \theta_p) \tag{11.46}$$

$$R_2(\tau) \approx R + \frac{1}{2R} \left[v\tau + d - x(\tau) \right]^2 - r_p \sin(\omega_p \tau + \theta_p) \tag{11.47}$$

则忽略收发天线增益，两路通道的回波信号经相干检波和距离压缩后可表示为

$$s_1(t, \tau) = \sigma \operatorname{sinc} \left\{ B_r \left[t - \frac{R_1(\tau) + R_0(\tau)}{c} \right] \right\} \exp \left\{ -\mathrm{j} \frac{2\pi \left[R_1(\tau) + R_0(\tau) \right]}{\lambda} \right\} \tag{11.48}$$

$$s_2(t, \tau) = \sigma \operatorname{sinc} \left\{ B_r \left[t - \frac{R_2(\tau) + R_0(\tau)}{c} \right] \right\} \exp \left\{ -\mathrm{j} \frac{2\pi \left[R_2(\tau) + R_0(\tau) \right]}{\lambda} \right\} \tag{11.49}$$

类似于对振动目标 DPCA 方位向回波信号的推导过程，实际上对于旋转目标，同样有下述关系式成立

$$\left| \left[R_2(\tau) + R_0(\tau) \right] - \left[R_1(\tau) + R_0(\tau) \right] \right| = \left| R_2(\tau) - R_1(\tau) \right| = \Delta\rho_r \tag{11.50}$$

即表明在任意慢时间 τ 时刻，信号 $\left| s_1(t, \tau) \right|$ 和 $\left| s_2(t, \tau) \right|$ 的峰值位于同一距离单元范围内，故两路通道的方位向信号可表示为

$$s_1(\tau) = \sigma \exp \left\{ -\mathrm{j} \frac{2\pi \left[R_1(\tau) + R_0(\tau) \right]}{\lambda} \right\} \tag{11.51}$$

$$s_2(\tau) = \sigma \exp \left\{ -\mathrm{j} \frac{2\pi \left[R_2(\tau) + R_0(\tau) \right]}{\lambda} \right\} \tag{11.52}$$

接下来对两路方位向信号分别进行相位补偿[6]，主要去除由于子孔径相位中心间隔产生的多普勒中心频率偏差，以及载机飞行带来的多普勒频率线性调频项。用于相位补偿的参考函数分别为

$$p_{c1}(\tau) = \exp \left\{ \mathrm{j} \frac{2\pi}{\lambda} \left[\frac{(v\tau)^2}{R} - \frac{v\mathrm{d}\tau}{R} \right] \right\} \tag{11.53}$$

$$p_{c2}(\tau) = \exp \left\{ \mathrm{j} \frac{2\pi}{\lambda} \left[\frac{(v\tau)^2}{R} + \frac{v\mathrm{d}\tau}{R} \right] \right\} \tag{11.54}$$

设方位向回波信号与相应参考函数相乘后的两路信号分别记为 $s_1'(\tau)$ 和 $s_2'(\tau)$，接下来需对这两路信号作时间校准以抑制地杂波。若相邻孔径中心距离 d，载机速度 v 和脉冲重复频率 PRF 之间满足关系式 $d = 2mv/PRF$（m 为正整数），则以第一路信号 $s_1'(\tau)$ 为参照，就需将 $s_2'(\tau)$ 向后时移 $2\Delta\tau$，其中 $\Delta\tau = m/PRF$。

2. 自旋目标 DPCA 对消检测

为简化后续推导，令 $\theta_p = 0$。由上述各式联合推导可得

$$s_1'(\tau) = \sigma \exp(-\mathrm{j}\phi_1) \tag{11.55}$$

$$s_2'(\tau - 2\Delta\tau) = \sigma \exp(-\mathrm{j}\phi_2) \tag{11.56}$$

其中：

$$\phi_1 = \frac{2\pi}{\lambda} \left[2R - 2r_p \sin(\omega_p \tau) - \frac{2vr_p}{R} \tau \cos(\omega_p \tau) + \frac{\mathrm{d}r_p}{R} \cos(\omega_p \tau) + \frac{x_0^2}{R} + \frac{\mathrm{d}x_0}{R} - \frac{2x_0 v}{R} \tau \right]$$

$$\tag{11.57}$$

$$\phi_2 = \frac{2\pi}{\lambda} \begin{bmatrix} 2R - 2r_p \sin[\omega_p(\tau - 2\Delta\tau)] - \dfrac{2vr_p}{R} \\[2mm] (\tau - 2\Delta\tau)\cos[\omega_p(\tau - 2\Delta\tau)] - \dfrac{\mathrm{d}r_p}{R} \\[2mm] \cos[\omega_p(\tau - 2\Delta\tau)] + \dfrac{x_0{}^2}{R} - \dfrac{\mathrm{d}x_0}{R} - \dfrac{2x_0 v}{R}(\tau - 2\Delta\tau) \end{bmatrix} \qquad (11.58)$$

由式(11.57)和式(11.58)可见,两通道回波信号的相位中均含有与方位向坐标 x_0 相关的函数项。若采用 DPCA 技术,则不仅可以对消地杂波,而且可以保留与 x_0 相关的函数项,为自旋目标定位提供有利条件。据此分析采用 DPCA 技术对消地杂波,即

$$\begin{aligned} s_{\mathrm{dpca}} &= s_1{}'(\tau) - s_2{}'(\tau - 2\Delta\tau) \\ &= \sigma\exp(-\mathrm{j}\phi_1) - \sigma\exp(-\mathrm{j}\phi_2) \\ &= -2\sigma\sin\left(\frac{\phi_1 - \phi_2}{2}\right)\exp\left[\mathrm{j}\left(\frac{\pi}{2} - \frac{\phi_1 + \phi_2}{2}\right)\right] \end{aligned} \qquad (11.59)$$

其中:

$$\sin\left(\frac{\phi_1 - \phi_2}{2}\right) \approx -\sin\left[\frac{4\pi}{\lambda}r_p\cos(\omega_p\tau - \omega_p\Delta\tau)\sin(\omega_p\Delta\tau)\right] \qquad (11.60)$$

式(11.59)和式(11.60)表明,杂波对消后信号的振幅受正弦函数调制。具体地说,对于静止目标(ω_p 和 r_p 均为零),信号 s_{dpca} 的幅度等于零,即表明地杂波被对消;对于旋转目标(ω_p 和 r_p 均不为零),信号 s_{dpca} 的幅度只有在 $(\phi_1 - \phi_2)/2 = l\pi(l = 0, \pm1, \pm2, \cdots)$,即 $\tau \approx \arccos[\lambda/(4r_p\sin(\omega_p\Delta\tau))]/\omega_p + \Delta\tau$ 时为零,在其余采样点处不为零,也就是说自旋目标信息得以保留。

3. 自旋目标的微多普勒

由式(11.59)可知自旋目标回波的相位为

$$\psi(\tau) = \frac{\pi}{2} - \frac{\phi_1 + \phi_2}{2} \qquad (11.61)$$

由式(11.61)对慢时间 τ 求导数,可得瞬时多普勒频率为

$$\begin{aligned} f_{\mathrm{mD\text{-}dpca}} &= \frac{1}{2\pi}\frac{\mathrm{d}\psi(\tau)}{\mathrm{d}\tau} \\ &\approx \frac{2r_p\omega_p}{\lambda}\left[\cos(\omega_p\tau - \omega_p\Delta\tau)\cos(\omega_p\Delta\tau) + \frac{vx_0}{r_p\omega_p R}\right] \end{aligned} \qquad (11.62)$$

式(11.62)即给出了两通道 SAR/DPCA 模式下目标自旋激励的微多普勒频率表达式,可见,其微多普勒频率除随慢时间按余弦函数规律变化以外,整体上还沿频率轴平移(即微多普勒中心频率),而且此平移量 Δf_{mD} 与目标自旋中心的方位向坐标成正比,由此可以对其定位,即

$$\hat{x}_0 = \frac{\Delta f_{\mathrm{mD}}\lambda R}{2v} \qquad (11.63)$$

其中目标斜距 R 在目标被检测时就可确定,平移量 Δf_{mD} 则从目标的微多普勒时频谱中获取。

由式(11.63)可知,SAR/DPCA 模式下的微多普勒带宽为

$$B_{\mathrm{dpca}} \approx \frac{4r_p\omega_p}{\lambda}\cos(\omega_p\Delta\tau) = \frac{4r_p\omega_p}{\lambda}\cos\left(\omega_p\frac{m}{PRF}\right) \qquad (11.64)$$

由式(11.64)可见,该模式下的微多普勒带宽不仅与目标自旋参数、发射波长有关,而且受一个与基线长度和脉冲重复频率有关的余弦函数调制。

11.3.2　SAR/ATI 模式下的微多普勒

1. RCD 域两通道干涉信号

双通道 ATI 干涉抑制地杂波,即

$$s_{ati} = s_1'^{*}(\tau) \cdot s_2'(\tau - 2\Delta\tau) = \sigma^2 \exp[j\phi(\tau)] \tag{11.65}$$

式中:符号上标"$*$"为取共轭操作,其中干涉相位为

$$\phi(\tau) \approx -\frac{8\pi r_p}{\lambda}\sin(\omega_p\Delta\tau)\cos(\omega_p\tau - \omega_p\Delta\tau) \tag{11.66}$$

由式(11.66)可知,干涉信号的相位受余弦函数调制。具体地说,对于静止目标(ω_p 和 r_p 均为零),则干涉信号 s_{ati} 的相位(虚部)为零;对于旋转目标(ω_p 和 r_p 均不为零),s_{ati} 的虚部只有在部分慢时间采样点处 $\tau = n/(4f_p) + \Delta\tau$($n = \pm 1, \pm 3, \pm 5, \cdots$)为零,在其余采样点处不为零,据此可以抑制地杂波,检测自旋目标。

2. 自旋目标的微多普勒

由干涉相位对慢时间求导,可得该模式下的微多普勒频率

$$f_{mD\text{-}ati} = \frac{1}{2\pi}\frac{d\phi(\tau)}{d\tau} \approx \frac{4r_p\omega_p}{\lambda}\sin(\omega_p\tau - \omega_p\Delta\tau)\sin(\omega_p\Delta\tau) \tag{11.67}$$

由式(11.67)可见,与 SAR/DPCA 模式下不同,SAR/ATI 模式下微多普勒的参数化表述中不再含有与 x_0 相关的函数项,因此不能在提取微多普勒的同时对其定位。此时可通过对刚体目标成像或旋转部件成像的方法对其定位[9-10],在此不再赘述。

由式(11.67)可知,SAR/ATI 模式下的微多普勒带宽为

$$B_{ati} \approx \frac{8r_p\omega_p}{\lambda}\sin(\omega_p\Delta\tau) = \frac{8r_p\omega_p}{\lambda}\sin\left(\omega_p\frac{m}{PRF}\right) \tag{11.68}$$

与式(11.64)不同,该模式下的微多普勒带宽受正弦函数调制。

3. 基于干涉信号虚部重建自旋目标复信号的微多普勒提取方法

在第 11.3.4 节中,曾经指出对于旋转目标,其微动幅度较大,在高分辨率 SAR 系统中不可避免地会发生 RCM 现象,因此就会出现微动信号和地杂波交织在一起的现象。在此类情况下,将不能直接获得微动目标的复干涉信号用于提取其时变微多普勒特征。为解决此问题,提出了一种基于干涉信号虚部重建自旋目标复信号的微多普勒提取方法。

为不失一般性,设干涉信号 s_{ati} 所对应的二维矩阵记为 $\boldsymbol{S}$,干涉信号虚部矩阵记为 $\boldsymbol{I}_s$,则该方法的具体实施步骤如下所述:

步骤 1:由虚部矩阵 $\boldsymbol{I}_s$ 确定干涉信号在距离向所占据的单元范围,由此从矩阵 $\boldsymbol{S}$ 中分割出包含干涉信号的矩阵 $\boldsymbol{S}_d$,并记 $\boldsymbol{S}_d$ 的虚部矩阵为 $\boldsymbol{I}_d$,模值矩阵为 $\boldsymbol{M}_d$。矩阵 $\boldsymbol{S}_d$ 的方位向维数与 $\boldsymbol{S}$ 相同,而距离向维数则显著减小,由此可以提高后续运算效率。

步骤 2:计算 $\boldsymbol{S}_d$ 中每个元素的相位值,并保存到一个新的矩阵 $\boldsymbol{P}_d$。干涉相位中包含目标

的微动信息,如果不保存,将无法提取其微多普勒特征。

步骤 3:ATI 处理可将地杂波有效抑制,但仍可能有杂波残留或通道噪声,为此设置阈值 ε。

步骤 4:计算 $\boldsymbol{I}_{d}$ 中每个元素的模值,如果此模值小于或等于 ε,则对应元素处 $\boldsymbol{M}_{d}$ 的值为零,否则保持 $\boldsymbol{M}_{d}$ 的值不变,由此对初始 $\boldsymbol{M}_{d}$ 更新并保存。

步骤 5:由相位矩阵 $\boldsymbol{P}_{d}$ 和已更新的模值矩阵 $\boldsymbol{M}_{d}$ 构建自旋目标复信号。

步骤 6:对重建复信号所占据距离单元范围内的方位向信号求算术平均,然后作时频变换以提取微多普勒特征。

11.3.3　算法对系统 PRF 的要求

本节主要从避免微多普勒模糊的角度,对比分析 SAR/DPCA 和 SAR/ATI 两种方法在采用线性时频变换提取旋转目标的微多普勒特征时对于雷达系统 PRF 的要求。

在实际干涉 SAR 系统中[11],若将天线直接安装在载机机身上或机腹下的天线罩内,则受飞机机身宽度的限制,两个接收天线之间的横向距离一般只能达到 $1 \sim 2$ m 的长度;若采用收发分置结构,机腹下挂装发射天线,机翼下挂装接收天线等方式则可拓展基线长度到几米甚至几十米。因此可根据基线长度大小分情况讨论微多普勒带宽随 f_{p} 与 r_{p} 的变化关系。

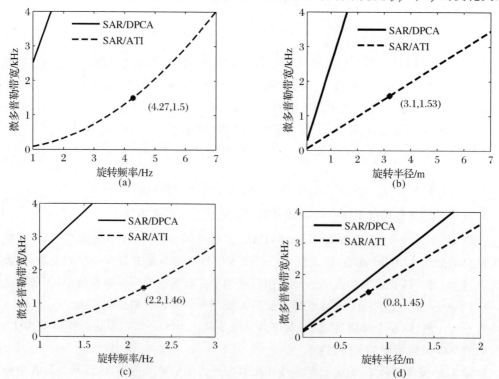

图 11.22　不同基线长度下,微多普勒带宽随自旋频率及半径的变化关系

(a) $d_{1} = 0.78$ m, $r_{p} = 6$ m; (b) $d_{1} = 0.78$ m, $f_{p} = 6$ Hz;

(c) $d_{2} = 2.93$ m, $r_{p} = 6$ m; (d) $d_{2} = 2.93$ m, $f_{p} = 6$ Hz

图 11.22(a)(b) 给出的是在 $\lambda = 0.06$ m，$v = 150$ m/s，$PRF = 1\,536$ Hz 以及 $d_1 = 0.78$ m 时两种模式下的微多普勒带宽分别随 f_p（自旋半径取定值 6 m）与 r_p（自旋频率取定值 6 Hz）的变化关系；图 11.22(c)(d) 给出的是 $d_2 = 2.93$ m 时它们之间的变化关系。可以看出，在给定系统 PRF 等参数前提下，B_{ati} 一般要小于 B_{dpca}；且在基线长度较小时，SAR/ATI 方法所容许的目标自旋半径和频率范围要更大（例如：在 $d_1 = 0.78$ m 时，可以使 $r_p = 6$ m、$f_p = 4.27$ Hz 或 $f_p = 6$ Hz、$r_p = 3.1$ m 的旋转部件的微多普勒避免混叠现象）。

为使表述形象起见，图 11.23 给出了一个位于场景中心的自旋目标（$r_p = 4$ m、$f_p = 4$ Hz）在 $d_1 = 0.78$ m 时分别由两类方法获取的微多普勒（无地杂波和噪声影响）。可以看出，在 SAR/DPCA 模式下，由于欠采样发生了严重的微多普勒混叠，而在 SAR/ATI 模式下，则可以获取完整的微多普勒。

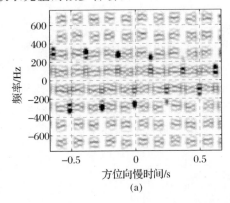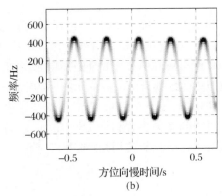

图 11.23　两种模式下的微多普勒分布示意图
(a)SAR/DPCA；(b)SAR/ATI

综合上述分析，从避免微多普勒模糊的角度来说，对于大旋翼类目标，SAR/ATI 相比于 SAR/DPCA 方法所允许的雷达系统 PRF 下界更小。

11.3.4　仿真验证与讨论

1. 基于 SAR/DPCA 的微多普勒提取

仿真实验中，雷达发射信号为脉宽 $T_p = 1.2\ \mu$s 的线性调频信号，带宽 $B_r = 200$ MHz，基线长度 $d = 0.78$ m，载机与场景的最小斜距 $R_{min} = 2.85$ km。其余参数与上一节中设置一致。

假设场景内有 23 个静止散射点和一个旋转目标（由三个同频率 $f_p = 2$ Hz、同相位 $\theta_p = 0$ rad、不同半径的旋转散射点和一个位于旋转中心的静止散射点组成）。目标旋转中心的坐标为 $(11\,000,20)$ m，三个旋转散射点半径分别为 1.5 m、0.9 m 和 0.3 m。

经计算脉冲压缩前每个通道的 SCR ≈ -13.01 dB。另外，为使仿真更接近于实际情况，假设每个接收通道均含有 SNR $=-10$ dB 的高斯白噪声。图 11.24 给出了 RCD 域地杂波对消前后的回波分布。

由图 11.24 可见，在单通道回波信号中旋转目标信号与地杂波交织在一起，不能将其分辨开来；经两通道 DPCA 处理，尽管有噪声影响，但是地杂波已几乎被剔除。

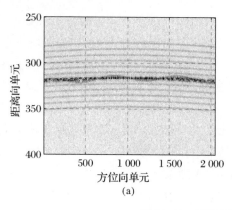 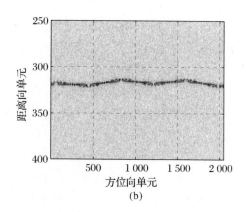

(a) (b)

图 11.24　RCD 域地杂波对消前后信号分布

（a)DPCA 对消前信号分布；(b)DPCA 对消后信号分布

如图 11.25 所示，取归一化幅度阈值为 0.4，则由对消信号的 Radon 变换在 90° 截面内的分布，可以确定旋转目标信号主体位于第 312 ～ 324 个距离单元范围内，目标旋转中心位于位于峰值点所在的第 318 个距离单元。考虑到为便于采用二维离散快速傅里叶变换，仿真实验中取距离向维数为 1 024，单元间隔为 $\Delta r = 0.48$ m，所以旋转中心目标斜距的估计值 $R_{es} = R_{min} + 318 \times \Delta r = 3\ 002.6$ m。对这些距离单元范围内的方位向切片信号作算术平均时频变换即可得到其微多普勒谱。图 11.26(a) 为由 Gabor 变换获得的时频分布，对其求二维自相关函数可以估计旋转周期（频率），如图 11.26(b) 所示。

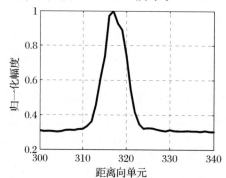

图 11.25　DPCA 对消信号 Radon 变换结果

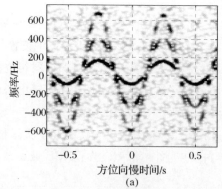

(a) (b)

图 11.26　SAR/DPCA 模式下的时频分析结果

（a）对消信号算术平均 Gabor 谱；(b) 微多普勒谱自相关分布

由图 11.26(a) 可见,受噪声存在影响,时频面上弥散地分布着一些干扰斑,使微多普勒谱变得有些模糊,但在 SNR 较大的情况下仍可获得较为清晰的微多普勒分布。值得注意的是,受信号幅度差分调制的影响,微动目标信号的幅度在某些慢时间采样点处为 0,导致其微多普勒时频谱出现间断现象,而且对于不同的微动目标其间断点的位置也有所不同,这与式(11.60) 的理论分析相吻合。

以图 11.26(a) 中振幅最大的曲线为例,其微多普勒带宽约为 $B_{dpca} \approx 664.3\ Hz + 596.7\ Hz = 1\ 261\ Hz$,微多普勒中心频率(平移量)$\Delta f_{mD} \approx B_{dpca}/2 - 596.7\ Hz = 33.8\ Hz$,从而由式(11.63) 可以估计 $\hat{x}_0 \approx 20.3\ m$;由图 11.26(b) 可知,目标旋转频率为 2 Hz,结合以上估计值由式(11.64) 可得旋转半径约为 1.51 m,与给定值相吻合。这样以来就完成了自旋目标的检测及定位。

2. 基于 SAR/ATI 的微多普勒提取

在此,通过仿真数据验证 11.4.2 节中提出的基于干涉信号虚部重建自旋目标复信号的微多普勒提取方法。

为便于与图 11.23(b) 做比较,考虑在地杂波(仿真数据不变,SCR $=-17.78$ dB)和通道噪声(由于信号相位在 SNR 较小时受噪声影响较为敏感,在此取 SNR $= 0$ dB) 共同存在的情况下,由所述方法提取该目标的微多普勒特征。图 11.27(a) 为由 ATI 杂波抑制后获得的干涉信号虚部,图 11.27(b) 为距离向降维后重建的自旋目标回波幅度,图 11.27(c)(d) 为由算术平均 Gabor 变换提取的微多普勒及其二维自相关函数分布。

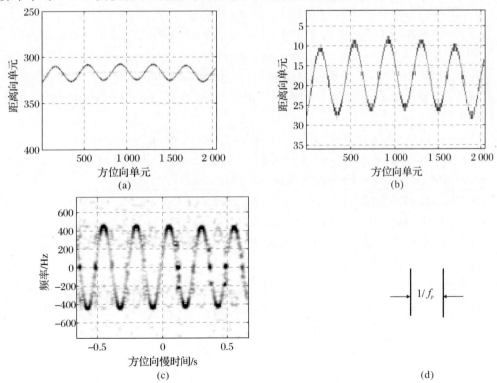

图 11.27　自旋目标复信号重建及其时频分析结果

(a) 干涉信号虚部模值;(b) 重建自旋目标复信号模值;(c) 重建复信号 Gabor 微多普勒谱;(d) 微多普勒自相关分布

由图 11.27(b) 可见,由所述方法基本上可以去除地杂波影响,得到较为干净地重建自旋目标复信号,验证了重建方法的稳健性。

与 SAR/DPCA 模式下不同的是,在 SAR/ATI 模式下,重建自旋目标复信号只是在某些慢时间采样点处相位为 0,而其幅度不为 0,故在图 11.27(c) 中观察不到类似于图 11.26(b) 中有规律的微多普勒间断现象。另外,与图 11.23(b) 相比较,尽管受地杂波残留和噪声影响,在时频面上有干扰斑存在,但是正弦曲线分布已比较清晰地呈现出来,且由图 11.27(d) 可估计该目标的旋转频率为 4 Hz,与给定值相一致,从而验证了所述方法的正确性。

参 考 文 献

[1] MUEHE C E,LABITT M. Displaced-phase-center antenna technique[J]. Lincoln Laboratory Journal,2000,12(2):281 – 296.

[2] 胡雷,李景文.基于 DPCA 的机载 SAR 系统运动误差及其补偿[J].雷达科学与技术,2006,4(4):218 – 222.

[3] 王永良,陈建文,吴志文.现代 DPCA 技术研究[J].电子学报,2000,28(6):118 – 121.

[4] 张绪锦.多相位中心接收 SAR/GMTI 技术研究[D].南京:南京航空航天大学,2009.

[5] RüEGG M,MEIER E,NüESCH D. Vibration and rotation in millimeter-wave SAR [J]. IEEE Trans on GRS,2007,45(2):293 – 304.

[6] VAN GINKEL M,LUENGO HENDRIKS C L,VAN VLIET L J. A short introduction to the radon and hough transforms and how they relate to each other [R]. Number QI-2004-01,Delft,Netherlands:Quantitative Imaging Group,2004.

[7] 郑明洁.合成孔径雷达运动目标检测和成像研究[D].北京:中国科学院电子学研究所,2003.

[8] LIVINGSTONE C E,SIKANETA I,GIERULL C H,et al. An airborne synthetic aperture radar (SAR) experiment to support RADARSAT-2 ground moving target indication (GMTI)[J]. Can J Remote Sensing,2002,28(6):794 – 813.

[9] ZHANG Q,YEO T S,TAN H S,et al. Imaging of a moving target with rotating parts based on the Hough transform[J]. IEEE Trans on GRS,2008,46(1):291 – 299.

[10] 白雪茹,周峰,邢孟道,等.空中微动旋转目标的二维 ISAR 成像算法[J].电子学报,2009,37(9):1937 – 1943.

[11] 彭海良,王彦平.地形测绘用三天线机载干涉合成孔径雷达[J].现代雷达,2006,28(10):70 – 74.

第12章　双站SAR微多普勒

目前,随着军事和民用领域新要求的不断提出,合成孔径雷达正向着高分辨、宽覆盖、多极化、三维成像等方向发展。为了更好地实现上述目标,SAR的体制也正从传统的单一平台体制向多平台的分布式体制发展,双站SAR是多平台SAR的一种最简形式,它是指收发天线分置于两个不同平台的SAR系统,目前正在从理论研究和演示阶段向实际应用阶段发展。

从信号处理的角度,双站SAR也泛指同一个脉冲的收/发天线相位中心(Antenna Phase Center,APC)处于不同空间位置的雷达系统[1-2]。按照这一广义划分,传统的单站SAR也应视为双站SAR的一种,因为脉冲经发射、地物散射至返回接收天线需经过一定的传播时间,由于载体的运动,其在脉冲传播时间内实际上已移动了一段距离,故同一脉冲的收/发时刻天线相位中心处于不同的空间位置。然而,由于SAR运动速度与微波传播速度相比非常小,相位中心的移动可以忽略,故可采用"停-走-停"(stop-go-stop)的模式近似认为收发位置重合。本书所研究的双站SAR均指收发天线物理分置的情况。

与传统的单站SAR相比,双站SAR具有更灵活、多样的配置方式。根据双站SAR收/发天线相位中心相对位置是否随时间变化,可以分为如下几种构成方式:

(1)移不变(Translational Invariant,TI)模式。此模式包括收发天线沿相同路径等匀速直线运动的顺飞模式,以及收发天线沿平行路径等匀速直线运动的平飞模式。

(2)移变(Translational Variant,TV)模式。此模式包括一个平台固定不动,另一平台匀速运动的一站固定模式,以及收发天线速度不同但都保持匀速运动的匀速移变模式。

(3)任意模式(General Configuration,GC),即收发天线沿任意路径运动的模式。

目前,对于双站SAR系统的研究主要集中在回波仿真、成像算法、参数估计等问题[3-7]。但在地面微动目标检测及特征提取方面,尚未见有公开发表的文献。本章同样以自然界中最为常见的两种微动形式——简谐振动和匀速旋转为例,详细研究了微动目标在平飞和固定接收机模式下的微多普勒效应,并指出其与单站SAR体制下微多普勒特征的主要区别;提出一种在固定接收机双站SAR体制下基于双通道杂波抑制的微多普勒提取方法,研究表明该方法可有效增强目标的微多普勒特征。

12.1　平飞模式下的微多普勒分析

如图12.1所示,建立平飞模式双站SAR的三维几何示意图。收发载机沿相互平行的航迹以相同的速度 v 做匀速直线运动,以正侧视方式工作。其中:收发平台的高度分别为 h_R、

h_T；收发平台到测绘中心 $C(0,0,0)$ 的正侧视距离分别为 R_{R0}、R_{T0}。

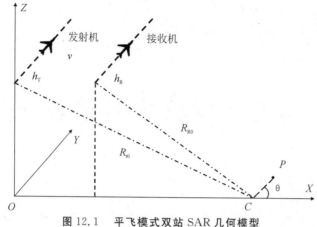

图 12.1　平飞模式双站 SAR 几何模型

12.1.1　简谐振动目标

假设微动散射点 P 位于 XOY 平面内，且以 C 为中心做正弦形式的简谐振动，振动方向与 X 轴夹角为 θ，振动频率和幅度分别为 f、a。不考虑地杂波和系统噪声的影响。

1. 理论分析

（1）RCD 域方位向回波信号。假设在方位向慢时间 τ 时刻，$\tau \in [-T_s/2, T_s/2]$，T_s 表示整个合成孔径成像时间，发射机的坐标为 $(x_T, v\tau, h_T)$，其发射脉冲经振动散射点 P 反射后由位于 $(x_R, v\tau, h_R)$ 的接收机获取，其中 $x_T = \sqrt{R_{T0}^2 - h_T^2}$，$x_R = \sqrt{R_{R0}^2 - h_R^2}$。由图 12.1 所示几何关系，散射点 P 的坐标可表示为

$$\left.\begin{array}{l} x(\tau) = a\cos(\omega\tau)\cos\theta \\ y(\tau) = a\cos(\omega\tau)\sin\theta \\ z(\tau) = 0 \end{array}\right\} \tag{12.1}$$

式中：$\omega = 2\pi f$ 为振动角频率，则雷达收发天线到 P 点的距离和为

$$R(\tau) = \sqrt{[x_T - x(\tau)]^2 + [v\tau - y(\tau)]^2 + h_T^2} + \sqrt{[x_R - x(\tau)]^2 + [v\tau - y(\tau)]^2 + h_R^2} \tag{12.1}$$

显然，与单站 SAR 的显著区别在于式（12.1）中所示距离的双根式表示。考虑远场情况，按照泰勒级数展开并忽略高次项可得

$$R(\tau) \approx R_{R0} + R_{T0} + \frac{1}{2}\left(\frac{1}{R_{R0}} + \frac{1}{R_{T0}}\right)[v\tau - y(\tau)]^2 - x(\tau)\left(\frac{x_R}{R_{R0}} + \frac{x_T}{R_{T0}}\right) \tag{12.2}$$

假设雷达发射 LFM 信号，则振动散射点的回波信号可表示为

$$s(t,\tau) = \sigma\,\text{rect}\left[\frac{t - R(\tau)/c}{T_p}\right]\exp\left(j2\pi\left\{f_c\left[t - \frac{R(\tau)}{c}\right] + \frac{1}{2}\mu\left[t - \frac{R(\tau)}{c}\right]^2\right\}\right) \tag{12.4}$$

经相干检波和距离压缩后，类似于单站 SAR 体制下的推导过程[具体参见从式（2.6）到

式(2.9)的推导],可得 RCD 域目标的方位向信号为

$$s(\tau) \approx \sigma \exp\left[-j\frac{2\pi R(\tau)}{\lambda}\right] \tag{12.5}$$

(2) 微多普勒效应分析。由式(12.5)可得散射点 P 的方位向回波信号的相位为

$$\Phi(\tau) = -\frac{2\pi R(\tau)}{\lambda} \tag{12.6}$$

将式(12.1)、式(12.2)代入式(12.6)并对慢时间 τ 求导数,可得瞬时多普勒频率为

$$
\begin{aligned}
f &= \frac{1}{2\pi}\frac{\mathrm{d}\Phi(\tau)}{\mathrm{d}\tau} \\
&= -\frac{1}{\lambda}\left(\frac{1}{R_{R0}} + \frac{1}{R_{T0}}\right)\left[v\tau - a_n\cos(\omega\tau)\sin\theta\right]v \\
&\quad - \frac{1}{\lambda}\left(\frac{1}{R_{R0}} + \frac{1}{R_{T0}}\right)\left[v\tau - a\cos(\omega\tau)\sin\theta\right]a\omega\sin(\omega\tau)\sin\theta \\
&\quad - \frac{1}{\lambda}\left(\frac{x_R}{R_{R0}} + \frac{x_T}{R_{T0}}\right)a\omega\sin(\omega\tau)\cos\theta
\end{aligned} \tag{12.7}
$$

考虑远场情况下,则式(12.7)可进一步简化为

$$
\begin{aligned}
f &\approx -\frac{1}{\lambda}\left(\frac{1}{R_{R0}} + \frac{1}{R_{T0}}\right)v^2\tau - \frac{a\omega}{\lambda}\left(\frac{x_R}{R_{R0}} + \frac{x_T}{R_{T0}}\right)\sin(\omega\tau)\cos(\theta) - \\
&\quad \frac{a\omega v}{\lambda}\left(\frac{1}{R_{R0}} + \frac{1}{R_{T0}}\right)\tau\sin(\omega\tau)\sin\theta
\end{aligned} \tag{12.8}
$$

其中第一项为双站 SAR 模式下由雷达运动产生的多普勒频率,其多普勒调频率为 $k_a = -v^2(R_{R0} + R_{T0})/(\lambda R_{T0} R_{R0})$;第二项是由目标振动引入的周期性微多普勒;第三项为目标振动引入的非周期性微多普勒,则目标的整体微多普勒频移可表示为

$$f_{mD} = -\frac{a\omega}{\lambda}\left(\frac{x_R}{R_{R0}} + \frac{x_T}{R_{T0}}\right)\sin(\omega\tau)\cos\theta - \frac{a\omega v}{\lambda}\left(\frac{1}{R_{R0}} + \frac{1}{R_{T0}}\right)\tau\sin(\omega\tau)\sin\theta \tag{12.9}$$

由式(12.9)和式(2.13)比较可以看出:在平飞模式下,不管是周期性微多普勒项,还是非周期性微多普勒项都与双站 SAR 的几何配置有关;而在单站模式下,只有非周期性微多普勒项与单站 SAR 的几何配置有关。实际上,这一显著区别为双站模式下的微多普勒特征增强提供了一个空间维的调节自由度。

对于振动目标,同样可根据振动方向 θ 的不同分以下几种情况讨论:

1) 目标沿方位向振动,即 $\theta = \pi/2\ \mathrm{rad}$,则式(12.9)可简化为

$$f_{mD} = -\frac{a\omega v}{\lambda}\left(\frac{1}{R_{R0}} + \frac{1}{R_{T0}}\right)\tau\sin(\omega\tau) \tag{12.10}$$

可见,此类目标的微多普勒呈现为随慢时间变化的非周期性特征,受距离项 R_{R0} 和 R_{T0} 的影响其频移量会很小。且与单站 SAR 体制下的特征类似,在载机接近目标时微多普勒频移显著变小,反之则有所变大。

由式(12.10)对慢时间 τ 求导数,可得此类目标引入的微多普勒调频率为

$$\gamma_{mD} = -\frac{a\omega^2 v}{\lambda}\left(\frac{1}{R_{R0}} + \frac{1}{R_{T0}}\right)\tau\cos(\omega\tau) - \frac{a\omega v}{\lambda}\left(\frac{1}{R_{R0}} + \frac{1}{R_{T0}}\right)\sin(\omega\tau) \tag{12.11}$$

实际上受距离项 R_{R0} 和 R_{T0} 的影响,沿方位向振动目标的微多普勒调频率会非常小,类似于此类目标在单站 SAR 体制下的成像结果,其在双站 SAR 模式下亦呈聚焦像。

2)目标做斜向振动,若 θ 取值满足

$$\left(\frac{1}{R_{R0}} + \frac{1}{R_{T0}}\right)v\,|\sin\theta| = |\cos\theta|\left(\frac{x_R}{R_{R0}} + \frac{x_T}{R_{T0}}\right) \tag{12.12}$$

则式(12.9)可以简化为

$$f_{mD} = -\frac{a\omega}{\lambda}\left(\frac{x_R}{R_{R0}} + \frac{x_T}{R_{T0}}\right)\sin(\omega\tau)\cos\theta \tag{12.13}$$

可见,此类目标的微多普勒调制是随慢时间变化的正弦周期函数,且不仅与目标的微动参数、载波波长有关,而且与双站 SAR 的空间几何信息紧密相关。

由式(12.13)对慢时间 τ 求导数,可得其微多普勒调频率为

$$\gamma_{mD} = -\frac{a\omega^2}{\lambda}\left(\frac{x_R}{R_{R0}} + \frac{x_T}{R_{T0}}\right)\cos(\omega\tau)\cos\theta \tag{12.14}$$

微多普勒调频率的引入将振动目标在静止目标图像上呈现为方位向散焦等特征,且散焦程度将随微多普勒调频率极值的增大而愈发严重。

显然,对于沿距离向振动目标($\theta = 0$ rad),式(12.12)依然成立,即表明沿距离向振动是斜振的一个特例。而对于不满足式(12.12)的情况,则目标的微多普勒调制就是非周期性和周期性两项的叠加,类似分析可参见本书第 10.1 节,在此不再赘述。

2. 仿真验证

雷达发射参数为:雷达载频 $f_c = 100$ GHz($\lambda = 3$ mm)、带宽 $B_r = 250$ MHz、脉宽 $T_p = 1.2\ \mu s$、脉冲重复频率 $PRF = 1\,024$ Hz 的线性调频信号。收发平台运动速度为 $v = 60$ m/s,收发平台到测绘中心的正侧视距离分别为 $R_{R0} = 4\,000$ m,$R_{T0} = 6\,000$ m,收发平台高度分别为 $h_R = 3\,200$ m,$h_T = 4\,800$ m。

假设场景中有三个振动散射点,振动频率 f 分别为 15 Hz、9 Hz、6 Hz;振动幅度 a 分别为 2 mm、4 mm、10 mm;振动方向 θ 分别为 $\pi/2$ rad、0 rad、$\pi/4$ rad,分别表示沿方位向、距离向、斜向振动的三类目标。

图 12.2 为采用等效单站 CS(Chirp Scaling)成像算法[7] 得到的目标成像结果,可以看到沿方位向振动目标的微多普勒调频率很小故仍然呈聚焦像,而其他两个斜向振动目标则呈现为沿方位向成对存在的鬼影(ghost image)。图 12.3 是 RCD 域方位向回波信号的模值分布,图 12.4 是其 Radon 变换直线检测结果,可以确定三条直线分别位于第 167、252、337 个距离单元处。对第 252 个距离单元处方位向信号作 FrFT,其在阶数轴上的投影分布如图 12.5 所示,可以确定峰值点对应的旋转角度为 $\alpha_0 = 1.117$ rad,因此其方位向调频率估计值为 -500.148 Hz/s;同样可由其他两个方位向信号估计相应的方位向调频率,然后取这三个估计值的算术平均作为双站 SAR 整体方位向信号的方位向调频率以完成雷达平动补偿。

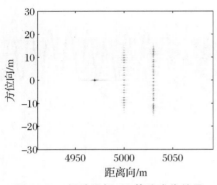

图 12.2 振动目标 CS 算法成像结果

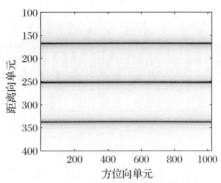

图 12.2 RCD 域信号模值分布

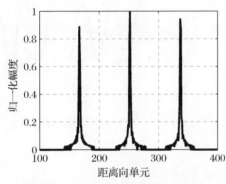

图 12.4 Radon 变换直线检测结果

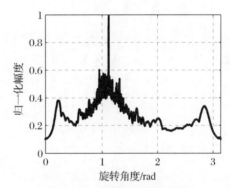

图 12.5 分数阶域能量分布

对雷达平动补偿后每个目标的方位向回波信号作时频变换即可得到去多普勒斜率的微多普勒谱。图 12.6 给出了各散射点的 SPWVD 时频谱及相应的理论计算分布。

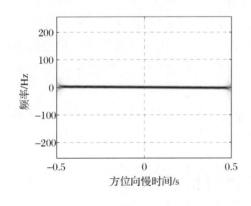
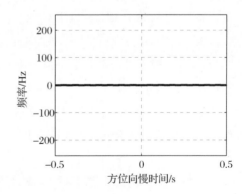

(a)

图 12.6 各散射点的 SPWVD 时频谱与其理论计算值分布

(a) 沿方位向振动目标 ($\theta = \pi/2$) 的时频谱与其理论计算值分布；

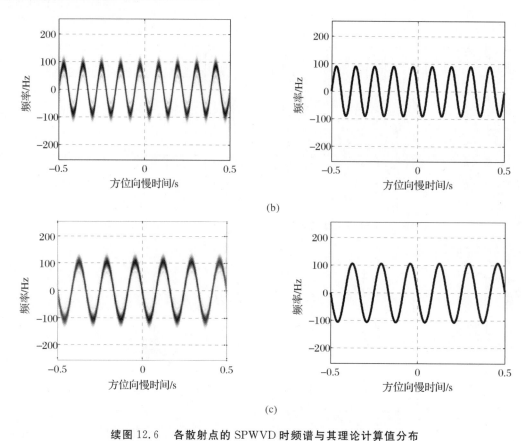

续图 12.6　各散射点的 SPWVD 时频谱与其理论计算值分布

(b) 沿距离向振动目标($\theta = 0$) 的时频谱与其理论计算值分布；

(c) 沿斜向振动目标($\theta = \pi/4$) 的时频谱与理论计算值分布

由图 12.6(a) 可见，当目标沿方位向振动($\theta = \pi/2$ rad) 时，微多普勒频移很小，近似为一条直线，不能揭示其非周期性变化特征，与理论计算分布相吻合。

由图 12.6(b)(c) 可知，沿距离向和斜向振动目标的微多普勒慢时间变化周期分别为 $1/9$ s 和 $1/6$ s，因此可确定两个目标的振动频率分别为 9 Hz 和 6 Hz，与真实值一致，从而验证了理论推导的正确性。

在上述仿真分析的基础上，接下来着重研究双站 SAR 空间维信息对微多普勒特征的调制作用。结合双站 SAR 可以"远距发射、近距接收"的优势，可分为以下两种情况作具体讨论：

第一类情况：发射机位置后移，静默接收机不动。具体参数替换为：$R_{T0} = 10\ 000$ m，$h_T = 4\ 000$ m，其余参数不变。此时沿距离向振动目标的 SPWVD 谱如图 12.7 所示。

对比图 12.6(b) 和图 12.7 可见，通过增大 x_T/R_{T0} 的比值，微多普勒变化幅度明显增大，经 Hough 变换峰值检测可知两者的微多普勒最大值分别为 90.4 Hz、114.3 Hz，两者相差 23.9 Hz。

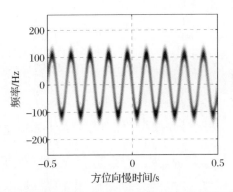

图 12.7   沿距离向振动目标的微多普勒谱（发射机后移、接收机不动）

第二类情况：发射机后移、静默接收机前移。$R_{R0} = 3\ 000\ \text{m}$，$h_R = 1\ 600\ \text{m}$；$R_{T0} = 10\ 000\ \text{m}$，$h_T = 4\ 000\ \text{m}$，其余参数不变。此时沿距离向振动目标的 SPWVD 谱如图 12.8 所示。

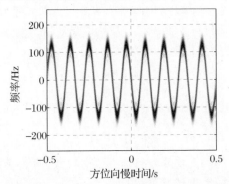

图 12.8   沿距离向振动目标的微多普勒谱（发射机后移、接收机前移）

由图 12.8 可见，此时微多普勒带宽进一步增大，其微多普勒峰值约为 132.8 Hz，即比图 12.6(b) 的峰值增大了 42.4 Hz，比图 12.7 的峰值增大了 18.5 Hz。

由此可以得到如下结论：在平飞模式下，可以利用双站 SAR 的空间维信息来调节目标的微多普勒峰值幅度，使其微多普勒带宽有效变大，即平飞双站 SAR 模式不仅具有较高的战场生存能力等优势，而且可在一定程度上增强目标的微多普勒特征。

12.1.2 匀速旋转目标

1. 理论分析

同样采用如图 12.1 所示的系统几何模型，在此假设散射点 P 以 C 为中心做匀速旋转运动，初始旋转角度为 θ，旋转频率和半径分别为 f，r。

与上一节中的推导过程类似，不同的是旋转目标的坐标需改写为

$$\left.\begin{array}{l} x(\tau) = r\cos(\omega\tau + \theta) \\ y(\tau) = r\sin(\omega\tau + \theta) \\ z(\tau) = 0 \end{array}\right\} \tag{12.15}$$

与之相对应，目标的瞬时多普勒频率应改写为

$$f = -\frac{1}{\lambda}\left(\frac{1}{R_{R0}} + \frac{1}{R_{T0}}\right)\left[v\tau - r\sin(\omega\tau + \theta)\right]v +$$

$$\frac{1}{\lambda}\left(\frac{1}{R_{R0}} + \frac{1}{R_{T0}}\right)\left[v\tau - r\sin(\omega\tau + \theta)\right]r\omega\cos(\omega\tau + \theta) -$$

$$\frac{1}{\lambda}\left(\frac{x_R}{R_{R0}} + \frac{x_T}{R_{T0}}\right)r\omega\sin(\omega\tau + \theta) \tag{12.16}$$

考虑远场条件 $R_{R0} \gg r, R_{T0} \gg r$，则式(12.16)可进一步简化为

$$f \approx -\frac{1}{\lambda}\left(\frac{1}{R_{R0}} + \frac{1}{R_{T0}}\right)v^2\tau - \frac{1}{\lambda}\left(\frac{x_R}{R_{R0}} + \frac{x_T}{R_{T0}}\right)r\omega\sin(\omega\tau + \theta) \tag{12.17}$$

其中第一项为由雷达运动产生的多普勒频率，第二项就是由目标旋转部件引入的微多普勒，即

$$f_{mD} = -\frac{1}{\lambda}\left(\frac{x_R}{R_{R0}} + \frac{x_T}{R_{T0}}\right)r\omega\sin(\omega\tau + \theta) \tag{12.18}$$

式(12.18)表明：该模式下旋转目标的微多普勒亦可近似表述为周期性微多普勒函数；与单站模式下不同的是，其不仅与目标微动参数、载波波长有关，而且受双站的空间几何信息调制。

由式(12.18)可知，其微多普勒带宽为

$$B_{mD} = \frac{2}{\lambda}\left(\frac{x_R}{R_{R0}} + \frac{x_T}{R_{T0}}\right)r\omega \tag{12.19}$$

另由式(12.18)对慢时间 τ 求导数，可得由散射点旋转引入的微多普勒调频率，即

$$\gamma_{mD} = -\frac{1}{\lambda}\left(\frac{x_R}{R_{R0}} + \frac{x_T}{R_{T0}}\right)r\omega^2\cos(\omega\tau + \theta) \tag{12.10}$$

同样微多普勒调频率的引入将导致目标方位向散焦，且目标的旋转半径、频率越大，则在静止目标图像上旋转目标散焦越严重。

2. 仿真验证

雷达发射载频 $f_c = 5\ \text{GHz}(\lambda = 6\ \text{cm})$、带宽 $B_r = 250\ \text{MHz}$、脉宽 $T_p = 1.2\ \mu\text{s}$、脉冲重复频率 $PRF = 853\ \text{Hz}$ 的线性调频信号。载机运动速度 $v = 250\ \text{m/s}$，收发平台到测绘中心的正侧视距离分别为 $R_{R0} = 4\ 000\ \text{m}, R_{T0} = 6\ 000\ \text{m}$，收发平台高度分别为 $h_R = 3\ 200\ \text{m}, h_T = 4\ 800\ \text{m}$，合成孔径成像时间为 $T_s = 1.2\ \text{s}$。

假设场景中有三个带有旋转部件的目标，每个目标有一个旋转散射点和一个静止散射点组成，静止散射点为相应旋转散射点的旋转中心。旋转半径均为 $r = 0.5\ \text{m}$，初始旋转角均为 $\theta = 0\ \text{rad}$，旋转频率分别为 $0.5\ \text{Hz}、1\ \text{Hz}、2\ \text{Hz}$。

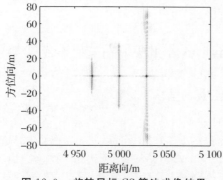
图 12.9　旋转目标 CS 算法成像结果

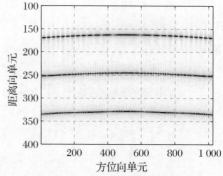
图 12.10　RCD 域信号模值分布

图 12.9 为采用等效单站 CS 成像算法得到的旋转目标成像结果,可以看到随旋转频率的增大,目标像散焦越来越严重,由方位向直线型逐步过渡到方位向条带型。图 12.10 是 RCD 域方位向信号的模值分布,受 RCM 影响每个信号都分布在多个距离单元范围内。

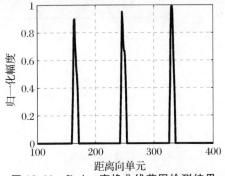

图 12.11　Radon 变换曲线范围检测结果

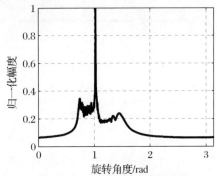

图 12.12　分数阶域峰值检测

图 12.11 是方位向信号 Radon 变换的检测结果,可以确定三条曲线分别位于第(159,171)(242,254)(326,339)个距离单元范围内。对第(242,254)个距离单元范围内的方位向信号作 FrFT,其在阶数轴上的投影分布如图 12.12 所示,可以确定峰值点对应的旋转角度为 $\alpha_0 = 1.012$ rad,由此可估计方位向调频率为 -434.659 Hz/s,同样可由其他两个方位向信号估计相应的方位向调频,然后利用调频率估计平均值可对整体方位向信号作雷达平动补偿。

由算术平均时频变换法得到了雷达平动补偿信号的算术平均 Gabor 时频谱,并根据式(12.18)给出了各散射点的微多普勒理论计算分布,如图 12.13 所示。

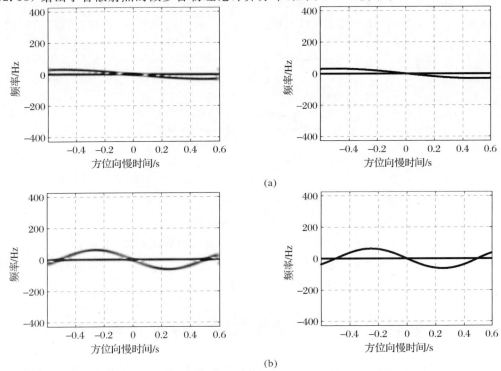

(a)

(b)

图 12.13　各散射点的算术平均 Gabor 时频谱与其理论计算值

(a) 旋转目标($f = 0.5$ Hz)的 Gabor 谱与其理论计算值分布;

(b) 旋转目标($f = 1$ Hz)的 Gabor 谱与其理论计算值分布;

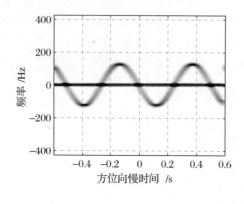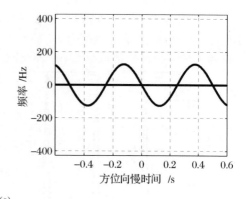

(c)

续图 12.13　各散射点的算术平均 Gabor 时频谱与其理论计算值

(c) 旋转目标($f = 2$ Hz) 的 Gabor 谱与其理论计算值分布

由图 12.13 可见,由静止散射点和旋转散射点组成的目标方位向回波的 Gabor 时频分布图上有一条直线和一条曲线,分别对应经雷达运动补偿后静止散射点回波信号的多普勒频移(其值为 0)和旋转散射点回波信号的微多普勒频移(随慢时间做正弦变化),与理论计算分布相吻合,验证了理论分析的正确性。

接下来简要分析双站 SAR 空间维几何信息对旋转目标的微多普勒调制作用。为避免赘述起见,在此给出了在发射机后移、接收机前移情况下($R_{R0} = 3\,000$ m,$h_R = 1\,600$ m;$R_{T0} = 10\,000$ m,$h_T = 4\,000$ m;其余参数不变),旋转频率 $f = 1$ Hz 目标的 Gabor 时频谱,如图 12.14 所示。

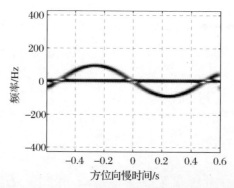

图 12.14　旋转目标($f = 1$ Hz) 的 Gabor 谱(发射机后移、接收机前移)

由图 12.14 可见,其微多普勒峰值约为 97.4 Hz,而图 12.13(b) 中的峰值约为 70.6 Hz,即通过发射机后移、接收机前移的方式同样可使旋转目标的微多普勒带宽有效变大。

12.2　固定接收机模式下的微多普勒分析

本节拟从前向散射的角度,结合双通道 DPCA 和 ATI 杂波抑制技术,提出一种两天线双站 SAR 固定接收机的微动目标检测及微多普勒特征提取方法,并试图增强目标的微多普勒特征。

图 12.15 给出了此双站 SAR 系统配置的三维几何示意图:两发射天线随载机做速度为 v 的匀速直线运动,载机飞行高度为 h,并以正侧视工作;固定接收机可以置于建筑物或山体顶部,其坐标位于 (x_r,y_r,h_r);两子天线采用交替发射和接收的方式,相位中心间距为 d。类似于单基双通道模式,可以证明在相位中心间距、载机速度与系统脉冲重复频率之间满足关系式(12.11)时[8],等效于两天线从空间中同一位置发射和接收目标回波,因此对于静止目标而言,两天线获取的回波信息相同,而对于微动目标则不相同。

$$d = mvT \quad (m = 1,3,5,\cdots) \tag{12.11}$$

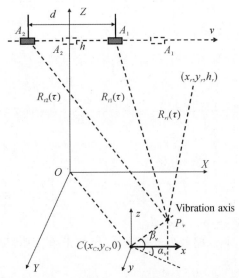

图 12.15 两天线双站 SAR 固定接收机几何示意图

12.2.1 基于 SAR/DPCA 的微多普勒提取

其具体分析思路与前述章节中一致:① 建立该配置下的两通道 RCD 域微动目标方位向回波信号模型;② 由 DPCA 操作抑制地杂波并获取微动目标的方位向 DPCA 对消信号;③ 由 DPCA 对消信号推导目标的微多普勒参数化表述;④ 由数值仿真予以验证。

1. 理论分析

(1) 两通道 RCD 域方位向信号获取。假设在方位向慢时间 τ 时刻,天线 A_1 的和 A_2 分别位于 $(v\tau,0,h)$、$(v\tau-d,0,h)$,振动散射点 P_v 的坐标为

$$\left.\begin{array}{l} x(\tau) = x_C + A_v\cos(\omega_v\tau + \theta_v)\cos\beta_v\cos\alpha_v \\ y(\tau) = y_C - A_v\cos(\omega_v\tau + \theta_v)\cos\beta_v\sin\alpha_v \\ z(\tau) = A_v\cos(\omega_v\tau + \theta_v)\sin\beta_v \end{array}\right\} \tag{12.12}$$

式中:$\omega_v = 2\pi f_v$ 为振动角频率;A_v 为目标振动幅度;f_v 为振动频率;θ_v 为初时相位;夹角 α_v 和 β_v 为振动轴线的方位角和俯仰角。

基于以上信息,可知此时发射天线 A_1 到振动散射点 P_v 的距离为

$$R_{t1}(\tau) = \sqrt{[v\tau - x(\tau)]^2 + y(\tau)^2 + [h - z(\tau)]^2} \tag{12.13}$$

接收天线与目标之间的距离为

$$R_{r1}(\tau) = \sqrt{[x_r - x(\tau)]^2 + [y_r - y(\tau)]^2 + [h_r - z(\tau)]^2} \tag{12.14}$$

经过时间间隔 $\Delta\tau = mT$，载机向前飞行了距离 d，即此时天线 A_2 位于 $(v\tau, 0, h)$，在 $\tau + \Delta\tau$ 时刻，发射天线 A_2 与目标之间的距离 $R_{t2}(\tau + \Delta\tau)$，以及目标与接收天线之间的距离 $R_{r2}(\tau + \Delta\tau)$ 可分别表示为

$$R_{t2}(\tau + \Delta\tau) = \sqrt{[v\tau - x(\tau + \Delta\tau)]^2 + y(\tau + \Delta\tau)^2 + [h - z(\tau + \Delta\tau)]^2} \tag{12.15}$$

以及

$$R_{r2}(\tau + \Delta\tau) = \sqrt{[x_r - x(\tau + \Delta\tau)]^2 + [y_r - y(\tau + \Delta\tau)]^2 + [h_r - z(\tau + \Delta\tau)]^2} \tag{12.16}$$

为简化后续分析，设目标初时相位 θ_v 和夹角 β_v 均为 0，并取 $R_{t0} = \sqrt{h^2 + y_C{}^2}$，$R_{r0} = \sqrt{h_r{}^2 + (y_C - y_r)^2}$，则由泰勒级数展开并忽略高次项可得

$$R_{tr1}(\tau) = R_{t1}(\tau) + R_{r1}(\tau)$$
$$\approx R_{t0} + R_{r0} + \frac{[v\tau - x(\tau)]^2}{2R_{t0}} + \frac{[x_r - x(\tau)]^2}{2R_{r0}} - 2A_v \cos(\omega_v\tau)\sin\alpha_v \tag{12.17}$$

以及

$$R_{tr2}(\tau + \Delta\tau) = R_{t2}(\tau + \Delta\tau) + R_{r2}(\tau + \Delta\tau)$$
$$\approx R_{t0} + R_{r0} + \frac{[v\tau - x(\tau + \Delta\tau)]^2}{2R_{t0}} + \frac{[x_r - x(\tau + \Delta\tau)]^2}{2R_{r0}} -$$
$$2A_v \cos(\omega_v\tau + \omega_v\Delta\tau)\sin\alpha_v \tag{12.18}$$

雷达发射 LFM 信号，则忽略收发天线增益，经相干检波和距离向压缩后两通道的回波信号为

$$s_1(t, \tau) = \sigma\,\text{sinc}\left(B_r\left(t - \frac{R_{tr1}(\tau)}{c}\right)\right)\exp\left[-j\frac{2\pi R_{tr1}(\tau)}{\lambda}\right] \tag{12.19}$$

以及

$$s_2(t, \tau + \Delta\tau) = \sigma\,\text{sinc}\left(B_r\left(t - \frac{R_{tr2}(\tau + \Delta\tau)}{c}\right)\right)\exp\left[-j\frac{2\pi R_{tr2}(\tau + \Delta\tau)}{\lambda}\right] \tag{12.20}$$

则忽略信号包络的缓慢变化，距离向压缩数据域方位向回波信号可以表示为

$$s_1(\tau) \approx \sigma\exp\left[-j\frac{2\pi R_{tr1}(\tau)}{\lambda}\right] \tag{12.21}$$

以及

$$s_2(\tau + \Delta\tau) \approx \sigma\exp\left[-j\frac{2\pi R_{tr2}(\tau + \Delta\tau)}{\lambda}\right] \tag{12.22}$$

式(12.21)与式(12.22)即表示为经时间校准的两通道方位向回波信号。

（2）RCD 域 DPCA 杂波对消处理。为抑制地杂波以提取微多普勒信息，在 RCD 域采用双通道 DPCA 对消处理。取 $\phi_1 = 2\pi R_{tr1}(\tau)/\lambda$，$\phi_2 = 2\pi R_{tr2}(\tau + \Delta\tau)/\lambda$，则对消信号可表示为

$$\Delta s(\tau) = s_1(\tau) - s_2(\tau + \Delta\tau)$$
$$\approx \sigma\exp(-j\phi_1) - \sigma\exp(-j\phi_2)$$
$$= -2\sigma\sin\left(\frac{\phi_1 - \phi_2}{2}\right)\exp\left[j\left(\frac{\pi}{2} - \frac{\phi_1 + \phi_2}{2}\right)\right] \tag{12.23}$$

其中,

$$\frac{\phi_1-\phi_2}{2}=-\frac{2\pi}{\lambda}\left[\begin{array}{l}\left(2A_v\sin\alpha_v+\dfrac{A_v(x_C-v\tau)\cos\alpha_v}{R_{t0}}+\dfrac{A_v(x_C-x_r)\cos\alpha_v}{R_{r0}}\right)\cdot\sin\\[2mm]\left(\omega_v\tau+\dfrac{\omega_v\Delta\tau}{2}\right)\sin\left(\dfrac{\omega_v\Delta\tau}{2}\right)\end{array}\right]$$

$$(12.24)$$

$$\frac{\phi_1+\phi_2}{2}=\frac{2\pi}{\lambda}\left[\begin{array}{l}R_{t0}+R_{r0}-2A_v\sin\alpha_v\cos\left(\omega_v\tau+\dfrac{\omega_v\Delta\tau}{2}\right)\cos\left(\dfrac{\omega_v\Delta\tau}{2}\right)+\dfrac{(x_C-v\tau)}{2R_{t0}}\\[2mm]\left[x_C-v\tau+2A_v\cos\alpha_v\cos\left(\omega_v\tau+\dfrac{\omega_v\Delta\tau}{2}\right)\cos\left(\dfrac{\omega_v\Delta\tau}{2}\right)\right]+\dfrac{(x_C-x_r)}{2R_{r0}}\\[2mm]\left[x_C-x_r+2A_v\cos\alpha_v\cos\left(\omega_v\tau+\dfrac{\omega_v\Delta\tau}{2}\right)\cos\left(\dfrac{\omega_v\Delta\tau}{2}\right)\right]\end{array}\right]$$ $$(12.25)$$

一般来说,机载雷达速度在百米量级,合成孔径时间在秒量级,目标振动幅度在厘米量级。对于固定接收机双站 SAR 体制,一般采用"远距发射、近距接收"的工作方式。因此,在远场条件下$(R_{t0}\gg x_C)$下述近似是合理的:

$$\frac{A_v}{R_{t0}}\approx 0 \tag{12.26}$$

$$\left|\frac{x_C-v\tau}{R_{t0}}\right|=\left|\frac{x_C-x_r}{R_{r0}}\right| \tag{12.27}$$

譬如:取 $R_{t0}=7\ 500$ m,$R_{r0}=1\ 500$ m,$x_C=50$ m,$x_r=500$ m,$v=150$ m/s,$\tau\in[-0.6,0.6]$ s,$A_v=20$ mm,则可知式(12.27)右侧的数值是左侧最大值的 15 倍,所以式(12.24)可进一步简化为

$$\frac{\phi_1-\phi_2}{2}\approx-\frac{2\pi A_v}{\lambda}\left[\left(2\sin\alpha_v+\frac{(x_C-x_r)\cos\alpha_v}{R_{r0}}\right)\sin\left(\omega_v\tau+\frac{\omega_v\Delta\tau}{2}\right)\sin\left(\frac{\omega_v\Delta\tau}{2}\right)\right] \tag{12.28}$$

结合式(12.28)和式(12.23)可以看出,对消信号 $\Delta s(\tau)$ 的振幅 $-2\sigma\sin[(\phi_1-\phi_2)/2]$,实际上可以看作一个随慢时间变化的正弦函数,这与单站双通道体制下的分析结果有很大不同。如果目标静止,即 $a_v=\omega_v=0$,则振幅一直为 0,说明地杂波得到有效抑制。

(3)微多普勒效应分析。由式(12.23)可知,DPCA 对消信号的相位为

$$\Phi(\tau)=\frac{\pi}{2}-\frac{\phi_1+\phi_2}{2} \tag{12.29}$$

由此可得其瞬时多普勒频率为

$$f=\frac{1}{2\pi}\frac{\mathrm{d}\Phi(\tau)}{\mathrm{d}\tau}$$

$$=-\frac{v^2\tau}{\lambda R_{t0}}+\frac{x_C v}{\lambda R_{t0}}+\frac{2}{\lambda}\left[\begin{array}{l}\dfrac{vA_v\cos\alpha_v}{2R_{t0}}\cos\left(\omega_v\tau+\dfrac{\omega_v\Delta\tau}{2}\right)\cos\left(\dfrac{\omega_v\Delta\tau}{2}\right)-A_v\omega_v\sin\\[2mm]\left(\omega_v\tau+\dfrac{\omega_v\Delta\tau}{2}\right)\cos\left(\dfrac{\omega_v\Delta\tau}{2}\right)\cdot\left[\sin\alpha_v-\dfrac{\cos\alpha_v(x_C-x_r)}{2R_{r0}}\right]\\[2mm]-\dfrac{\cos\alpha_v(x_C-v\tau)}{2R_{t0}}\end{array}\right]$$

$$(12.40)$$

式中:第一项表示由雷达平动引起的方位向调频率,即 $k_a = -v^2/\lambda R_{t0}$;第二项表示微多普勒中心频率;第三项即为由目标微动引起的微多普勒频移。

将式(12.26)和式(12.27)代入式(12.40),则可得目标整体的微多普勒频移为

$$f_{mD} \approx \frac{x_C v}{\lambda R_{t0}} - \frac{2A_v \omega_v}{\lambda} \cos\left(\frac{\omega_v \Delta\tau}{2}\right) \left[\sin\alpha_v - \frac{\cos\alpha_v (x_C - x_r)}{2R_{r0}} \right] \sin\left(\omega_v \tau + \frac{\omega_v \Delta\tau}{2}\right) \quad (12.41)$$

由式(12.41)可见,该模式下振动目标的微多普勒是一个随慢时间变化的正弦周期性函数,不再取决于目标的振动方向,突破了传统单站 SAR 模式下振动目标的微多普勒由非周期性和周期性函数叠加的构成方式,这一区别将显著增强目标的微多普勒特征。

由式(12.41)可知该模式下目标的微多普勒带宽为

$$B_{mD} = \left| \frac{4A_v \omega_v}{\lambda} \cos\left(\frac{\omega_v \Delta\tau}{2}\right) \left[\sin\alpha_v - \frac{\cos\alpha_v (x_C - x_r)}{2R_{r0}} \right] \right| \quad (12.42)$$

特殊地,对于沿方位向振动目标,即 $\alpha_v = 0$ rad,则式(12.41)和式(12.42)可改写为

$$f_{mD} \approx \frac{x_C v}{\lambda R_{t0}} + \frac{A_v \omega_v (x_C - x_r)}{\lambda R_{r0}} \cos\left(\frac{\omega_v \Delta\tau}{2}\right) \sin\left(\omega_v \tau + \frac{\omega_v \Delta\tau}{2}\right) \quad (12.43)$$

$$B_{mD} = \left| \frac{2A_v \omega_v (x_C - x_r)}{\lambda R_{r0}} \cos\left(\frac{\omega_v \Delta\tau}{2}\right) \right| \quad (12.44)$$

对于沿距离向振动目标,即 $\alpha_v = \pi/2$ rad,则式(12.41)和式(12.42)可进一步简化为

$$f_{mD} \approx \frac{x_C v}{\lambda R_{t0}} - \frac{2A_v \omega_v}{\lambda} \cos\left(\frac{\omega_v \Delta\tau}{2}\right) \sin\left(\omega_v \tau + \frac{\omega_v \Delta\tau}{2}\right) \quad (12.45)$$

$$B_{mD} = \left| \frac{4A_v \omega_v}{\lambda} \cos\left(\frac{\omega_v \Delta\tau}{2}\right) \right| \quad (12.46)$$

2. 仿真验证

雷达发射线性调频信号,参数设置如下:雷达载频 $f_c = 10$ GHz ($\lambda = 0.03$ m)、带宽 $B_r = 200$ MHz。脉宽 $T_p = 1.2$ μs,系统脉冲重复频率 $PRF = 1\,536$ Hz。载机运动速度 $v = 150$ m/s,高度 $h = 3\,600$ m,两通道间距 $d = 11vT (T = 1/1\,536)$,固定接收机坐标为(500,$1\,500,900$) m。

假设场景中有 9 个静止散射点和 2 个振动散射点,距离向压缩前每个通道的 SCR = -10.05 dB,每个通道的 SNR = -5 dB。振动散射点参数见表 12.1。

表 12.1　振动散射点参数

序　号	振动幅度 /mm	振动频率 /Hz	夹角 α_v /rad	振动中心坐标 /m
P_1	30	12	0	(50,2 700,0)
P_2	30	12	$\pi/6$	(-50,2 700,0)

图 12.16(a)给出了通道 A_1 的 RCD 域信号模值分布,可以看到有 11 个沿方位向排列的线条,这些线条就代表了该信号中所包含的静止目标信息(地杂波)以及微动目标信息,但我们无法将其分辨开来。

在 RCD 域采用双通道 DPCA 对消处理,其结果如图 12.16(b)所示,只剩下两个沿方位向排列的线条,即代表了两个振动散射点的对消信号信息,且第一条的幅度相比而言要小得

多,这主要是受其沿方位向振动所影响。

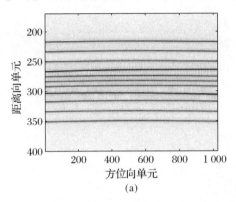 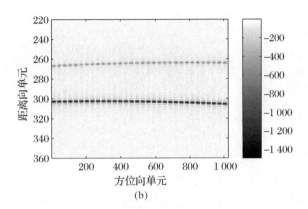

（a）　　　　　　　　　　　　　（b）

图 12.16　双通道 DPCA 地杂波对消前后信号分布

（a）通道 A_1 的 RCD 域信号分布；（b）对消信号 RCD 域分布

由于距离徙动的影响,对消信号在 RCD 域占据多个距离单元,此时可借助于 Radon 变换确定其距离单元范围。图 12.17 为 DPCA 对消信号模值在 90° 截面上的 Radon 变换结果,取归一化幅度阈值为 0.1,则可知第一个线条的主体位于第(262,268)个距离单元,第二个线条的主体位于第(298,309)个距离单元。

需要指出的是,受固定接收机配置的影响,RCD 域方位向对消信号不能准确反映对应微动目标中心的距离向坐标,在后续分析中将给出一种简易可行的定位方法。

接下来利用 FrFT 变换估计信号的方位向调频率,以对 DPCA 信号作相位补偿完成去线性多普勒斜率操作。因为仿真数据设置中,两个目标与航迹的最近距离 R_{r0} 相等,所以可只取其中一个线条对应的信号作分数阶傅里叶变换用以估计方位向调频率。图 12.18 为第二个对消信号在 FrFT 域的峰值检测结果,可知峰值点位于 $\alpha_0 = 1.29$ rad 处,由此可得 $k_{aes} = -166.52$ Hz/s,与真实值 -166.6 Hz/s 之间的相对误差为 0.15 Hz/s,表明两者相当吻合。

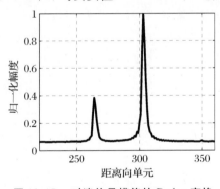 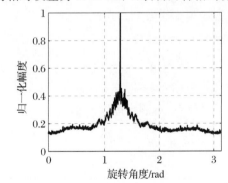

图 12.17　对消信号模值的 Radon 变换　　图 12.18　对消信号的 FrFT 域峰值检测

图 12.19 给出了两个目标雷达平动补偿后方位向回波信号的算术平均 SPWVD 时频谱及其理论计算值。

对比图 12.19(a)(b)、图 4.19(c)(d) 的变化趋势以及频率峰值可以看出,时频分析微多普勒谱与理论计算值相吻合。另外,受目标 P_1 对消信号强度要远小于目标 P_2 对消信号强度的影响,在图 12.19(a) 中可以明显看到由噪声引起的弥散斑分布,而在图 12.19(c) 则几乎看不到。

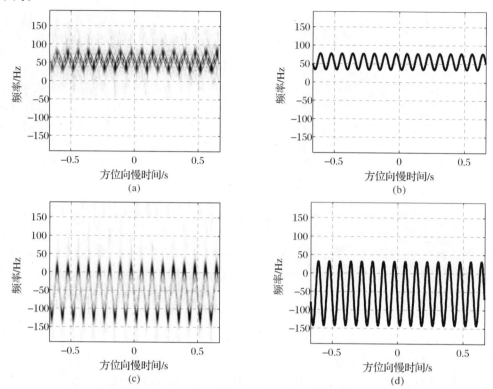

图 12.19　两个振动散射点的 SPWVD 时频谱与理论计算分布

(a) 目标 P_1 的 SPWVD 谱；(b) 目标 P_1 的理论计算分布；

(c) 目标 P_2 的 SPWVD 谱；(d) 目标 P_2 的理论计算分布

由扩展 Hough 变换检测可知：图 12.19(a)(c) 的微多普勒变化周期为 0.085 Hz，即表明目标振动频率约为 11.76 Hz，与给定值 12 Hz 基本吻合，相对误差为 2%；两者的微多普勒中心频率分别为 $\Delta f_{\mathrm{mD}} = \pm 55.6$ Hz，与理论计算值 ± 55.56 Hz 相当接近，由此验证了理论分析的正确性。

结合关系式 $k_{\mathrm{aes}} \approx -v^2/\lambda R_{t0}$、$R_{t0} = \sqrt{h^2 + y_C^2}$ 以及 $\Delta f_{\mathrm{mD}} = x_C v/\lambda R_{t0}$，由此可以对目标振动中心进行定位（假设高度 h 已知）：

$$\hat{x}_C = -\frac{v \Delta f_{\mathrm{mD}}}{k_{\mathrm{aes}}} \tag{12.47}$$

$$\hat{y}_C = \pm \sqrt{\frac{v^4}{\lambda^2 k_{\mathrm{aes}}^2} - h^2} \tag{12.48}$$

式(12.48)中的"±"主要是系统几何配置的对称性造成的，实际中可根据发射机与探测场景的相对关系来确定正负号的选择。由上述表达式，可知本书中两个振动中心的坐标为 $(\pm 50.08, 2\,706.6, 0)$ m，与给定坐标相比，方位向相对误差为 0.16%，距离向相对误差为 0.24%。可见，在准确估计信号方位向调频率、微多普勒中心频率的基础上可对微动中心进行准确定位，这将有利于实现目标的实时跟踪，便于引导武器系统精确打击目标的核心部位。

12.2.2 基于 SAR/ATI 的微多普勒提取

由第 11 章内容可知,ATI 干涉技术可使微动目标信号强度得到增强,由此可以提取更高时频分辨率、更清晰、更完整的微多普勒谱。本节拟在上一节的基础上,由 ATI 干涉技术抑制地杂波并提取目标的微多普勒特征。

1. 理论分析

设两通道干涉信号为

$$s(\tau) = s_1(\tau)s_2{}^*(\tau + \Delta\tau) = \sigma^2 \exp[j(\phi_2 - \phi_1)] \tag{12.49}$$

类似于前述推导可知该模式下目标的微多普勒频移及带宽的表达式为

$$f_{mD} = \frac{2\omega_v A_v}{\lambda} \cos\left(\omega_v \tau + \frac{\omega_v \Delta\tau}{2}\right) \sin\left(\frac{\omega_v \Delta\tau}{2}\right)\left(2\sin\alpha_v + \frac{x_r \cos\alpha_v}{R_{r0}}\right) \tag{12.50}$$

$$B_{mD} = \left|\frac{4\omega_v A_v}{\lambda} \sin\left(\frac{\omega_v \Delta\tau}{2}\right)\left(2\sin\alpha_v + \frac{x_r \cos\alpha_v}{R_{r0}}\right)\right| \tag{12.51}$$

2. 仿真验证

图 12.20 给出了双通道 ATI 模式下散射点 P_1 的算术平均 SPWVD 时频谱及其理论计算分布。

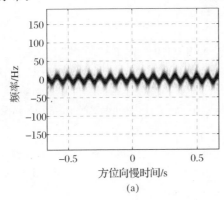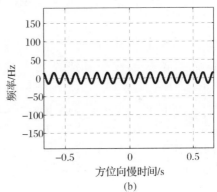

图 12.20 沿方位向振动散射点 P_1 的时频分布

(a) 目标 P_1 的 SPWVD 谱;(b) 目标 P_1 的理论计算分布

由扩展 Hough 变换检测可知,图 12.20(a) 所示曲线的变化频率为 12 Hz,微多普勒中心频率为 0 Hz、峰值为 13.8 Hz,与理论计算分布曲线图 12.10(b) 中所含参数信息(变化频率 12 Hz、中心频率 0 Hz、微多普勒峰值 13.4 Hz)相吻合,验证了理论分析的正确性。

对比图 12.20(a) 与图 12.19(a) 可见,尽管在 ATI 模式下受相位差分影响微多普勒谱中心频率为零,不能借助于式(12.47)和式(12.48)获取目标振动中心的位置信息,但是在该模式下提取的微多普勒谱显然要比 DPCA 模式下的分辨率更高、更清晰,更利于揭示目标的微动特征,再次印证了第 3 章中得到的相关结论。

为进一步考察双站 SAR 空间维几何信息对微多普勒的调制作用,根据式(12.50)和式(12.51)可知,可通过提高 $x_r/R_{r0} = x_r / \sqrt{h_r^2 + (y_C - y_r)^2}$ 比值的方式来增大微多普勒频移量(带宽)。结合双站 SAR 可"远距发射、近距接收"的优势,可通过发射机航线不变、接收

机前移的方式来达成上述目的,譬如:保持接收机方位向坐标 x_r 不变,而减小接收机高度 h_r 和距离项 $|y_c - y_r|$。图 12.21 为接收机坐标为 $(500, 2\,200, 0)$ m 时目标 P_1 的微多普勒时频分布。对比图 12.21 与图 12.20 可见,通过接收机前移的方式可显著增大微多普勒带宽,有效增强其微多普勒特征。

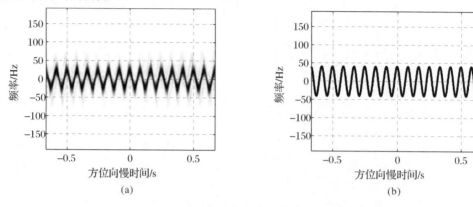

图 12.21　沿方位向振动散射点 P_1 的时频分布(接收机前移)

(a) 目标 P_1 的 SPWVD 谱;(b) 目标 P_1 的理论计算分布

参 考 文 献

[1] 汤子跃,张守融.双站合成孔径雷达系统原理[M].北京:科学出版社,2003.

[2] 仇晓兰,丁赤飚,胡东辉.双站 SAR 成像处理技术[M].北京:科学出版社,2010.

[3] MOREIRA A,MITTERMAYER J,SCHEIBER R. Extended chirp scaling algorithm for air-and spaceborne SAR data processing in stripmap and scanSAR imaging modes [J]. IEEE Trans on GRS,1996,34(5):1123 - 1136.

[4] DEKKER P L,MALLORQUí J J,MORALES P S,et al. Phase synchronization and Doppler centroid estimation in fixed receiver bistatic SAR systems[J]. IEEE Trans on GRS,2008,46(11):3459 - 3471.

[5] BAMLER R,MEYER F,LIEBHART W. Processing of bistatic SAR data from quasi-stationary configurations[J]. IEEE Trans on GRS,2007,45(11):3350 - 3358.

[6] 陈晓龙,丁赤飚,梁兴东,等.平飞模式双站 SAR 的改进 CS 成像算法[J].测绘科学,2008,33(3):31 - 34.

[7] 朱振波,汤子跃,蒋兴周.平飞模式双站 SAR 成像算法研究[J].电子与信息学报,2007,29(11):2702 - 2705.

[8] 陈娟,王盛利.基于二天线的双站地 DPCA 技术[J].电子与信息学报,2007,29(7):1687 - 1690.

第 13 章 极化 SAR 微多普勒

前述章节主要是基于高分辨单极化 SAR 技术,研究了地面微动目标检测及其微多普勒提取中的几个关键问题,在此情况下仅能获得地面场景中微动目标在某一特定极化收发组合下的微多普勒特征,所得到的信息非常有限。极化合成孔径雷达(Polarimetric Synthetic Aperture Radar,PolSAR)将多极化和高分辨技术相结合,可以获得更丰富的目标散射特征,是现代雷达极具潜力的发展方向之一。在此背景下,本章提出 PolSAR 体制下的微动目标检测及其微多普勒提取方法,可获得同一目标在不同极化组合下的多个微多普勒谱,利于全面准确刻画目标的散射特性,并结合 Pauli 基展开[1-2] 提出了联合极化 SAR 微多普勒提取方法,该方法可在较低 SNR 条件下显著增强目标的微多普勒特征。

13.1 极化 SAR 理论基础

本节从极化电磁波的基本概念开始,简要介绍目标极化散射矩阵及其矢量化、极化信号的发射与接收等相关基础理论内容。

13.1.1 电磁波的极化表征

电磁波的极化是电磁理论中的一个重要概念,它表征了在空间给定点上电场强度矢量 E 的取向随时间变化的特性,并用电场强度矢量 E 的端点随时间变化的轨迹来描述[3]。

如图 13.1 所示,定义坐标系 (x,y,z),z 为均匀平面电磁波 E 传播方向的单位矢量,x 和 y 分别为垂直和水平极化方向的单位矢量。该横电磁波在 x 和 y 方向上的两个分量可以表示为

$$\left. \begin{array}{l} E_x = E_{xm}\cos(\omega t - kz + \phi_x) \\ E_y = E_{ym}\cos(\omega t - kz + \phi_y) \end{array} \right\} \tag{13.1}$$

合成波电场为 $E = xE_x + yE_y$。在空间固定位置,随时间变化该电场矢量端点画出一定的轨迹,该轨迹取决于两个分量的幅度比和相位差,即

$$\rho = \frac{E_{ym}}{E_{xm}}, \phi = \phi_y - \phi_x \tag{13.2}$$

根据式(13.2)可判断电场强度矢量 E 的极化形式:线极化(当 $\phi = 0$ 或 $\pm\pi$ 时)、圆极化(当 $E_{xm} = E_{ym}$ 且 $\phi = \pm\pi/2$ 时)以及椭圆极化(当两个分量的振幅和相位都不相等时)。

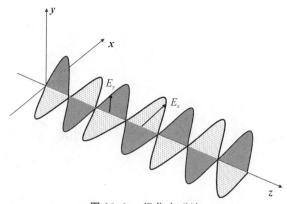

图 13.1　极化电磁波

一般地,任意极化的平面电磁波都可以分解为两个相互正交的线极化波。在实际测量中:常将垂直于大地的线极化波称为垂直极化波,以 v 来表征;将与大地平行的线极化波称为水平极化波,以 h 来表征。

13.1.2　极化散射矩阵及其矢量化

当雷达波照射到目标上时,部分入射能量被反射或散射。假如入射波为单色波,目标散射特性无变化,并且雷达目标视角是恒定的,那么散射波也将是单色波和完全极化波,这种目标称为确定性目标或相干散射目标。假如目标散射特性随时间而改变(例如:雷达观测海洋波或随风摆动的树叶),那么散射波将会受到目标运动的影响而具有一定的频率带宽,称为部分极化波,此类目标称为分布式目标或非相干散射目标。

与之相对应地,常用极化散射矩阵和 Jones 矢量来描述相干散射目标的散射特性,用 Mueller 矩阵和散射场的二阶统计量斯托克斯(Stokes)矢量来描述非相干散射目标的散射特性。在下述分析中,我们只讨论相干散射目标。

与普通的单极化 SAR 所测量的雷达目标 RCS 相对应,全极化 SAR 测量的是目标的极化散射矩阵,又称作 Sinclair 散射矩阵。它将目标散射的能量特性、相位特性和极化特性统一起来,完整地描述了目标的电磁散射特性。

若散射波和入射波的 Jones 矢量分别为 $\boldsymbol{E}^s = \begin{bmatrix} E_h^s & E_v^s \end{bmatrix}^T$ 和 $\boldsymbol{E}^i = \begin{bmatrix} E_h^i & E_v^i \end{bmatrix}^T$,则极化散射矩阵 $\boldsymbol{S}$ 可由一个 2×2 的复矩阵表示:

$$\boldsymbol{E}^s = \frac{e^{-jkr}}{r}\boldsymbol{S}\boldsymbol{E}^i = \frac{e^{-jkr}}{r}\begin{bmatrix} S_{hh} & S_{hv} \\ S_{vh} & S_{vv} \end{bmatrix}\boldsymbol{E}^i \tag{13.3}$$

式中:E_h^s 和 E_v^s 分别为散射场在 h、v 极化基上的复振幅;E_h^i 和 E_v^i 分别为入射场在 h、v 极化基上的复振幅;r 为观测点与散射点之间的距离;e^{-jkr}/r 为极化散射矩阵的球面波因子,表示球面波传播的衰减和相移,在后续分析中可以忽略。散射矩阵元素 $S_{pq}(p,q = h,v)$ 表示 q 极化入射、p 极化散射的复散射振幅函数。

全极化 SAR(Fully Polarimetric SAR)可获得整个相干散射矩阵 $\boldsymbol{S}$,而单极化或双极化 SAR 则仅获得其中的一个或两个元素。若入射和散射极化形式相同则称为同极化(Co-Polarization),否则称为交叉极化或去极化(Cross-Polarization)。

根据雷达目标 RCS 的定义,可知散射矩阵元素与 RCS 之间具有以下关系

$$\sigma_{pq} = 4\pi \, |S_{pq}|^2 \tag{13.5}$$

一般来说,极化散射矩阵具有复数形式。它不但与目标本身的形状、尺寸、结构和材料等物理因素有关,而且与目标和收发测量系统之间的相对姿态取向、空间几何位置关系,以及雷达工作频率等条件有关。由互易性原理可知,在单站、远场、互易性介质条件下,雷达目标的极化散射矩阵是对称的,即

$$S_{hv} = S_{vh} \tag{13.6}$$

需要指出的是,由于测量中存在噪声等不确定性因素的影响,使得二者的测量值不一定相等,这时需要进行互易性修正,最简单的方法就是将 hv 和 vh 两极化通道的测量结果做相干平均的 Cameron 修正[4]。

为了更方便地从散射矩阵中提取物理信息,可以将极化散射矩阵矢量化,即

$$\boldsymbol{k} = \frac{1}{2} Tr(\boldsymbol{S\Omega}) \tag{13.7}$$

式中:符号“Tr”表示求矩阵的迹;$\boldsymbol{\Omega}$ 指的是一组 2×2 的基矩阵,并且这些基矩阵在 Hermite 内积空间是正交的。在通常情况下,两组重要的基矩阵被广泛应用,它们分别是

$$\boldsymbol{\Omega}_L \Rightarrow \begin{pmatrix} 2 & 0 \\ 0 & 0 \end{pmatrix}, \begin{pmatrix} 0 & 2 \\ 0 & 0 \end{pmatrix}, \begin{pmatrix} 0 & 0 \\ 2 & 0 \end{pmatrix}, \begin{pmatrix} 0 & 0 \\ 0 & 2 \end{pmatrix} \tag{13.8}$$

$$\boldsymbol{\Omega}_P \Rightarrow \sqrt{2}\begin{pmatrix} 1 & 0 \\ 0 & 1 \end{pmatrix}, \sqrt{2}\begin{pmatrix} 1 & 0 \\ 0 & -1 \end{pmatrix}, \sqrt{2}\begin{pmatrix} 0 & 1 \\ 1 & 0 \end{pmatrix}, \sqrt{2}\begin{pmatrix} 0 & -j \\ j & 0 \end{pmatrix} \tag{13.9}$$

式中:$\boldsymbol{\Omega}_L$ 是将极化散射矩阵直序展开为一矢量;$\boldsymbol{\Omega}_P$ 称为 Pauli 基矩阵,它是通过散射矩阵元素的简单线性组合来进行矢量化的。由此可以得到两种散射极化向量表示,即

$$\boldsymbol{k}_L = (S_{hh} \quad S_{hv} \quad S_{vh} \quad S_{vv})^T \tag{13.10}$$

$$\boldsymbol{k}_P = \frac{1}{\sqrt{2}} [S_{hh} + S_{vv} \quad S_{vv} - S_{hh} \quad S_{hv} + S_{vh} \quad j(S_{hv} - S_{vh})]^T \tag{13.11}$$

在远场单站,满足互易性定理的条件下,式(13.10)和式(13.11)可以简化为三维矢量,即

$$\boldsymbol{k}_L = (S_{hh} \quad S_{hv} \quad S_{vv})^T \tag{13.12}$$

$$\boldsymbol{k}_P = \frac{1}{\sqrt{2}} (S_{hh} + S_{vv} \quad S_{vv} - S_{hh} \quad 2S_{hv})^T \tag{13.13}$$

需要指出的是,采用 Pauli 基展开极化散射矩阵矢量化具有以下优点[2]:

(1)Pauli 基矩阵是以基本散射机理的形式给出的,极化散射向量 $\boldsymbol{k}_P$ 可以写成如下形式

$$\boldsymbol{k}_P = \| \boldsymbol{k}_P \| \, (\cos\alpha e^{j\phi_1} \quad \sin\alpha\cos\beta e^{j\phi_2} \quad \sin\alpha\cos\beta e^{j\phi_3})^T \tag{13.14}$$

式中:$\| \cdot \|$ 为对向量求范数;α 为散射目标内部的自由度,用来表示散射机制的类型;β 为散射物的倾角;ϕ_1、ϕ_2、ϕ_3 为目标的相位角。因此,与直序展开的散射矢量 $\boldsymbol{k}_L$ 相比,$\boldsymbol{k}_P$ 更能表示目标的极化散射机制。

(2)由于经 Pauli 基展开后的散射向量相当于对 hh、hv 和 vv 三个极化通道进行了线性组合,随机噪声在这个重新组合过程中会被抵消,因此 $\boldsymbol{k}_P$ 对噪声的敏感度降低,将有利于极化信息的融合处理。

13.1.3 极化 SAR 信号的发射和接收

基于前面讲述的电磁波的极化和目标极化散射矩阵的相关概念,在此简要介绍单基机载极化 SAR 线性调频信号的发射和接收[5],为后续微动目标多极化回波信号的分析奠定基础。

1. 极化线性调频信号的发射

建立如图13.2所示的极化坐标系,假设一点目标位于全局坐标系 (x,y,z) 的原点 O 处;入射电磁波的传播方向为 k,其局部极化坐标系为 (h,v,k),并定义发射坐标系下水平极化和垂直极化单位矢量的数学表达式为

$$h = \frac{z \times k}{|z \times k|}, \quad v = h \times k \tag{13.15}$$

同样,可以根据散射电磁波的传播方向 k_s,确定散射电磁波的水平和垂直极化方向上的单位矢量为

$$h_s = \frac{z \times k_s}{|z \times k_s|}, \quad v_s = h_s \times k_s \tag{13.16}$$

基于所建立的极化坐标系,假设发射线性调频信号波形为 $p(t)$,发射电磁波的 Jones 矢量为 $a^t = [a_h^t \ a_v^t]^T$,发射机的输出功率为 P_t,发射天线的功率增益为 G_t,则发射的极化线性调频信号为

$$E^t(t) = \begin{bmatrix} E_h^t(t) \\ E_v^t(t) \end{bmatrix} = \sqrt{P_t G_t}\, p(t) a \tag{13.17}$$

具体来说,当 Jones 矢量 $a^t = [1 \ 0]^T$ 时,表示入射电磁波为水平极化波;当 $a^t = [0 \ 1]^T$ 时,表示入射电磁波为垂直极化波。与传统的线性调频信号相比,可以看到多极化线性调频信号的主要特点是多了一个表征电磁波极化的 Jones 矢量,该矢量的存在为目标极化信息的获取提供了可能。

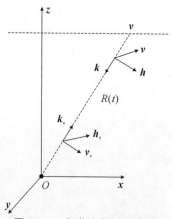

图 13.2　极化坐标系示意图

2. 极化线性调频信号的接收

极化电磁波照射到目标上之后,产生散射电磁波。假设目标的全极化散射矩阵为 S,收发天线到目标的单程距离为 $R(t)$,则接收天线处的线性调频信号波形为

$$p_r(t) = p\left[t - \frac{2R(t)}{c}\right] \tag{13.18}$$

假设接收天线的极化 Jones 矢量为 $\boldsymbol{a}^r = \begin{bmatrix} a_h^r & a_v^r \end{bmatrix}^T$，接收天线功率增益为 G_r，则接收天线处的极化线性调频信号为

$$s_{pq}(t) = \frac{\sqrt{P_t G_t G_r}}{\sqrt{64\pi^3} R^2(t)} p_r(t) \begin{bmatrix} a_h^r \\ a_v^r \end{bmatrix} \boldsymbol{S} \begin{bmatrix} a_h^t & a_v^t \end{bmatrix} \tag{13.19}$$

式 (13.19) 表示的是 $\boldsymbol{a}^t$ 极化入射，$\boldsymbol{a}^r$ 极化接收时的极化 SAR 线性调频回波信号的表达式。可以看出，极化 SAR 回波信号将目标的复散射幅度表示成了收发极化的两个 Jones 矢量和目标极化散射矩阵乘积的形式。对于全极化 SAR 系统，雷达发射和接收天线可以产生四组不同的收发极化，从而可以获得目标在不同极化组合下的散射回波信号。

13.2 基于杂波抑制的极化 SAR 微多普勒分析

在前述章节分析的基础上，本节将着重研究基于双通道 DPCA 杂波抑制的 PolSAR 微动目标检测及微多普勒提取问题。

考虑到研究的对象是微动目标，因此在此采用瞬时极化测量方法[7]，即假设在单次脉冲观测时间内，目标的极化散射特性不发生改变。瞬时全极化测量体制雷达可获取动态目标的全极化散射特性，在防空雷达的高速运动目标探测与跟踪、极化 SAR 对地动目标检测等领域具有重要的应用价值。

13.2.1 理论分析

为切近实际情况，将第 3 章中的 2D 双通道 SAR 几何模型扩展到 3D 双通道 PolSAR 几何模型，如图 13.3 所示。系统仍然采用类似于 RadarSat-2 的单发双收模式，载机以速度 v 沿 X 轴方向匀速飞行，载机飞行高度为 h。中间全孔径 A_0 以水平、垂直极化同时发射波形相互正交的两路线性调频信号，两个子孔径 A_1 和 A_2 同时在水平、垂直两个不同的极化通道中接收回波信号，相邻孔径中心间距为 d。

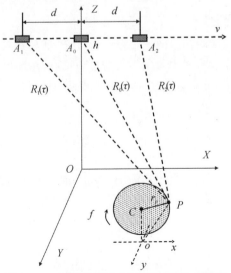

图 13.3　双通道极化 SAR 正侧视几何模型

本节的理论分析与推导过程类似于第 3.4 节中的相关内容,不同的是将双通道 SAR 几何模型扩展到三维空间,并考虑了信号的多极化特性。为使表述完整起见,对于该体制下的杂波抑制原理以及目标的微多普勒效应同样做了逐步分析和推导。

设在与 XOY 平行的平面内有散射点 P 以固定散射点 $C(x_C, y_C, h_C)$ 为中心做旋转运动,旋转半径为 r_p,旋转频率为 f_p,初相为 θ_p。

假设在方位向慢时间 τ 时刻,全孔径相位中心 A_0 的坐标为 $(v\tau, 0, h)$,子孔径相位中心 A_1 和 A_2 的坐标分别为 $(v\tau - d, 0, h)$ 和 $(v\tau + d, 0, h)$,旋转散射点的坐标为

$$\left. \begin{aligned} x(\tau) &= x_C + r_p \cos(\omega_p \tau + \theta_p) \\ y(\tau) &= y_C - r_p \sin(\omega_p \tau + \theta_p) \\ z(\tau) &= h_C \end{aligned} \right\} \tag{13.20}$$

式中:$\omega_p = 2\pi f_p$ 为旋转角速度。此时 A_0 到散射点 P 的斜距 $R_0(\tau)$ 为

$$R_0(\tau) = \sqrt{[v\tau - x(\tau)]^2 + y(\tau)^2 + (h - h_C)^2} \tag{13.21}$$

按照泰勒级数展开式(13.21)并忽略高次项,并令 $R = \sqrt{(h - h_C)^2 + y_C^2}$ 可得

$$R_0(\tau) \approx R + \frac{1}{2R} [v\tau - x(\tau)]^2 - r_p \sin(\omega_p \tau + \theta_p) \tag{13.22}$$

同理,子孔径相位中心 A_1 和 A_2 到目标 P 的斜距 $R_1(\tau)$ 和 $R_2(\tau)$ 分别为

$$R_1(\tau) \approx R + \frac{1}{2R} [v\tau - d - x(\tau)]^2 - r_p \sin(\omega_p \tau + \theta_p) \tag{13.23}$$

$$R_2(\tau) \approx R + \frac{1}{2R} [v\tau + d - x(\tau)]^2 - r_p \sin(\omega_p \tau + \theta_p) \tag{13.24}$$

假设雷达发射线性调频信号,旋转目标的极化散射系数矩阵为 $\boldsymbol{\sigma} = \begin{bmatrix} \sigma_{hh} & \sigma_{hv} \\ \sigma_{vh} & \sigma_{vv} \end{bmatrix}$,则两个子孔径所接收的回波信号经相干检波和距离压缩后的基带信号为

$$s_{1pq}(t, \tau) = \sigma_{pq} \operatorname{sinc} \left\{ B_r \left[t - \frac{R_1(\tau) + R_0(\tau)}{c} \right] \right\} \exp \left\{ -j \frac{2\pi [R_1(\tau) + R_0(\tau)]}{\lambda} \right\} \tag{13.25}$$

$$s_{2pq}(t, \tau) = \sigma_{pq} \operatorname{sinc} \left\{ B_r \left[t - \frac{R_2(\tau) + R_0(\tau)}{c} \right] \right\} \exp \left\{ -j \frac{2\pi [R_2(\tau) + R_0(\tau)]}{\lambda} \right\} \tag{13.26}$$

式中:pq = hh、hv、vh、vv 为接收信号的四个极化通道;B_r 表示线性调频信号的带宽。为分析方便,式(13.25)和式(13.26)没有考虑收发天线增益和噪声。在远场情况下,旋转半径要远小于目标与天线之间的距离,所以距离向压缩数据域两通道的极化方位向回波信号可表示为

$$s_{1pq}(\tau) = \sigma_{pq} \exp \left\{ -j \frac{2\pi [R_1(\tau) + R_0(\tau)]}{\lambda} \right\} \tag{13.27}$$

$$s_{2pq}(\tau) = \sigma_{pq} \exp \left\{ -j \frac{2\pi [R_2(\tau) + R_0(\tau)]}{\lambda} \right\} \tag{13.28}$$

接下来同样对两路方位向信号分别做相位补偿,时间校准处理,即以第一路相位补偿后信号 $ss_{1pq}(\tau)$ 为参照,将第二路相位补偿后信号 $ss_{2pq}(\tau)$ 向后时移 $2\Delta\tau$,其中 $\Delta\tau = mT$。

为简化后续推导,令 $\theta_p = 0$,则可记相位补偿和时间校准后的信号为

$$ss_{1pq}(\tau) = \sigma_{pq} \exp(-j\phi_1) \tag{13.29}$$

$$ss_{2pq}(\tau - 2\Delta\tau) = \sigma_{pq} \exp(-j\phi_2) \tag{13.30}$$

式中:ϕ_1 和 ϕ_2 的表述形式分别与式(3.57)和式(3.58)相一致。

为抑制地杂波检测微动目标,对两通道相同极化组合回波信号采用 DPCA 操作对消地杂波,即

$$s_{dpq}(\tau) = ss_{1pq}(\tau) - ss_{2pq}(\tau - 2\Delta\tau)$$

$$= \sigma_{pq}\exp(-j\phi_1) - \sigma_{pq}\exp(-j\phi_2)$$

$$= -2\sigma_{pq}\sin\left(\frac{\phi_1 - \phi_2}{2}\right)\exp\left[j\left(\frac{\pi}{2} - \frac{\phi_1 + \phi_2}{2}\right)\right] \quad (13.31)$$

其中:

$$\sin\left(\frac{\phi_1 - \phi_2}{2}\right) \approx -\sin\left[\frac{4\pi}{\lambda}r_p\cos(\omega_p\tau - \omega_p\Delta\tau)\sin(\omega_p\Delta\tau)\right] \quad (13.32)$$

式(13.31)和式(13.32)表明杂波对消后极化信号的振幅受正弦函数调制。在极化散射系数 $\sigma_{pq} \neq 0$ 的情况下,对于静止目标(ω_p 和 r_p 均为零),信号 s_{dpq} 的幅度等于零,即表明地杂波被对消;对于旋转目标(ω_p 和 r_p 均不为零),信号 s_{dpq} 的幅度只有在 $(\phi_1 - \phi_2)/2 = l\pi(l = 0, \pm1, \pm2, \cdots)$,即 $\tau \approx \arccos[l\lambda/(4r_p\sin(\omega_p\Delta\tau))]/\omega_p + \Delta\tau$ 时为零,在其余采样点处不为零,也就是说自旋目标信息得以保留。

由自旋目标极化回波对消信号的相位对慢时间 τ 求导数,可得瞬时多普勒频率为

$$f_{mDpq}(\tau) = \frac{2r_p\omega_p}{\lambda}\left[\cos(\omega_p\tau - \omega_p\Delta\tau)\cos(\omega_p\Delta\tau) + \frac{vx_C}{r_p\omega_pR}\right] \quad (13.33)$$

式(13.33)即给出了两通道 PolSAR/DPCA 模式下自旋目标的微多普勒参数化表述。与单极化体制下的唯一区别在于式(13.33)中含有不同极化组合的表征,可以提供同一目标在不同极化通道下的多幅微多普勒谱图,便于全面刻画目标的散射特性。

13.2.2 仿真验证

仿真实验中,雷达发射脉宽 $T_p = 1.2\ \mu s$,载频 $f_c = 5\ GHz(\lambda = 0.06\ m)$,脉冲重复频率 $PRF = 768\ Hz$,带宽 $B_r = 200\ MHz$ 的线性调频信号;载机飞行速度 $v = 150\ m/s$,高度 $h = 7\ 200\ m$;基线长度 $d = 1.56\ m$。

假设场景内有 7 个静止散射点和一个旋转散射点,其中目标旋转中心的坐标为 $(13\ 400, 50, 0)\ m$,旋转半径 $0.9\ m$,旋转频率为 $2\ Hz$,初时旋转角为 $0\ rad$。表 13.1 给出了各散射点的极化散射矩阵。

表 13.1 各散射点的极化散射矩阵

散射点序号		极化散射矩阵			
		hh	hv	vh	vv
静止散射点	1	1	0	0	1
	2	1	0	0	-1
	3	0.95	-0.433	-0.433	0.75
	4	1	0.2j	0.2j	1
	5	0.75	0.667	0.667	0.45
	6	1	j	j	-1
	7	1	0.4j	0.4j	0.8
旋转散射点		0.95	0.5j	0.5j	-0.75

需要指出的是,上一节的理论分析中没有考虑极化噪声分量的影响。为贴近实际情况,在仿真实验中假设不同极化组合下各接收通道 RCD 域的方位向回波信号为各散射点方位向回波信号与噪声分量之和,即

$$s_{ipq}(\tau) = \sigma_{pq} \exp\left(-j\frac{2\pi(R_1(\tau)+R_0(\tau))}{\lambda}\right) + n_{ipq}(\tau) \tag{13.34}$$

式中:$i = 1,2$ 为两个接收通道的信号。两个接收通道在不同极化组合下噪声分量的散射矩阵可以表示为

$$N_i = \begin{bmatrix} n_{ihh}(\tau) & n_{ihv}(\tau) \\ n_{ivh}(\tau) & n_{ivv}(\tau) \end{bmatrix} \tag{13.35}$$

图 13.4 给出了加入 -20 dB 噪声后不同极化组合下(hh,hv,vv)子天线 A_1 接收信号在 RCD 域的模值分布。

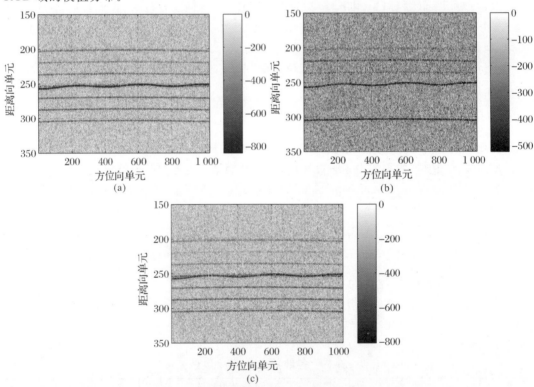

图 13.4 RCD 域不同极化组合下的信号分布(SNR $=-20$ dB)

(a) 极化通道 hh 信号的模值分布;(b) 极化通道 hv 信号的模值分布;(c) 极化通道 vv 信号的模值分布

由图 13.4(a)(c) 可以看出,由于旋转散射点中心的距离向坐标与其中一个静止散射点的相同,因此只能看到六条沿方位向的直线和一条沿方位向的曲线,且受噪声影响 vv 极化组合下信号分布不如 hh 组合下的清楚。由图 13.4(b) 可以看出,由于静止散射点在 hv 和 vh 极化通道下散射系数相对较小,且有两个静止散射点的矩阵元素为 0,所以目测只有四条沿方位向的直线和一条曲线可分辨出来。

为简单起见,图 13.5 仅给出了给出了 hh 极化组合下 DPCA 对消信号的模值分布及其 Radon 变换检测结果。

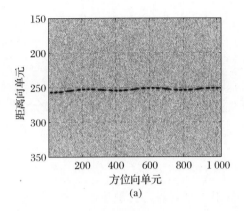
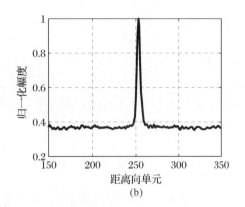

(a)   (b)

图 13.5　极化组合 hh 下 DPCA 对消信号及其 Radon 变换结果（SNR $=-20$ dB）

(a)DPCA 对消信号模值分布；(b)Radon 变换检测结果

　　由图 13.5（a）可以看出，经 DPCA 操作后，地杂波信号（静止目标信号）已被剔除，RCD 域仅有旋转目标信号和噪声分量。对 DPCA 对消信号的模值分布做 Radon 变换，取归一化阈值为 0.4，可以确定曲线分量主体位于第（248，259）个距离单元范围内，如图 13.5（b）所示。对各极化组合下的 DPCA 对消信号作算术平均 Gabor 变换，可以得到相应的微多普勒特征分布，如图 13.6 所示。

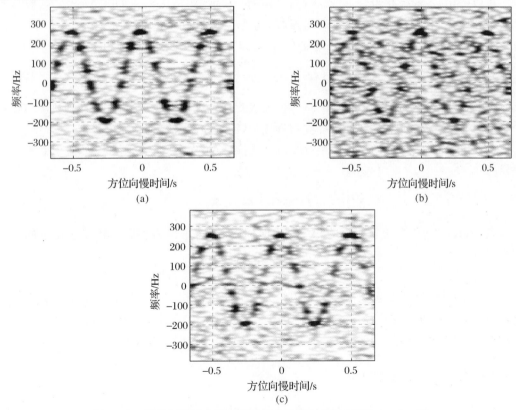

图 13.6　不同极化组合下目标的微多普勒时频谱（SNR $=-20$ dB）

(a) 极化通道 hh 下的 Gabor 谱；(b) 极化通道 hv 下的 Gabor 谱；(c) 极化通道 vv 下的 Gabor 谱

　　由图 13.6 可以看出，噪声残留在时频面产生了弥散斑，受目标各极化组合下散射系数不同的影响,在 hh 和 vv 极化组合下目标的微多普勒谱已变得有些模糊不清,甚至在 hv 极化组合下弥散斑已几乎将时频谱淹没。因此如何利用丰富的极化信息,增强低 SNR 下目标的微多普勒特征就是一个关键问题。

13.3 基于 Pauli 基展开的联合极化 SAR 微多普勒分析

13.3.1 理论分析

在 13.1.3 节曾经指出,基于 Pauli 基展开的散射矢量对噪声的敏感度降低。受此启发,提出基于 Pauli 基展开的联合极化 SAR 微多普勒特征提取。

由式(13.31)可知,双通道极化 SAR/DPCA 对消信号的散射矩阵可以写为

$$\boldsymbol{S}_d = \begin{bmatrix} s_{dhh}(\tau) & s_{dhv}(\tau) \\ s_{dvh}(\tau) & s_{dvv}(\tau) \end{bmatrix} \tag{13.36}$$

由互易性定理可知,在单站、远场、互易性介质条件下,雷达目标的极化散射矩阵是对称的,因此有 $s_{dhv}(\tau) = s_{dvh}(\tau)$。

可以看出,不同极化组合下的回波信号经相干检波、距离压缩和 DPCA 杂波对消后,其信号的相位是相同的,不同的只是信号振幅,这是由目标的散射特性决定的。

将极化回波散射矩阵作 Pauli 基展开,得到如下的联合极化回波散射矢量:

$$\boldsymbol{s}_d = \frac{1}{\sqrt{2}} \left(s_{dhh} + s_{dvv} \quad s_{dvv} - s_{dhh} \quad 2s_{dhv} \right)^{\mathrm{T}} \tag{13.37}$$

联合极化散射矢量相当于对 hh、hv 和 vv 极化通道进行了线性组合,这样随机噪声在这个重新组合过程会被削弱,有利于提高信噪比,从而增强微多普勒时变信号。

与式(13.37)的 Pauli 基展开相对应,从散射系数矩阵中也能得到如下的散射系数矢量表示

$$\boldsymbol{\sigma} = \frac{1}{\sqrt{2}} \left(\sigma_{hh} + \sigma_{vv} \quad \sigma_{vv} - \sigma_{hh} \quad 2\sigma_{hv} \right)^{\mathrm{T}} \tag{13.38}$$

取式(13.37)中各矢量元素的相位对慢时间求导数,可以得到联合极化通道下的微多普勒矢量为

$$\boldsymbol{f}_{\mathrm{mD}} = \left(f_{\mathrm{mDhh+vv}} \quad f_{\mathrm{mDvv-hh}} \quad f_{\mathrm{mDhv}} \right)^{\mathrm{T}} \tag{13.39}$$

需要指出的是,联合极化微多普勒矢量元素并不能由相应极化组合下的微多普勒时频谱直接相加减获得,例如:$f_{\mathrm{mDhh+vv}} \neq f_{\mathrm{mDhh}} + f_{\mathrm{mDvv}}$。这是因为不同联合极化组合下对消信号之间的加减操作,实质上是散射系数的加减操作,而不是相位的加减操作。

13.3.2 仿真验证

将旋转目标的散射矩阵系数代入式(13.38),可得其散射系数矢量为

$$\boldsymbol{\sigma} = \frac{1}{\sqrt{2}} \left(0.2 \quad -1.7 \quad \mathrm{j} \right)^{\mathrm{T}} \tag{13.30}$$

显然,对于该旋转目标而言,联合极化 vv－hh 通道下微动目标对消信号的强度将得到显著增强,hh＋vv 通道的强度会被大幅减小,hv 通道的强度则变化不大。因此可选择联合极化对消回波散射矢量元素 $(s_{dvv} - s_{dhh})/\sqrt{2}$ 所对应的微多普勒矢量元素 $f_{mDvv-hh}$ 作为该目标的参考微多普勒谱,如图 13.7 所示。

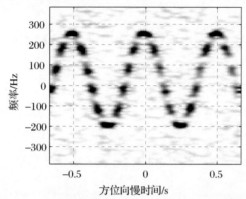

图 13.7　联合极化组合 vv－hh 下目标的微多普勒谱

对比图 13.7 和图 13.6 可见,联合极化组合 vv-hh 下目标的微多普勒时频谱更加清晰、由噪声产生的弥散斑显著减少,即有效增强了目标在低 SNR 下的微多普勒特征。

参 考 文 献

[1] 安文韬.基于极化 SAR 的目标极化分解与散射特征提取研究[D].北京:清华大学,2010.

[2] 郭睿,臧博,张龙,等.一种联合极化的距离瞬时多普勒 ISAR 成像方法[J].系统工程与电子技术,2011,33(4):764－768.

[3] 黄培康,殷红成,许小剑.雷达目标特性[M].北京:电子工业出版社,2006.

[4] 代大海.极化雷达成像及目标特征提取研究[D].长沙:国防科学技术大学,2008.

[5] 李延伟.单/双站地极化干涉 SAR 信号建模、检测及参数反演方法研究[D].长沙:国防科学技术大学,2010.

[6] 常宇亮.瞬态极化雷达测量、检测与抗干扰技术研究[D].长沙:国防科学技术大学,2010.

[7] 郑明洁.合成孔径雷达运动目标检测和成像研究[D].北京:中国科学院电子学研究所,2003.

第14章　海环境中SAR成像技术

海面上方低空目标的散射特性与雷达特征在军事雷达目标遥感、探测、目标识别等领域具有重要的应用而受到广泛关注。合成孔径雷达(SAR)可以在全天时、全天候条件下，为雷达提供目标的高分辨成像特征，帮我们更直观地观察和理解海面上方目标复合散射机理和特性规律。

14.1　海环境中SAR回波模型

14.1.1　海环境中SAR几何关系与信号模拟

目前，国内外针对多种雷达平台开展的SAR成像理论及实验技术均已非常成熟。但由于成像实验受到成本、实验条件等因素的制约，难以获取大量真实、复杂条件下的实验数据。通过计算机仿真获取SAR回波是研究实际目标环境SAR成像方法与特性的重要途径。SAR原始回波模拟中主要考虑三个方面的影响，即精度、效率与通用性，所有模拟方法都是平衡这三个影响后得到的。就目前而言，没有一种方法能够同时很好地满足这三个要素。海环境SAR回波信号模拟方法可以从基于机理级和基于信号级两个角度考虑，如图14.1所示。

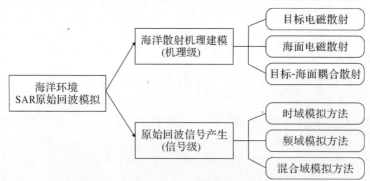

图 14.1　海环境 SAR 原始回波模拟方法

传统方法通常从信号及建模考虑，包括时域方法、频域方法与混合域方法。时域算法是按照SAR雷达系统的实际回波产生流程进行仿真而获得回波，仿真精度高可移植性强，但十分耗时，工程应用比较困难。频域方法的优点是模拟效率高，但精度较时域方法差，最重要的是频域算法在变速运动平台、含运动矫正问题、超宽带、双基地以及干涉SAR等方面的应用受到诸多限制。混合域方法则综合了两种方法的优点,弥补了缺点,但是信号级建模仍然难以比较符合实际地描述实际海环境散射机理。

通过电磁场数值仿真计算获取实际复杂环境中目标的 SAR 成像特性是一种有效的手段。受到计算复杂度的制约,大多目前用于 SAR 成像的电磁仿真模型都属于近似模型,这类模型用于海面上方目标的 SAR 成像研究,难以真实、准确地反映实际目标-环境的复合散射机理。海面环境是一种具有复杂表面结构的随机系统,雷达对海面上方目标监测时,雷达回波将同时包含来自于目标与海面自身的散射分量,以及目标与海面之间耦合作用产生的高阶散射分量,雷达视景中的目标-海面复合模型通常具有超电大特性,而电磁波在局部区域与海面毛细结构作用又呈现复杂的多尺度散射机理。如何理解这样复杂的散射机理,并对这一复杂超电大电磁散射问题进行快速、准确地建模与仿真是雷达目标-环境特性领域亟待解决的难点问题。

海场景中,载机平台、海面目标、海面环境都在运动变化,但相对于 SAR 快时间都属于慢变过程。常用海场景成像信号模型有速度聚束模型(Velocity Bunching,VB)和分布式面元模型(Distributed Surface,DS)两种。速度聚束模型是将海面散射系数乘以速度调制函数从而反映海面海浪运动变化对 SAR 回波的调制,这种模型虽然高效便捷,但是难以反映局部海面散射机理对 SAR 回波的调制机制,同时也难以实现目标与海背景复合场景的回波建模。分布式面元模型则是在每一慢时间计算时刻都生成一次海面样本,并按照散射计算要求进行面元划分,并完成电磁散射计算,在此基础上生成海面 SAR 回波信号。显然分布式面元模型更容易融入目标-海面复合散射背景的 SAR 回波信号模型,并且能反映局部海面目标-海面散射机理。本章采用基于布式面元模型的 SAR 回波信号建模。首先建立静态海面样本与目标散射的 SAR 回波模型。SAR 回波信号的本质是 SAR 脉冲响应函数 $g(t)$ 与成像目标散射系数的卷积:

$$s_r(r,y,t) = \sigma(r,y) \bigotimes g(t) \tag{14.1}$$

$\sigma(r,y)$ 是成像场景中的散射单元 $P(x,y,h)$ 的散射系数 $\sigma(X,Y)$ 映射到数据录取坐标系下的值,它包含幅度与相位,可由该处散射单元的散射场求取:

$$E_s = -jk_i \cdot \frac{e^{-jk_iR}}{4\pi R}\sigma E_i \tag{14.2}$$

图 14.2 给出了条带式机载合成孔径雷达探测掠海目标的几何关系示意图,雷达天线波束在场景中平移扫描。

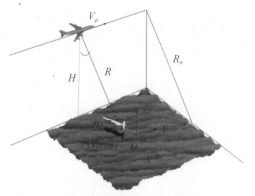

图 14.2　海环境机载条带 SAR 探测几何关系

在成像场景中建立直角坐标系 $OXYZ$，其中 X、Y、Z 坐标轴分别对应着成像场景的距离、方位和高度，场景中心点 O 为坐标系原点。在场景中基于载机录取平台建立数据录取坐标系 $Orys$，这是以载机回波录取平台为坐标中心圆柱坐标系。载机雷达平台沿着 y 轴作水平匀速直线运动，载机飞行高度记为 H，波束指向与载机飞行方向垂直，波束下视角即为场景对应的入射角 θ_i。R 为雷达到环境散射点的距离，R_0 为雷达平台运动轨迹到场景中心线的距离，场景中目标与海面上任一散射单元的高度记为 h，则其与雷达载机的斜距 R 可以表示为

$$R = \sqrt{(R_0 + r)^2 + (y_p - y)^2 + (H - h)^2} \tag{14.4}$$

对于线性调频脉冲的发射信号，场景中任意散射单元经去除载频后产生的 SAR 回波信号可以写作

$$s_r(t, t_s) = \sigma(r, y) \exp\left\{-\mathrm{j}2\pi\left[2R(r, y - y_p) + l\right]/\lambda - \frac{\mathrm{j}\pi K_r}{2}\left[t - t_s - (2R(r, y - y_p) + l)/c\right]^2\right\} \cdot$$

$$\omega_a^2\left(\frac{y_p - y}{Y}\right)\mathrm{rect}\left[\frac{t - t_s - (2R(r, y - y_p) + l)/c}{\tau}\right] \tag{14.5}$$

式中：$\omega_a(\cdot)$ 为天线方位向方向图的修正因子；$Y = \lambda R_0 / L$ 为雷达天线在成像场景中的方位向照射宽度，$\mathrm{rect}(\cdot)$ 为矩形脉冲窗函数，c 为光速。成像场景的距离和方位向，时间和距离变量有确定的关系，考虑到海场景属于分布式场景，SAR 回波信号代表着场景各散射单元在入射波照射下的反射能量叠加，回波生成采用分布式思想也可写作如下形式：

$$s_r(r_p, y_p) = \iint \sigma(r, y) g(r_p - r, y_p - y, r) \mathrm{d}y \mathrm{d}r \tag{14.6}$$

如果不考虑目标的运动和海面上各散射单元位置和散射系数的时变，其中 SAR 脉冲响应函数为

$$g(r_p - r, y_p - y, r) = \omega_a^2\left(\frac{y_p - y}{Y}\right)\mathrm{rect}\left[\frac{2(r_p - r) - \Delta R}{c\tau}\right]$$

$$\exp\left[-\mathrm{j}\frac{4\pi}{\lambda}(\Delta R + r) - \mathrm{j}\frac{4\pi}{\lambda}\frac{B_r}{f\tau c^2}(r_p - r - \Delta R)^2\right]\mathrm{d}r\mathrm{d}y \tag{14.7}$$

其中，$\Delta R = R - r = \sqrt{r^2 - (y_p - y)^2} - r$。

14.1.2 海环境中 SAR 回波形成机理

海洋表面是一种同时包含长波、短波和毛细波结构的复合尺度粗糙面，国内外学者通常采用双尺度模型来表征海面轮廓，即将海面模拟为大尺度波浪表面叠加微粗糙短波结构（毛细波），如图 14.3 所示

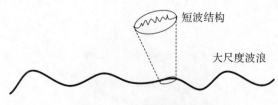

图 14.3 双尺度海面轮廓

电磁波在复合粗糙尺度海洋表面的散射作用机理与电磁波长和波浪粗糙尺度有关，可

分为镜面反射和漫散射。其中镜面反射是一种相干分量,主要来自于大尺度重力波随风浪的倾斜效应,漫散射主要来源于海面短波结构的 Bragg 谐振散射,是一种非相干分量。如果采用传统计算电磁学的数值或高频方法,要想准确描述这种复合散射机理,在进行大尺度海面模拟时,也必须对海面上的短波结构进行精细建模与剖分。这在电大场景中,将会产生巨大的数据量和计算复杂度,难以进行实际操作。近年来,国内外学者提出一种半确定性面元散射模型,应用于准确数值计算复杂超电大海面的电磁散射特性。该模型采用相对较大尺寸的面元模拟电大海面轮廓,将大面元上附着的短波结构分解为一系列空间正弦波的叠加。根据 Bragg 散射理论,只有沿着雷达视线方向,且具有 Bragg 谐振频率的波分量对海面散射产生主要贡献。该分量可简化为具有 Bragg 谐振波长的单色正弦波,其形式为

$$\xi(r) = B(\boldsymbol{\kappa}_c)\cos(\boldsymbol{\kappa}_c \cdot \boldsymbol{r} - \omega_c t) \tag{14.8}$$

式中:$\boldsymbol{\kappa}_c$ 为布拉格谐振波数矢量;ω_c 为该谐振波角频率;$r = (x_c, y_c)$ 为面元上的位置坐标;$B(\boldsymbol{\kappa}_c) = 2\pi\sqrt{S(\boldsymbol{\kappa}_c)/\Delta S}$ 为该面元引起布拉格散射的毛细波幅度,ΔS 为小面元的面积,$S(\boldsymbol{\kappa}_c)$ 为 Elfouhaily 海谱中的高频部分。这种半确定面元尺寸的选取基本不受入射波长的影响,只要能模拟大尺度海面轮廓的几何信息即可,在 X 波段、Ku 波段面元取 $0.5 \sim 2$ m 之间均可保持计算精度,取样间隔保存大尺度波浪的几何轮廓。

SAR 平台每时刻接收回波信号是海面散射回波、目标散射回波和目标-海面耦合散射回波共同矢量叠加作用的结果,回波场表达式可写作

$$\boldsymbol{E} = \boldsymbol{E}_{\text{sea}} + \boldsymbol{E}_{\text{target}} + \boldsymbol{E}_{\text{multipath}} \tag{14.9}$$

可以根据三者的复合散射生成 SAR 回波,也可以对每种回波成分分别处理进行特性分析。散射系数在求取过程中一般对距离进行了归一化,也就是只能反映由于电磁散射引起的幅相变化。考虑到散射单元到载机距离导致时间相位延迟,在生成回波时还应包含相位因子 $\exp[-\mathrm{j}2\pi(2R/\lambda)]$,而散射单元上的高阶多次散射还要根据多次耦合散射路径再乘以相应的附加相位因此 $\exp[-\mathrm{j}(2\pi/\lambda)l]$,其中 l 是该散射单元多次散射的电磁波传播路径长度。

采用修正的小斜率近似方法计算海面面元的散射,在一定条件下,小斜率近似方法也可以退化成基尔霍夫近似或微扰法。面元的散射振幅用一阶小斜率近似方法表示为

$$S(\boldsymbol{k}, \boldsymbol{k}_0) = \frac{2(qq_0)^{1/2}}{q + q_0}\boldsymbol{B}(\boldsymbol{k}, \boldsymbol{k}_0)\frac{1}{(2\pi)^2} \times \int \exp[-\mathrm{j}(\boldsymbol{k} - \boldsymbol{k}_0)\cdot\boldsymbol{r} - \mathrm{j}(q + q_0)h(\boldsymbol{r})]\mathrm{d}\boldsymbol{r} \tag{14.10}$$

式中:$\boldsymbol{B}(\boldsymbol{k}, \boldsymbol{k}_0)$ 是依赖于入射波和散射波极化状态的一阶系数矩阵;$\boldsymbol{k}_0$、q_0、$\boldsymbol{k}$、q 分别是入射与散射波矢的水平和垂直分量;$h(\boldsymbol{r})$ 表示面元上积分点坐标处的毛细波的起伏高度。积分项涵盖了毛细波对场的相位调制。然而实际毛细波成分相当复杂,导致积分项的求解难以处理。将毛细波结构表征为式 (14.8) 中的形式,则积分项可以用贝塞尔级数展开为解析形式:

$$
\begin{aligned}
I &= \int \zeta(\boldsymbol{r}) \cdot \exp[-\mathrm{j}(\boldsymbol{k} - \boldsymbol{k}_0)\cdot\boldsymbol{r}_c - \mathrm{j}(q + q_0)z(\boldsymbol{r}_c)]\mathrm{d}\boldsymbol{r}_c \\
&= \frac{\Delta S}{2n_z} \cdot \exp[-\mathrm{j}(\boldsymbol{k} - \boldsymbol{k}_0)\cdot\boldsymbol{r}_c - \mathrm{j}(q + q_0)z(\boldsymbol{r}_c)] \cdot \\
&\quad \left\{ B(\kappa_c^+)\sum_{n=-\infty}^{n=+\infty}(-\mathrm{j})^n J_n[q_z B(\kappa_c^+)]I_0(\kappa_c^+) + \right. \\
&\quad \left. B(\kappa_c^-)\sum_{n=-\infty}^{n=+\infty}(-\mathrm{j})^n J_n[q_z B(\kappa_c^-)]I_0(\kappa_c^-) \right\}
\end{aligned} \tag{14.11}
$$

式中：n_z 为面元本地坐标系中面元法向在面元的 z 轴分量；r_c 为面元中心点的位置坐标；$J_n(\cdot)$ 表示 n 阶第一类贝塞尔函数；$\boldsymbol{\kappa}_c^+$ 与 $\boldsymbol{\kappa}_c^-$ 物理意义上表示相对雷达入射波矢正负向传播的 Bragg 成分，式(3) 中的级数项保留 $n = 0, \pm 1$ 三项，它们对积分起主要作用。$I_0(\boldsymbol{\kappa}_c)$ 的表达式可写作

$$
\begin{aligned}
I_0(\boldsymbol{\kappa}_c) = {} & \exp[-\mathrm{j}(1+n)\omega_c t]\mathrm{sinc}\left\{\frac{\Delta x}{2}[(1+n)\kappa_{cx} - q_x - q_z z_x]\right\} \cdot \\
& \mathrm{sinc}\left\{\frac{\Delta y}{2}[(1+n)\kappa_{cy} - q_y - q_z z_y]\right\} + \\
& \exp[-\mathrm{j}(1-n)\omega_c t]\mathrm{sinc}\left\{\frac{\Delta x}{2}[(1-n)\kappa_{cx} + q_x + q_z z_x]\right\} \cdot \\
& \mathrm{sinc}\left\{\frac{\Delta y}{2}[(1-n)\kappa_{cy} + q_y + q_z z_y]\right\}
\end{aligned}
\tag{14.12}
$$

式中：κ_{cx}、κ_{cy} 分别表示 $\boldsymbol{\kappa}_c$ 在面元本地坐标系下 x 方向和 y 方向的分量；q_x、q_y、q_z 分别表示入射矢量 $\boldsymbol{q} = k(\boldsymbol{k}_s - \boldsymbol{k}_i)$ 在 x、y、z 方向的分量；z_x、z_y 分别表示小面元在 x、y 方向上的斜率。这样，单个海面面元上的散射场可写为

$$
\boldsymbol{E}_{\mathrm{sea}}^{\mathrm{facet}}(\hat{k}_i, \hat{k}_s) = 2\pi \frac{\exp(\mathrm{j}kR)}{\mathrm{j}R} S(\hat{k}_i, \hat{k}_s)
\tag{14.13}
$$

在微波高频段，面元间的电磁耦合作用可通过射线追踪过程来描述如图 14.4 所示。

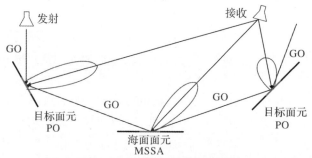

图 14.4　射线追踪过程示意图

采用几何光学法（Geometrical Optics，GO）的强度定律考虑面元间电磁能量的传播，电磁波可作电磁射线处理，每次射线管与目标或海面面元相交时，利用 GO 求出反射场强度，采用 PO 或 MSSA 求解射线管照亮面元在远区的散射场，最后对所有射线管在远区的贡献进行矢量叠加获得总散射场。

由于目标剖分面元与海面面元大小不一致，射线追踪过程中射线可能会照射多个面元，出现射线分裂情况，如果对于分裂射线全部舍弃会严重影响计算精度。采用双向射线追踪技术可以有效解决这一问题。该技术依据的原理是对同一射线照亮的区域中面元满足连续相邻的关系，只要找到照亮区中的一个面元，结合反向追踪就可以找到其他照亮区的面元。具体过程如下：

（1）对所有面元进行编号，同时记录其相邻面元的编号；

（2）采用前向追踪，找到射线照亮区域中的一个面元；

（3）对该面元的相邻面元沿前向射线方向反向追踪，确定其是否在照亮区域；

（4）对于确定在照亮区的面元再重复步骤（3），直到其相邻面元均不在照亮区，终止追

踪过程。

采用双向射线追踪不仅避免射线管分裂,也大幅加速了射线追踪的过程。构建 kd 树结构可进一步加速进行射线与面元求交判断的效率,受篇幅所限,具体过程不在此处赘述,可参见参考文献[13]。

在高频段物理光学条件下,目标的远区散射场不仅包含切平面结构的散射,还包含棱边结构的绕射场。面元模型中,棱边是面元对的公共边,在目标的实际棱边处面元对形成尖劈结构,绕射作用很强,可以采用等效电流法(EEC)计入这种作用机理并对总场进行修正,其计算公式可以表示为

$$E_d = \mathrm{j}k \frac{\exp(-\mathrm{j}kR)}{4\pi R} \int_l \big[\eta \mathbf{s} \times (\mathbf{s} \times \mathbf{t}) I_\mathrm{e} + (\mathbf{s} \times \mathbf{t}) I_\mathrm{m} \big] \exp(\mathrm{j}k\mathbf{s} \cdot \mathbf{r}') \mathrm{d}t' \quad (14.14)$$

式中:I_e 和 I_m 分别表示等效电流和等效磁流,表达式为

$$I_\mathrm{e} = \frac{\mathrm{j}2\mathbf{E}_\mathrm{inc} \cdot \mathbf{t} D_\mathrm{e}^\mathrm{EEC}}{k \sin^2 \beta_\mathrm{i}} + \frac{\mathrm{j}2\eta \mathbf{H}_\mathrm{inc} \cdot \mathbf{t} D_\mathrm{em}^\mathrm{EEC}}{k \sin\beta_\mathrm{i}} \quad (14.15)$$

$$I_\mathrm{m} = \frac{\mathrm{j}2\eta \mathbf{H}_\mathrm{inc} \cdot \mathbf{t}}{k \sin\beta_\mathrm{i} \sin\beta_\mathrm{s}} D_\mathrm{m}^\mathrm{EEC} \quad (14.16)$$

式中:$\hat{t}$ 为沿棱边的切线矢量;$\mathbf{E}_\mathrm{inc}$ 和 $\mathbf{H}_\mathrm{inc}$ 分别为入射电磁和入场磁场;β_i、β_s 分别表示入射方向、散射方向和棱边的夹角;D_e、D_m 为绕射系数,它们与棱边内劈角有关。棱边绕射场仅在内劈角 $<180°$ 时计算。

14.1.3　SAR 成像距离多普勒方法

在所有 SAR 成像算法中,距离-多普勒方法是一种最经典和直接的成像处理方法。该方法是将 SAR 回波进行变换在距离与多普勒域(距离时间-方位频率)到距离和方位两个维度分别进行匹配接收处理。由于载机飞行过程中合成孔径雷达的载机平台与待成像目标之间的相对运动造成距离徙动。距离徙动在距离和方位向上存在耦合,在压缩处理前要先进行解耦处理,消除回波在距离和方位向的耦合。距离-多普勒方法的处理流程如图 14.5 所示。

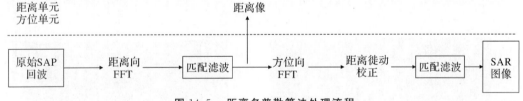

图 14.5　距离多普勒算法处理流程

原始 SAR 回波信号通过距离 FFT 后与匹配信号频谱相乘完成匹配滤波,由于直接 FFT 会导致匹配滤波后的旁瓣较高,在匹配滤波中采用切比雪夫窗函数抑制在距离频域的距离压缩后的信号旁瓣,再沿距离向作逆傅里叶反变换(IFFT)回到时域有

$$s_\mathrm{r}(t, t_s) = \sigma(r, y) \exp\Big[-\mathrm{j} \frac{4\pi}{\lambda} R(r, y - y_\mathrm{p}) - \mathrm{j} \frac{4\pi}{\lambda} \frac{\Delta f}{fc\tau} (r_\mathrm{p} - r - \Delta R)^2 \Big]$$

$$\omega_\mathrm{r}(t - t_s - 2R(r, y - y_\mathrm{p})/c) \omega_\mathrm{a}^2 \Big(\frac{y_\mathrm{p} - y}{Y} \Big) \quad (14.17)$$

式中:$\omega_\mathrm{r}(\cdot)$ 是距离压缩后的包络,一般具有 sinc 函数形状。将式(14.17)沿方位向进行 FFT 将信号变换到距离-多普勒域。由于函数包络沿方位向的位置不同,对不同方位会产生不同

的时延,造成距离向和方位向的耦合,也就是距离徙动现象。根据驻留相位原理,方位向上具有时频关系:

$$f_a = -K_a \left(t_s - \frac{y_p}{V_p} \right) \tag{14.18}$$

可以估算距离徙动量为

$$R_{rc}(r, y - y_p) = R(r, y - y_p) - R(r, y) \approx \frac{V_p}{2R_0} \left(\frac{f_a}{K_a} \right)^2 \tag{14.19}$$

可以通过插值进行补偿,也可以通过移位的方法实现补偿,也就是在二维频域上乘相位补偿函数:

$$H_{rcm}(f_a; r_m) = \exp\left[j2\pi f_r \frac{2\Delta R(f_a, r_m)}{c} \right] \tag{14.20}$$

最终对距离徙动校正后的信号进行方位上的匹配滤波,方位向匹配滤波时同样采用切比雪夫窗函数抑制方位压缩时的信号副瓣,再做方位向 IFFT,得到最终的成像结果。设雷达的工作载频为 $f_0 = 10$ GHz,X 波段,成像载机平台的高度 $h = 8\,500$ m,平台运动速度为 $V_p = 100$ m/s,方位向天线长度 2 m,斜视角 $\theta_i = 30°$,调频带宽为 $B_r = 1$ GHz,脉宽为 $\tau = 4\ \mu s$,距离向与方位向的分辨率为 0.15 m。图 14.6 给出了由回波表达式,以及按图 14.5 的处理流程,由式(8.13)～式(8.16)处理后,一个点目标的 SAR 回波及成像结果。

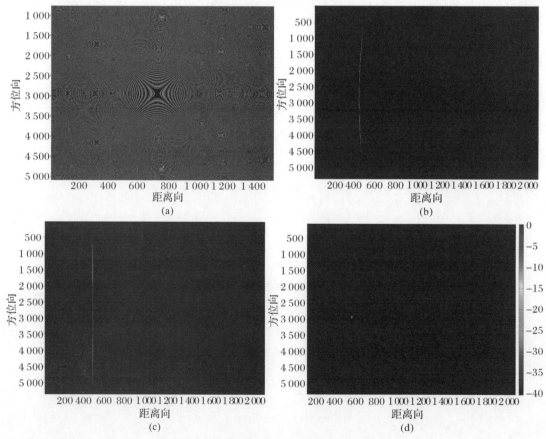

图 14.6　点目标距离多普勒回波及 SAR 图像

(a)原始回波;(b)距离压缩;(c)距离徙动校正;(d)方位聚集

其中图 14.6(a)是原始 SAR 采集回波,图 14.6(a)是距离脉压后的结果,图 14.6(c)(d)是经过距离徙动校正和方位聚焦后的结果,成像结果中的横纵坐标分别代表沿距离向和方位向的采样点数。可以看出采用加窗匹配滤波的 RD 成像可以抑制掉传统 RD 成像方法中距离向和方位向压缩过程中产生的旁瓣使得图像在距离和方位向都更好地聚焦,但是这里我们并不考虑由于载机姿态运动的不确定性、无线电波传播媒质的变化以及接收系统噪声的因素带来的误差,因此成像结果也是比较理想的。图 14.7 给出了根据巡航导弹目标的散射系数仿真的 SAR 原始回波、回波距离脉压、距离徙动校正及方位聚焦后的结果后的成像结果。

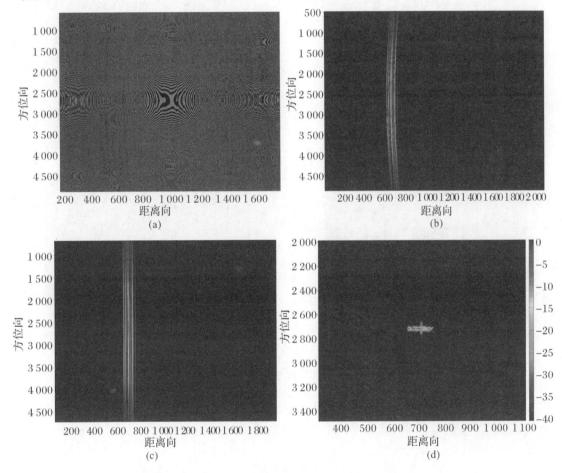

图 14.7　巡航导弹目标距离多普勒 SAR 回波及成像

(a) 原始回波;(b) 距离压缩;(c) 距离徙动校正;(d) 方位聚集

巡航导弹目标的 SAR 回波是目标上多个散射点散射回波的矢量叠加。SAR 图像是散射回波的强弱在像素域的一种映射,从巡航导弹目标的 SAR 成像结果可以观察到目标表面散射强度的分布情况。电磁波迎头照射时,目标弹头的球面结构和弹身的柱面结构产生了强的垂直镜面反射,弹翼和弹尾翼的棱边绕射也产生一定散射强度,但弱于弹头和弹身。

14.2 海环境中目标 SAR 成像特性

14.2.1 海面舰船 SAR 成像特性

对海面舰船目标 SAR 成像结果进行仿真,同时给出了卫星 Sentinel-1A 影像作为参照,仿真俯仰角为 40°,方位角分别为 0° 与 30° 的情况进行仿真结果如图 14.8 所示。

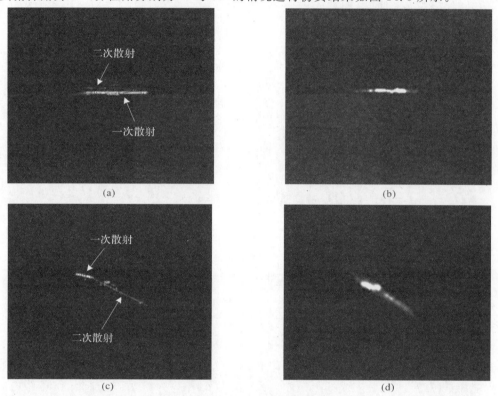

图 14.8 海面舰船成像
(a) 仿真结果;(b) Sentinel-1A 影像;(c) 仿真结果;(d) Sentinel-1A 影像

由于 Sentinel-1A 的分辨率远不及仿例,很难通过视觉将一次与二次散射区分,所以主要观察舰船的方位姿态对成像结果的影响。根据前面的理论分析我们可以判断,图 14.8(b)与图 14.8(d)中灰度最亮的线为二次散射特征,一次散射在图 14.8(a)中表现的十分弱。同时再结合现有的文献结果,图 14.8(a)(b)中最明亮的部分也为二次散射特征,但是图 14.8(a)中一次散射几乎无法观察到,故认为这是实际海洋 SAR 像中较强的散斑以及舰船 CAD 建模的误差造成的。整体来看,二次散射特征在 SAR 像中的轮廓通过本书的二次散射模型得到了较好的体现。

下面对其他仿真条件的舰船目标 SAR 像进行仿真。将俯仰角改变为 20°,方位角依然为 0° 与 30°,其他海环境与雷达参数不变,得到仿真结果如图 14.9 所示。从图中可以看出,俯仰角变小,海面的回波增大,造成 SAR 像中海洋背景杂波更为突出。根据电磁传播模型,二次散射在距离维的位置应该一次散射之后,从图 14.9(a)中结果可以看出这种现象。在图

14.9(a) 中由于舰首部分的倾角在成其一次散射在 SAR 像中几乎被海杂波淹没,但其二次散射作为一种强散射机理,在 SAR 像依然能够表现出来,所以对于海面舰船来说,二次散射是识别其轮廓的重要特征,尤其是对于较小的方位角时,此时二次散射特征极为突出。

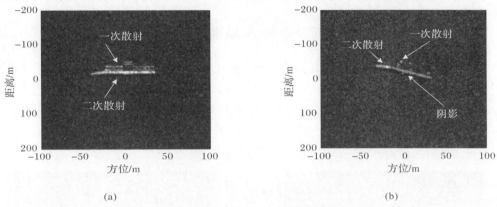

图 14.9　不同方位角海面舰船成像

(a) 方位角为 0°;(b) 方位角为 30°

现在对从舰首方向入射的情况进行仿真,俯仰角分别为 20°、40° 及 60°,仿真结果如图 14.10 所示。由于从舰首方向入射,二次散射效果最不显著,所以图 14.10(b) 为去除杂波背景的仿真图。可以发现随着俯仰角增大,海洋背景杂波逐渐减弱,同时二次散射特征也逐渐消失,这与与前面分析的多径二次散射机理和特性规律一致。

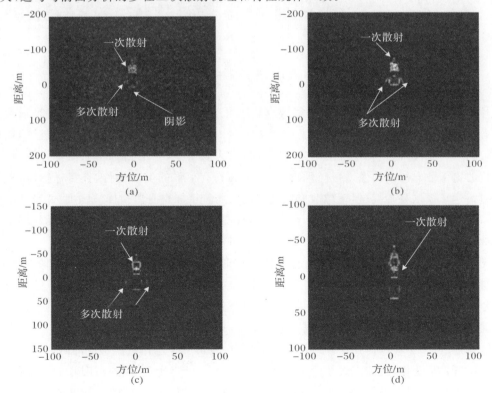

图 14.10　不同俯仰角海面舰船成像

(a) 俯仰角 20°;(b) 俯仰角 20° 不包含杂波;(c) 俯仰角 40°;(d) 俯仰角 60°

总体来说,在海面舰船目标 SAR 成像中,舰船的一次与二次散射特征的显示效果主要取决于雷达波的入射俯仰角与方位角,其中方位角的影响更为明显。对于海杂波而言,俯仰角越小海洋背景杂波越强。

14.2.2　掠海导弹目标 SAR 成像特性

本节对机载雷达掠海导弹目标的 SAR 成像特性进行仿真分析。机载雷达的工作频率为 10 GHz,入射角为 $45°$,目标高度为 10 m,海面上方风速为 $U_{10} = 5$ m/s,风向为 $45°$,距离和方位分辨率为 0.15 m,颜色条反映了 SAR 图像的强弱。图 14.11 分别给出了 hh 极化与 vv 极化 SAR 掠海巡航导弹目标的 SAR 成像特性。为了更好地观察掠海目标场景的 SAR 成像特性反映出的散射机理,在此仿真中不考虑噪声的影响。

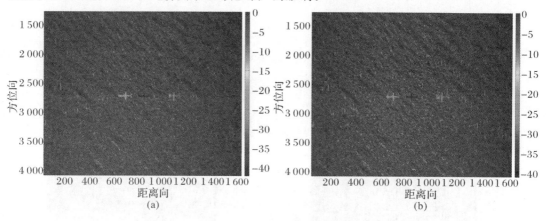

图 14.11　不同极化掠海巡航导弹目标 SAR 图像

(a)hh 极化;(b)vv 极化

可以看到,SAR 图像的强弱纹理能很直观地可以反映真实海面波浪的起伏特性以及目标上各散射单元处强度的差别。海面上的阴影区是由于目标对海面局部结构形成遮挡造成的,这部分结构的海面面元不散射电磁波。同时,可以观察到,由于目标与海面耦合散射,产生目标的镜像散射回波的像。目标镜像的特点是其具有很强的类目标性,在目标探测、识别中会对雷达形成欺骗干扰。但镜像散射回波强度要弱于目标自身散射回波强度。并且在距离向上,镜像相对与目标像有明显延迟,在方位向有明显扩展,这也反映了目标-海面局部耦合散射效应。

图 14.12 进一步对比了在不同风速海况下 SAR 掠海巡航导弹目标的 SAR 成像特性。同时在这里我们把目标高度下降为距离海面 5 m。图 14.12(a)(b)仿真中所对应的风速海况分别是 $U_{10} = 3$ m/s 和 $U_{10} = 10$ m/s。可以看出,在不同风速海况时海面 SAR 图像的纹理及多径散射形成的目标镜像的成像都出现了较大不同。首先目标高度下降,目标强散射点与海面多径散射造成的 SAR 成像强度明显增强,并且可以看出由于遮挡效应形成的阴影区位置以及镜像位置发生变化,更加靠近目标图像位置。而在 $U_{10} = 3$ m/s,风速海况较低时,由于海面风浪起伏较弱,以毛细波散射为主,这时的海面成像结果也可以反映毛细波的起伏纹理。而这时的镜像汇聚效应比 $U_{10} = 5$ m/s 好,也是由于在低海况时,局部海面的倾斜效应较弱

的缘故,而且这时的后向多径散射强度也要更强,所以镜像散射点的 SAR 成像强度也要更强。当 $U_{10} = 10$ m/s 时,海面上多尺度结构散射形成了 SAR 图像的纹理也可以反映海面的起伏特性,图像的大尺度纹理反映了海面的大尺度波浪起伏,而在高海况时海面局部碎浪和泡沫结构增强了局部海面图像的强度。这时镜像的扩散效应比较明显,这是由于此时的局部海面的倾斜效应较强,但是由于与局部海面特殊结构存在导致散射增强,局部多径耦合散射效应也相应增强,导致镜像图像强度也会增强。图 14.13 给出了其他条件不变,$U_{10} = 10$ m/s,改变风向为 135° 时的仿真结果。

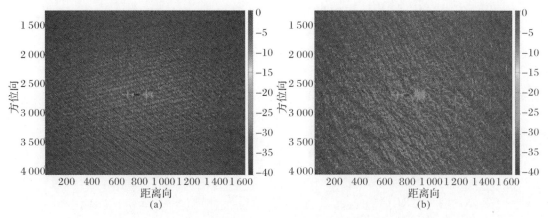

图 14.12　不同海况下掠海巡航导弹目标 SAR 图像

(a)$U_{10} = 3$ m/s;(b)$U_{10} = 10$ m/s

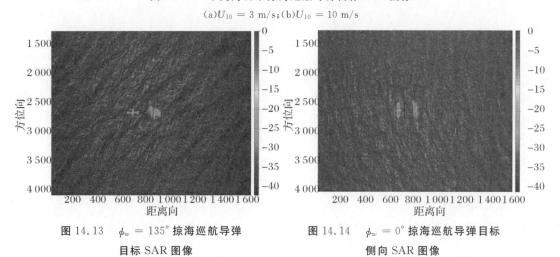

图 14.13　$\phi_w = 135°$ 掠海巡航导弹
目标 SAR 图像

图 14.14　$\phi_w = 0°$ 掠海巡航导弹目标
侧向 SAR 图像

可以看出,这时海面 SAR 图像的纹理随风向发生了变化,基本与海面随风向传播的几何轮廓相一致。但是风向的改变对目标及多径散射影响不大,所以目标和多径散射形成的镜像目标的 SAR 图像基本没有太大变化变化。图 14.14 进一步给出了改变风向为 0°(顺风),海况不变,导弹姿态也改变为弹头指向平行于载机运动航向的方向,即载机对导弹目标侧向照射时所对应的 SAR 成像结果,可以看出这时海面 SAR 图像的纹理也出现了相应的变化,基本贴合顺风时随风向传播的海面几何轮廓。对目标来说侧面照射时弹身的柱面后向散射很强,可以反映到 SAR 图像中,同时弹身与海面形成二面角的强后向耦合散射结构也产生了对应的镜像目标的 SAR 图像。

参 考 文 献

[1] CURLANDER J C. 合成孔径雷达系统与信号处理[M]. 北京:电子工业出版社,2014.

[2] 赵言伟. 海面目标合成孔径雷达成像模拟研究[D]. 西安:西安电子科技大学,2015.

[3] 王天. 机载雷达对海面目标 SAR/ISAR 成像方法[D]. 成都:电子科技大学,2019.

[4] SWIFT C T,WILSON L R. Synthetic aperture radar imaging of moving ocean waves [J]. IEEE Transactions on Antennas and Propagation,1979,27(6):725 – 729.

[5] ULABY F T,MOORE R K,FUNG A K. Microwave Remote Sesing:Active and Passive[M]. New York:Addison Wesley,1982.

[6] FRANCESCHETTI G,MIGLIACCIO M,RICCIO D,et al. SARAS:A synthetic aperture radar (SAR) raw signal simulator[J]. IEEE Geoscience and Remote Sensing Letters,(1):110 – 123.

[7] FAN W,ZHANG M,et al. Modified range-doppler algorithm for high squint SAR echo processing[J]. 2019,16(3):422 – 426.

[8] LI X,XING M,XIA X G,et al. Simultaneous stationary scene imaging and ground moving target indication for high-resolution wide-swath SAR system [J]. IEEE Transactions on Geoscience and Remote Sensing,2016,54(7):4224 – 4239.

[9] VACHON P W,RANEY R K,EMERGY W J. A simulation for spaceborne SAR imagery of a distributed,moving scene[J]. IEEE Transactions on Geoscience and Remote Sensing,1989,27(1):67 – 78.

[10] ZHU S Q,LIAO G S,QU Y,et al. Ground moving targets imaging algorithm for synthetic aperture radar[J]. IEEE Transactions on Geoscience and Remote Sensing,2011,49(1):462 – 477.

[11] 李道京. 高分辨率雷达运动目标成像探测技术[M]. 北京:国防工业出版社,2014.

[12] CUMMING L G,WONG F H. 合成孔径雷达成像 算法与实现[M]. 北京:电子工业出版社,2012.

[13] 霍耀,宋元鹤,张群. SAR 场景目标原始回波数据仿真[J]. 弹箭与制导学报,2008(6):272 – 274.

第15章　城市建筑环境 SAR 成像技术

城市建筑物 SAR 成像技术在城市环境监测、安全防范、运输调度等方面均有重要价值。由人工建筑物和周围环境导致的二次散射效应是城市 SAR 成像中的一种重要的散射特征。本章建立一种稳定的城市建筑物二次散射模型，并开展城市建筑物 SAR 成像机理及成像特性研究。

15.1　城市建筑物 SAR 回波模型

15.1.1　城市建筑物 SAR 二次散射机理

各部分散射贡献在距离维中的表现及与建筑物结构和雷达波入射角之间的关系。如图 15.1 所示。二次散射贡献在 SAR 信号中十分显著。由于二次散射效应，建筑物能够很轻易地被识别出。另外，二次散射的强度与方位角有关，如果方位角足够大，二次散射效应十分弱，可以被忽略。方位角对于 SAR 图像中二次散射效应的影响将在后面的仿真中给出。

雷达接收的信号包括建筑物和地面的直接散射场以及建筑和地面之间的多次散射场。由于三次和超过散射的散射场非常小，所以本书并未考虑。对于城市建筑而言，二次散射是最重要的贡献。

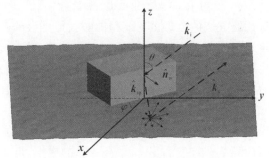

图 15.1　建筑和地面的结合结构

如图 15.1 所示，建筑物表面视为光滑并被随机粗糙的环境表面包围。二次散射包含两部分贡献，一种是由建筑反射到环境粗糙面然后再散射到回雷达称为墙-面散射，另一种是由环境粗糙面散射到墙面然后再由墙面反射回雷达的称为面-墙。墙表面的垂直矢量定义为

$$\hat{n}_{\mathrm{w}} = (\sin\phi, \cos\phi, 0) \tag{15.1}$$

式中：ϕ 为墙表面与 x 轴所成的方位角。入射波单位矢量为 $\hat{k}_{\mathrm{i}}$

$$\hat{k}_{i} = (0, -\sin\phi, -\cos\phi) \tag{15.2}$$

基于 GO，墙面反射并照射到粗糙面的镜面反射波矢量为

$$\hat{k}_{sp} = \hat{k}_{i} - 2(\hat{k}_{i} \cdot \hat{n})\hat{n} = (\sin\theta\sin2\phi, \sin\theta\cos2\phi, -\cos\theta) \tag{15.3}$$

其中，θ 为入射角。反射场为

$$E_r = R_{H,V}E_0\boldsymbol{e}_{ra,b} \tag{15.4}$$

反射波沿着 $\hat{k}_{sp}$ 照射到粗糙面。对于面积为 S 的墙面单元，环境表面的的反射场为

$$S_{w} = \frac{\hat{k}_r \cdot \hat{n}}{|-(\hat{k}_r \cdot \hat{z})|} \cdot S = S\tan(\theta)\cos(\phi) \tag{15.5}$$

由于环境的粗糙度，漫散射和二次散射效应对于 $\phi \neq 0$ 的情况十分明显。如果环境视为光滑，那么二次散射则会消失。本书中的环境表面视为高斯粗糙面，因此我们能够获得一种二次散射的解析近似解。如果表面被其他复杂的粗糙面模型代替，则这种解析解则不会获得。建筑物的 SAR 图像中，直接散射包含了墙面和环境的部分。遮挡效应也能够从 SAR 图像中观察到。为了能够揭示 SAR 图像中各部分贡献的特征，图 15.2 给出了这种近似建筑物在距离维中的分布。

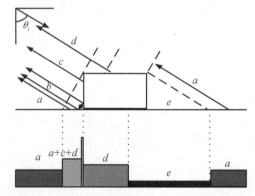

a— 地面；b— 二次反射；c— 墙面；d— 建筑顶表面；e— 阴影区

图 15.2　墙-地电磁波和散射

相比解析模型，基于数值方法的电磁散射模型能够获得更为准确的结果，但需要耗费长时间。射线追踪方法能够处理更为庞大的区域，但它不能简洁、清晰地展示散射场和各种参数之间的相互关系。相比这两种模型，以微扰法、基尔霍夫近似、积分方程法为代表的解析模型能够提供简单、高效的粗糙面电磁散射解。解析模型能够以代数式的形式展现参数在散射场中的影响，这对于理解散射机理和进行特征提取十分具有诱惑力。考虑到解析模型的优点，一系列的二次散射模型被提出。Franceschetti 提出了 GO-GO 和 GO-PO 模型用来计算垂直地面建筑物的二次散射问题，并被广泛用来 SAR 成像的模拟。近年来，一种类似的基于几何光学和微扰法的二次散射模型被提出用来解决建筑物与周边微起伏环境的二次散射模型。尽管以上模型均具有清晰简洁的表现形式，但每个模型都受环境表面粗糙度的限制，而且没有一种十分明确的划分原则。小斜率近似统一了微扰法和基尔霍夫近似并且没有引入任何的截断参数。该方法十分适用于受限于入射波长和粗糙面粗糙度的散射问题。因此认为在二次散射模型中，如果微扰法和基尔霍夫法被小斜率近似代替，那么基于几何光学和小斜率近似的二次散射模型将具有更广的适用范围。

15.1.2　散射系数计算方法

对地面环境,入射波单位矢量为 $\hat{\boldsymbol{k}}_{\mathrm{sp}}$。采用一阶小斜率近似方法(SSA1)计算环境散射。非相干的归一化雷达散射截面可以写为

$$
\begin{aligned}
\sigma_{ab}^{\mathrm{in}} = \frac{1}{\pi} & \left| \frac{2k_0^2 k_{\mathrm{spz}} k_{sz}}{k_{dz}} B_{ab} \right|^2 \int \{ \exp[k_{dz}^2 h^2 C(\rho) - 1] \\
& - \exp(-k_{dz}^2 h^2) \} \exp[-\mathrm{j}(k_{dx}x + k_{dy}y)] \mathrm{d}x\mathrm{d}y
\end{aligned} \tag{15.6}
$$

式中:B_{ab} 为极化因子;$\boldsymbol{k}_d = k_0(\hat{\boldsymbol{k}}_s - \hat{\boldsymbol{k}}_{\mathrm{sp}})$,$k_0$ 为波数;h 为均方根高度;$C(x,y)$ 为环境粗糙面的相关函数。做泰勒级数展开为

$$
\exp[(k_{dz}^2 h^2 C(\rho) - 1)] = \sum_{n=0}^{\infty} \frac{(k_{dz}h)^{2n}}{n!} C(\rho)^{\langle n \rangle} \tag{15.7}
$$

式中:$\rho^2 = x^2 + y^2$;$C(\rho)^n$ 为 $C(\rho)$ 的 n 阶的泰勒级数,那么式(15.7) 的积分形式可简化为

$$
\exp(-k_{dz}^2 h^2) \sum_{n=1}^{n=+\infty} \int \frac{(k_{dz}h)^{2n}}{n!} C(\rho)^{\langle n \rangle} \exp[-\mathrm{j}(k_{dx}x + k_{dy}y)] \mathrm{d}x\mathrm{d}y
$$

$$
= \exp(-k_{dz}^2 h^2) \sum_{n=1}^{\infty} 4\pi^2 \frac{k_{dz}^2}{n!} W^{\langle m \rangle}(k_\rho) \tag{15.8}
$$

其中:

$$
W^{\langle m \rangle}(k_\rho) = \frac{1}{4\pi^2} \int h^{2m} C^{(m)}(\rho) \exp[-\mathrm{j}(k_{dx}x + k_{dy}y)] \mathrm{d}x\mathrm{d}y \tag{15.9}
$$

对于具有均匀高斯分布的环境表面有

$$
W^{\langle n \rangle}(k_\rho) = \frac{h^{2n} l^2}{4\pi n} \exp\left(-\frac{l^2 k_\rho^2}{4n}\right) \tag{15.10}
$$

l 是环境面的相关长度,结合上式,散射系数可写为

$$
\sigma_{ab}^{\mathrm{in}} = \frac{S_w}{\pi} \left| \frac{2k_0^2 k_{\mathrm{spz}} k_{sz} F_{ab}}{k_{dz}} \right| \pi l^2 \mathrm{e}^{-k_{dz}^2 h^2} \sum_{n=1}^{n=+\infty} \frac{(k_{dz}h)^n}{n! n} \exp\left(\frac{-k_{d\rho}^2 l^2}{4n}\right) \tag{15.11}
$$

其中:$k_{d\rho} = \sqrt{k_{dx}^2 + k_{dy}^2}$,将式(15.11) 引入图 15.1 中的坐标系统,散射系数可重新写为

$$
\begin{aligned}
\sigma_{ab}^{\mathrm{in}} = & |F_{ab}|^2 S\tan(\theta) \cos(\phi) \pi l^2 \exp(-4k_0^2 h^2 \cos^2\theta) \\
& \times \sum_{n=1}^{\infty} \frac{(2k_0 h\cos\theta)^{2m}}{m! m} \exp\left[-\frac{(2k_0 l^2 \sin\phi\sin\theta)^2}{4m}\right]
\end{aligned} \tag{15.12}
$$

F_{ab} 与墙面的菲涅尔反射系数和环境表面的极化因子有关的系数。经过一些列复杂的变化,F_{ab} 可写为表 15.1 中的形式。

表 15.1　散射系数参数定义

$F_{\mathrm{hh}} = A_{\mathrm{h}} B_{\mathrm{hh}} + D_{\mathrm{h}} B_{\mathrm{hv}}$, $F_{\mathrm{vv}} = A_{\mathrm{v}} B_{\mathrm{vh}} + D_{\mathrm{v}} B_{\mathrm{vv}}$
$F_{\mathrm{hv}} = A_{\mathrm{h}} B_{\mathrm{hv}} + D_{\mathrm{h}} B_{\mathrm{hv}}$, $F_{\mathrm{vh}} = A_{\mathrm{v}} B_{\mathrm{vh}} + D_{\mathrm{v}} B_{\mathrm{vh}}$
$A_{\mathrm{h}} = -\cos^2(\theta)\cos^2(\phi) R_{\perp w}(\theta_w) + \sin^2(\phi) R_{\parallel w}(\theta_w)$
$D_{\mathrm{h}} = \cos(\theta)\cos(\phi)\sin(\phi)[R_{\perp w}(\theta_w) + R_{\parallel w}(\theta_w)]$
$A_{\mathrm{v}} = -\cos(\theta)\cos(\phi)\sin(\phi)[R_{\perp w}(\theta_w) + R_{\parallel w}(\theta_w)]$
$D_{\mathrm{v}} = -\sin^2(\phi) R_{\perp w}(\theta_w) + \cos^2(\theta)\cos^2(\phi) R_{\parallel w}(\theta_W)$

在小入射方位角时,相关散射是不能忽略的。相干散射结果可写为

$$\sigma_{ab}^{c} = \left(\frac{k^2}{\pi}\right) S^2 \mid F_{ab} \mid^2 \text{sinc}^2 \left[kl \sin\theta \sin\phi \right] \times \text{sinc}^2 \left[kh \frac{\sin^2\theta \sin^2\phi}{\cos\theta} \right] \tag{15.13}$$

式中:$R_{\perp w}(\theta_w)$,$R_{\parallel w}(\theta_w)$为墙面的菲涅尔反射系数;$B_{ab}$为极化因子。

15.2　城市建筑物 SAR 成像特性

基于二次散射模型对建筑的 SAR 图像进行模拟。实际场景的光学图像如图 15.3(a)所示,图 15.3(b)则为卫星 Sentinel-1 获取该区域的 SAR 图像。具有不同的方位角的建筑物被选取用来验证我们的模型并在图 15.3 中标记为 A、B、C 和 D。这几处建筑在 SAR 图像的表现形式如图 15.3(b)所示。

(a) (b)

图 15.3　具有不同方位角的建筑

(a) 区域的光学图像;(b) 区域响应的 Sentinel-1A 卫星 SAR 图像

图 15.3 中的四个建筑物的二次散射效应可以清晰的观察到。由于方位角不同,四个建筑物的二次散射强度也不同。现对这四个建筑物进行仿真模拟,仿真中入射角为 $40°$ 并选择 HH 极化。图 15.3 中的雷达分辨力为 $5.0\ \text{m} \times 5.0\ \text{m}$。四个建筑的方位角分别为 $5°$、$10°$、$15°$和 $25°$。真实图像与仿真图像如图 15.4 所示。

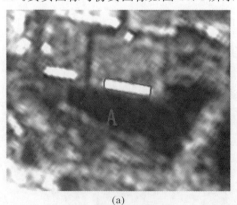 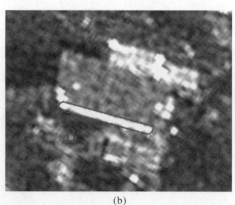

(a) (b)

图 15.4　不同方位角实际 SAR 图像

(a)$5°$;(b)$10°$

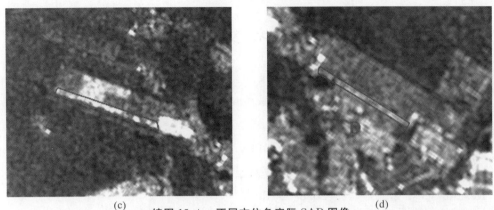

(c)　　　　　　　　　　　　　　　　　　(d)

续图 15.4　　不同方位角实际 SAR 图像

（c)15°;(d) 25°

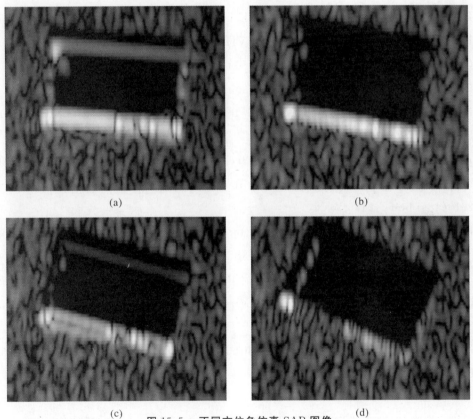

(a)　　　　　　　　　　　　　　　　　　(b)

(c)　　　　　　　　　　　　　　　　　　(d)

图 15.5　　不同方位角仿真 SAR 图像

(a)5°;(b)10°;(c)15°;(d)25°

从图 15.5 中,可以发现随着方位角的增加二次散射效应逐渐弱化。相似的趋势也可以从仿真图像中观察到。考虑到仿真中建筑顶部我们设想为光滑,其后向散射十分小即在 SAR 图像中表现为深色区域。通过仿真图像与实际图像的对比,证明了建筑物与周围环境二次散射模型成像的合理性和适用性。

参 考 文 献

[1] FORNARO G,SERAFINO F. Imaging of single and double scatterers in urban areas via SAR tomography[J]. IEEE Transactions on Geoscience and Remote Sensing,2006 (44):3497 - 3505.

[2] MARGARIT G,MALLORQUí J J, PIPIA L. Polarimetric characterization and temporal stability analysis of urban target scattering[J]. IEEE Transactions on Geoscience and Remote Sensing,2010(48):2038 - 2048.

[3] BALZ T,STILLA U. Hybrid GPU-based single-and double-bounce SAR simulation [J]. IEEE Transactions on Geoscience and Remote Sensing,2009(47):3519 - 3529.

[4] FERRO A,BRUNNER D,BRUZZONE L. Automatic detection and reconstruction of building radar footprints from single VHR SAR images[J]. IEEE Transactions on Geoscience and Remote Sensing,2013(51):935 - 952.

[5] GUIDA R,IODICE A,RICCIO D. Height retrieval of isolated buildings from single high-resolution SAR images[J]. IEEE Transactions on Geoscience and Remote Sensing, 2010(48):2967 - 2979.

[6] AUER S,HINZ S,BAMLER R. Ray-tracing simulation techniques for understanding high-resolution SAR images[J]. IEEE Transactions on Geoscience and Remote Sensing, 2010(48):1445 - 1456.

[7] FUNG A K,LI Z,CHEN K S. Backscattering from a randomly rough dielectric surface [J]. IEEE Transactions on Geoscience and Remote Sensing,1992(30):356 - 369.

[8] FRANCESCHETTI G,IODICE A,RICCIO D. A canonical problem in electromagnetic backscattering from buildings[J]. IEEE Transactions on Geoscience and Remote Sensing, 2002(40):1787 - 1801.

[9] FRANCESCHETTI G,IODICE A,RICCIO D,et al. SAR raw signal simulation for urban structures[J]. IEEE Transactions on Geoscience and Remote Sensing,2003 (41):1986 - 1995.

[10] MASONA D C,GIUSTARINI L,PINTADO J G,et al. Detection of flooded urban areas in high resolution synthetic aperture radar images using double scattering[J]. International Journal of Applied Earth Observations and Geoinformation,2014(28):150 - 159.

[11] VORONOVICH A. Small-slope approximation for electromagnetic wave scattering at a rough interface of two dielectric half-spaces[J]. Waves in Random Media,1994(4): 337 - 367.

[12] GILBERT M S,JOHNSON J T. A study of the higher-order small-slope approximation for scattering from a Gaussian rough surface[J]. Waves in Random Media,2003 (13):137 − 149.

[13] FAN T,GUO L X,LÜ B,et at. An improved backward SBR − PO/PTD hybrid method for the backward scattering prediction of an electrically large target[J]. IEEE Antennas and Wireless Propagation Letters,2016,15:512 − 515.